土建专业精品教材

建筑材料

主　编　孙武斌　张晨霞

副主编　马维华　王红霞　刘仁玲

上海交通大学出版社
SHANGHAI JIAO TONG UNIVERSITY PRESS

内容提要

本书主要讲述工业与民用建筑工程、道路工程和水利水电工程中最常用的建筑材料的成分、技术性能、质量检验，及其使用、运输和保管等知识。其中，以材料的技术性能、质量检验及合理使用为重点。

本书内容包括“原理篇”和“实验篇”两大部分，共分13章，即绪论、材料的基本性质、气硬性胶凝材料、水泥、混凝土、建筑砂浆、墙体材料、防水材料、建筑塑料及胶粘剂、常用建筑装饰材料、绝热材料与吸声材料，以及常用建筑材料的性能试验。

本书可作为高等职业院校土木建筑类专业和其他相关专业的教学用书，也可作为电大、职大、函大教学及行业相关专业的培训用书，还可供有关技术人员参考使用。

图书在版编目（CIP）数据

建筑材料 / 孙武斌，张晨霞主编. -- 上海 : 上海交通大学出版社，2015（2017重印）

ISBN 978-7-313-13439-4

Ⅰ. ①建… Ⅱ. ①孙… ②张… Ⅲ. ①建筑材料－高等学校－教材 Ⅳ. ①TU5

中国版本图书馆CIP数据核字(2015)第196213号

建筑材料

主　　编：孙武斌　张晨霞

出版发行：上海交通大学出版社　　地　　址：上海市番禺路951号

邮政编码：200030　　电　　话：021-64071208

出 版 人：郑益慧

印　　制：三河市祥达印刷包装有限公司　　经　　销：全国新华书店

开　　本：787mm×1092mm　1/16　　印　　张：19.75　　字　　数：456千字

版　　次：2015年8月第1版　　印　　次：2017年6月第3次印刷

书　　号：ISBN 978-7-313-13439-4/TU

定　　价：48.00元

前言

建筑材料是土木建筑工程的重要物质基础，凡从事工程建设的技术人员都需要具有一定的建筑材料知识。“建筑材料”作为一门技术基础课，主要介绍建筑材料的组成与构造、性质与应用、技术标准、检验方法及保管等知识。

本教材是为适应土木建筑类专业建筑材料课的教学需要而编写的。编写前，我们走访了多个高职院校，参考了多名具有丰厚一线教学经验的教师的宝贵意见，初步制定了本教材的编写大纲；在编写过程中，我们将实际工程中经常会遇到的一些问题融入了本教材，从而达到将理论应用于实践的目的。

本教材在教学设计和内容组织上，具有以下特点：

（1）以应用为主线，优化知识体系

我们知道，建筑材料种类繁多，且材料的成分、性能等理论知识枯燥乏味。如果将每种材料的成分、性质、技术标准、保管、储运等内容都详细地介绍一遍，无疑会花费大量的教学和学习时间，而且学生很难记住这些材料的相关性能，当学生面对实际工程中的实际问题时，仍然一无所知。

为此，我们简写了很多实际工程中不常用到的材料，如石材、陶瓷、黏土砖瓦等内容，重点讲解了建筑中最常使用的基础材料，如水泥、混凝土、砂浆和钢材等的成分、性质、技术标准、保管、储运等内容。对于上述不常用到的材料，仅介绍其基本性质和使用场合，以供学生了解。

（2）图文并茂，易于理解

很多时候，一幅适合的图片胜过千言万语。因此，本教材在编写过程中，对于一些较抽象、较难理解的知识点，除了必要的文字说明外，还配有相关图片，以便帮助学生充分理解。此外，本书第 13 章的试验部分，对于一些试验的试验原理和主要试验仪器，还配有相关原理图或试验仪器实物图，以便学生学习和理解。

（3）一章一考核，及时巩固学习成果

本教材的每章内容后面都设有与实际工程相关的习题。这部分习题既可供老师上课时提问之用，也可供学生在每学完一章后作课后巩固之用。通过这种“考核”方式，还可使学生能够利用所学知识解决实际问题。

（4）理论、试验相结合，满足就业需要

实际工程中，经常需要检测材料的密度、渗水性、黏性、耐久性、耐腐蚀性、抗压或抗弯强度等性能。不同材料的同种性能，其检测方法也不相同。为满足学生的就业需求和实际应用，本教材第 13 章设置了一些常见材料的相关性能检测，学生既可以在老师的指导下根据本章所描述的操作步骤进行试验，也可在观看相关视频资料后，自己动手完成相关试验。

此外，为巩固和加强相关理论知识，我们还编写了与本教材配套的《建筑材料实训手册》，在老师在指导下，结合本手册的相关试验和考核题（考核题按百分制设置，提供有参考答案），相信您一定能学好《建筑材料》这门课程。

本书由内蒙古建筑职业技术学院孙武斌、张晨霞担任主编，马维华、王红霞、刘仁玲担任副主编，焦同战、杨素霞、梁美平参与了编写。全书由内蒙古建筑职业技术学院李仙兰教授担任主审。编写分工为：孙武斌、张晨霞编写第一、二、五章，梁美平、杨素霞、王红霞编写第三、六、八、十三章，马维华编写第四、七章，焦同战、刘仁玲编写第九、十、十一、十二章。

由于作者水平有限，编写中难免有不足之处，敬请广大读者批评指正。

编　者

2017 年 5 月

本书编委会

主　编：孙武斌　张晨霞

副主编：马维华　王红霞　刘仁玲

参　编：焦同战　杨素霞　梁美平

主　审：李仙兰

目 录

第1章 绪论

本章导读

各种建筑工程都是由材料构成的，这些材料的性质决定了建筑工程的使用性能。由此可见，材料不仅是构成各种建筑工程的物质基础，而且是决定不同建筑工程性能的主要因素。为使建筑工程具有结构安全可靠、使用状态良好美观，以及经济、实用等性能，就必须合理地选择和使用材料。为此，学习与掌握建筑材料的有关知识，对于从事土木工程建设、保证工程质量、促进技术进步和降低工程成本等至关重要。

本章要点

- 建筑材料的分类
- 建筑材料的技术标准及选用
- 本课程的主要内容及学习任务

1.1 建筑材料的分类

为了使建筑物满足适用、坚固、耐久、美观等基本要求，材料在建筑物的各个部位，应充分发挥各自的功能作用，以满足不同要求。如高层或大跨度建筑中的结构材料，要选用轻质、高强的材料；冷藏库建筑必须采用高效的绝热材料；影剧院和音乐厅，为了达到良好的音响效果，需要采用优质的吸声材料；大型公共建筑及纪念建筑的立面材料，要有较高的装饰性和耐久性。

建筑材料的品种繁多，用途不一，一般可将其按主要组成成分和材料在工程中的主要作用不同进行分类。

1. 按主要组成成分分类

按材料的主要组成成分可将其分为无机材料、有机材料和复合材料 3 种，如表 1-1 所示。

- **无机材料**：是以无机物构成的材料，具有无机物质耐久性好等一系列特性。
- **有机材料**：包括天然有机材料及人工合成有机材料，它们均是以有机物构成的材料，具有有机物质耐水性好等一系列特性。
- **复合材料**：能够克服单一材料的弱点，发挥复合后材料的综合优点，满足当代建筑工程对材料性能的要求。因此，复合材料目前已成为应用最多的建筑工程材料。

表 1-1 建筑材料按主要组成成分分类

分类			实例
无机材料	金属材料	黑色金属	钢、铁及其合金等
		有色金属	铜、铝及其合金等
	非金属材料	天然石材	花岗岩、石灰岩、大理石及石材制品
		烧土制品	黏土砖、瓦、陶瓷制品等
		胶凝材料及制品	石灰、石膏及制品、水泥及混凝土制品、硅酸盐制品等
		玻璃	普通平板玻璃、特种玻璃等
		无机纤维材料	玻璃纤维、矿物棉等
有机材料	植物材料		木材、竹材、植物纤维及制品等
	沥青材料		煤沥青、石油沥青及其制品等
	合成高分子材料		塑料、涂料、胶粘剂、合成橡胶等
复合材料	有机与无机非金属材料复合		聚合物混凝土、玻璃钢（也称玻璃纤维增强塑料）等
	金属与无机非金属材料复合		钢筋混凝土、钢纤维混凝土等
	金属与有机材料复合		PVC 钢板、有机涂层铝合金板等

2. 按材料在工程中的作用分类

按建筑材料在建筑工程中的主要作用，可将其分为结构材料和其他功能材料。

- **结构材料**：是指主要承受荷载作用的材料（如建筑物的基础、柱、梁所用材料）。结构材料的合格与否，是决定建筑工程结构安全性和使用可靠性的关键。
- **其他功能材料**：具有其他功能的材料，如防水材料、地面材料、饰面材料、绝热材料、吸声材料、卫生工程材料及其他特殊材料等。功能材料的选择与使用是否科学合理，往往决定了工程使用的可靠性、适用性和美观效果。

1.2 建筑材料的技术标准及选用

1.2.1 建筑材料的技术标准

产品标准化是现代社会化大生产的产物，是组织现代化大生产的重要手段，也是科学管理的重要组成部分。目前我国绝大部分建筑材料均制定有技术标准，生产单位按标准生产合理的产品，使用部门根据使用要求，参照标准量材选用即可。

常见的标准，按等级高低依次为国家标准（GB）、行业标准、地方标准（又称区域标准，代号为“DB”）、企业标准（QB）。其中，行业标准是指对没有国家标准而又需要在全国某个行业范围内统一的技术要求，行业不同，其行业标准代号不同。如“YJ”表示冶金行业，“SH”表示石化行业等。

提　示

技术标准一般由标准代号、标准编号和标准颁布年代号 3 部分组成。例如，《通用硅酸盐水泥》（GB 175—2007）中，“GB”为国家标准的代号；“175”为标准编号；“2007”为标准颁布年代号；“通用硅酸盐水泥”为该标准的技术（产品）名称。

标准分为强制性标准和推荐性标准两类，如“GB/T”为国家推荐标准代号，上述所示标准为强制性标准。

此外，在部分材料的管理、贮运和使用方面，国家也规定了相应的质量标准。只有按照这些标准进行操作和使用，才能正确管理与使用好材料。

1.2.2 建筑材料的选用

在建筑造价中，材料费所占比例很大，一般在50%～60%以上。因此在选择和使用建筑材料时，要根据建筑物的功能要求、材料在建筑物中的作用，及外界环境等因素，综合考虑材料应具备的性能，做到“材尽其能、物尽其用”。这就要求设计者不仅要具有丰富的建筑材料知识，还必须掌握常用建筑材料的性能和特点。如果设计人员对建筑材料知识缺乏了解或选材不当，往往会给建筑工程带来很大麻烦或浪费，甚至在建筑质量、功能、效果上造成无可挽回的损失。

为了使材料满足设计所要求的技术性能、使用环境及使用条件，建筑材料在使用前，必须根据设计要求对其进行验证试验，以检验其部分或全部技术指标。只有这些技术指标能够达到相关标准规定的要求时，才允许在工程中使用该材料。

值得注意的是，当代不少建筑材料的生产会对环境产生不良的影响，有些建筑材料在使用过程中会释放有害气体或产生“放射线”，从而影响人们的健康，所以在选用建筑材料时，应尽量考虑采用“绿色建材”。

1.3 建筑材料的发展趋势

建筑工程采用的材料往往标志着一个时代的特点。随着人类文明和科学技术的不断进步，建筑工程材料也在不断进步与更新换代，人们对材料的技术性能要求也越来越高。进入21世纪后，建筑材料的发展将具有以下趋势：

1. 高性能材料

为了提高建筑物的安全性、适用性、艺术性、经济性及使用寿命，大力发展轻质高强、高抗震性、高耐久性、高耐火性、高吸声性、高抗渗性和优异装饰性的高性能材料，已经成为当代建筑材料的一个重大发展趋势。目前我国已经成功研制出了高性能混凝土，并已经成功应用于建筑工程上。

2. 复合化、多功能化

利用复合技术生产多功能材料、特殊性材料，对于提高建筑材料的使用功能、经济性能及加快施工速度等有着十分重要的作用。

3. 绿色、节能、低碳

大力发展绿色节能材料符合可持续发展的战略方针，既满足现代人安居乐业、健康长寿的需要，又不损害子孙后代对资源的需求。所谓“绿色节能建材”，通常是指采用清洁生产技术，少用人然资源和能源，充分利用工业废渣或城市固态废弃物生产的无毒、无污染、有利用人体健康的建筑材料。

4. 建筑节材

建筑业不仅消耗大量的自然资源和能源，而且在拆除、装修、改造、新建中还产生大量的建筑垃圾。因此，可循环材料、成品建材和高强建材将逐步普及化，土建装修一体化、不必要的装饰性构件精简化等问题将逐渐受到人们的重视。

1.4 本课程的主要内容及学习任务

1.4.1 本课程的性质与主要内容

本课程是建筑工程专业的专业技术基础课。通过学习本课程，使学生掌握有关建筑材料的基本理论和基础知识，为后续专业课程的学习及以后从事木工程建设，并在工作中认识和正确使用材料打下坚实的基础。

根据本课程的特点与要求，本书重点介绍了当前建筑工程中一些常用材料的基本性能，如水泥、石灰、沥青等胶凝材料；砖、石等砌体材料；钢材等结构材料；水泥混凝土、沥青混凝土、砂浆等现场配制材料。此外，还介绍了玻璃、陶瓷、塑料及其他有机高分子材料等功能材料。针对上述常用材料的主要技术性能，本书中还介绍了检测这些技术性能指标的试验及质量评定方法。

通过了解上述材料的相关知识和要求，可以指导学生正确选用这些材料，从而引导学生利用有关理论知识来分析和评定材料，为以后认识和使用新的材料提供可借鉴的先例。

1.4.2 本课程的理论课学习任务

本课程在理论学习方面，以熟悉常用建筑工程材料的性能、掌握常用材料的标准及应用为主要宗旨。为达到此目的，在学习过程中应了解某些重点材料的生产工艺原理，较清楚地认识材料的组成、结构构造及其与性能的关系。在此基础上应能够利用已掌握的理论知识对材料进行分析，学会判断材料的用途和使用方法。

1.4.3 本课程的实验课学习任务

材料试验是检验建筑工程材料性能和鉴别其质量水平的主要手段，也是土木工程建设中质量控制的重要措施。对于某些材料，在选用前往往需要经验证试验，只有经试验确认合格后，才能在实际工程中应用。在工程使用过程中，必须对材料按规定抽样试验，检验其在工程实际中使用的质量是否稳定，以判断材料在工程中的真实表现。在工程验收中，工程实体的验收试验也是判定或鉴定工程质量的重要手段之一。由此可见，材料试验检验工作贯穿于整个建筑工程过程。

本课程中实验课的主要任务，就是通过试验操作，验证有关材料的基本理论，增加感性认识，熟悉试验鉴定、检验和评定材料质量的方法。

通过实验课，一方面加深学生对理论知识的理解，掌握材料基本性能的试验检验和质量评定方法，培养学生的实践技能；另一方面，培养学生严谨的科学态度和实事求是的工作作风，为从事建筑工程实践工作打下坚实的基础。

习　题

1—1　简述材料在建筑工程中的作用。

1—2　建筑材料按其主要组成成分不同，具体分为哪几种？

1—3　建筑材料的检验标准分为几类，其等级由高至低依次有哪些？

1—4　简述本课程的主要内容。

第2章 材料的基本性质

本章导读

建筑工程中，建筑物对处在不同建筑部位的建筑材料有不同的性质要求。例如：梁、板、柱等承重部位要受到各种外力作用，因此所选用的建筑材料应具有所需的力学性能；屋面、墙体等起围护作用的结构，其建筑材料应具有保温、隔热、吸声、防水、防渗、防冻等物理性能；对于长期暴露在大气中的材料，其建筑材料要具有耐久性。为了保证建筑物能经久耐用，建筑设计人员必须掌握材料的基本性质，并能选用合适的材料。

本章要点

- 材料与质量有关的物理性质，以及材料与水和热有关的物理性质
- 材料的强度、弹性和塑性、脆性和韧性、硬度和耐磨性等力学性质
- 材料的耐久性

一般来说，建筑材料的性质可分为以下 4 个方面。

- **物理性质**：表示材料物理特征和与各种物理过程有关的性质。与材料物理特征有关的参数有：密度、表观密度、堆积密度、孔隙率、空隙率等。材料的物理过程中，与水有关的性质有：亲水性、憎水性、吸水性、吸湿性、抗渗性、抗冻性等；与热有关的性质有：热导率、热容等。
- **力学性质**：指材料在外力作用下，有关抵抗破坏和变形能力的性质，包括强度、比强度、弹性、塑性、韧性及脆性。
- **化学性质**：指材料发生化学变化的能力及抵抗化学腐蚀的稳定性。
- **耐久性**：指材料在使用过程中能长久保持其原有性质的能力。

本章仅介绍建筑工程中最常见到的物理性质、力学性质和耐久性（这 3 项称为材料的基本性质），以便初步判断材料的性能和应用场合，从而正确地选择和使用建筑材料。

通过学习本章，应达到明辨建筑材料的各种基本性质的含义、衡量指标及影响因素，在此基础上可以初步判断材料的性能和应用场合，为以后进一步学习各种材料和正确选用建筑材料打下基础。

2.1 材料的物理性质

材料的物理性质主要研究与材料质量、水和热有关的物理性质。

2.1.1 材料与质量有关的性质

1. 密度、表观密度和堆积密度

由于材料在自然界中所处的环境、状态等不同，它们的内部结构、孔隙和空隙特征的分布情况也不同，从而导致材料单位体积的质量在不同环境和状态下存在一定差别，这些差别分别表现为密度、表观密度和堆积密度，它们对材料的相关性质及其工程应用有着重要影响。

1）密度

密度是指材料在绝对密实状态下，单位体积的质量，用下式表示：

$$\rho = \frac{m}{V} \tag{2-1}$$

式中　ρ—— 材料的密度（g/cm^3）；

m—— 材料在干燥状态下的质量（g）；

V—— 干燥材料在绝对密实状态下的体积（cm^3），简称绝对密实体积或实体积。

材料密度的大小取决于组成该物质的原子量和分子结构，原子量越大，分子结构越紧密，材料的密度就越大。

建筑材料中，除钢材、玻璃等少数材料外，绝大多数材料内部都有一些孔隙。在自然状态下含孔隙材料的体积 V_0 是由固体物质的体积 V（即绝对密实状态下材料的体积）和孔隙体积 $V_{孔}$两部分组成的，如图 2-1 所示。

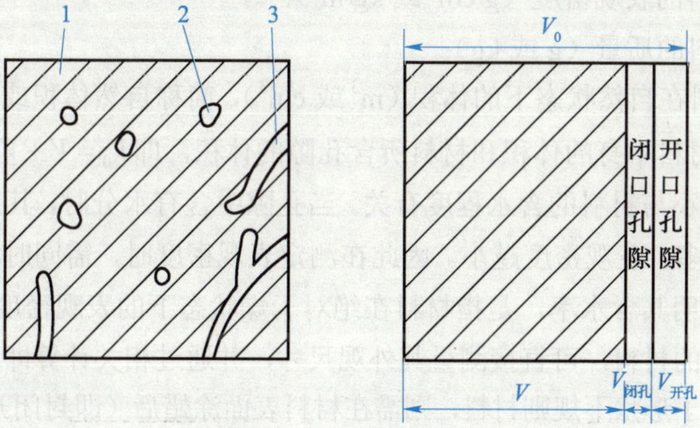

1—固体物质；2—闭口孔隙；3—开口孔隙

图 2-1 材料组成示意图

提 示

材料内部的孔隙有开口孔隙（简称开孔）和闭口孔隙（简称闭孔）两种。其中闭口孔隙是指彼此不连通，且与外界隔绝的孔隙，而开口孔隙是指彼此相通，且与外界相接触的孔隙，如毛细孔。

那么，在测定这些含孔隙材料的密度时，需将其磨成细粉（粒径小于 0.2 mm）以排除其内部孔隙，经干燥后用李氏密度瓶测定其绝对密实体积。材料磨得越细，被测材料孔隙排除得越充分，测得的绝对密实体积越接近绝对体积，所得到的密度值越精确。

对于某些较为致密但形状不规则的散粒材料，在测定其密度时，可以不必磨成细粉，而直接用排水法测其绝对体积的近似值（因颗粒内部的闭口孔隙体积没有排除），这时所求得的密度为视密度。混凝土所用砂、石等散粒状材料，常按此方法测定它的视密度，即

$$\rho'=\frac{m}{V'} \tag{2-2}$$

式中 ρ'—— 材料的视密度（g/cm^3）；

m—— 材料的质量（g）；

V'—— 材料的视体积（cm^3），$V'=V+V_{闭口孔}$。

利用材料的密度可以初步了解材料的品质，并可用它进行材料的孔隙率计算和混凝土

配合比计算。

2）表观密度

表观密度是指材料在自然状态下，单位体积的质量，用下式表示：

$$\rho_0 = \frac{m}{V_0} \tag{2-3}$$

式中 ρ_0—— 材料的表观密度（g/cm^3 或 kg/m^3）；

m —— 材料的质量（g 或 kg）；

V_0—— 材料在自然状态下的体积（m^3 或 cm^3），简称自然体积或表观体积，包括固体材料本身的体积和材料所含孔隙的体积，即 $V_0 = V + V_孔$ 。

表观密度的大小与材料的含水程度有关。当孔隙中含有水分时，其质量和体积均有所变化。材料孔隙越多，表观密度越小。因此在测定表观密度时，需同时测定其含水率，并加以注明。若未注明其含水率，是指材料在绝对干燥状态下的表观密度。

对于规则形状的材料，可直接测量其外观尺寸，并通过相关计算即可得到该材料的自然状态体积V_0；对于形状不规则材料，则需在材料表面涂蜡后（即封闭开口孔隙），再用排水法测定其自然状态体积V_0。

工程上可以利用表观密度推算材料用量，计算构件自重，确定材料的堆放空间。

3）堆积密度

堆积密度是指散粒状材料（如砂、石）或粉状材料（如水泥），在自然堆积状态下单位体积的质量，用下式表示：

$$\rho_0' = \frac{m}{V_0'} \tag{2-4}$$

式中 ρ_0'—— 材料的堆积密度（kg/m^3）；

m —— 材料的质量（kg）；

V_0' —— 材料的自然堆积体积，包括颗粒体积和颗粒间空隙的体积（如图 2-2 所示），即 $V_0' = \sum V_0 + V_{空隙}$ 。

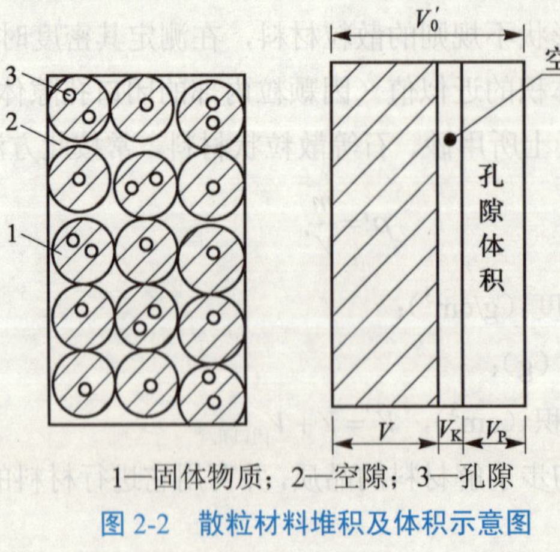

1—固体物质；2—空隙；3—孔隙

图 2-2 散粒材料堆积及体积示意图

测定散粒状材料的堆积密度时，材料的质量是指填充在一定容积的容器内的材料质量，其堆积体积是指所用容器的容积。

材料的堆积密度取决于材料的表观密度，以及测定时材料的装运方式和疏密程度。松堆积方式测得的堆积密度值要明显小于紧堆积时的测定值。工程中通常采用松散堆积密度来确定颗粒状材料的堆放空间。

2. 材料的密实度与孔隙率

1）密实度

密实度是指材料体积内固体物质所充实的程度，也就是固体物质的体积占总体积的百分率。密实度用下式表示：

$$D=\frac{V}{V_0}\times 100\%=\frac{\rho_0}{\rho}\times 100\% \tag{2-5}$$

式中　D—— 材料的密实度（%）。

2）孔隙率

孔隙率是指材料内部孔隙体积占材料在自然状态下总体积的百分率，用下式表示：

$$P=\frac{V_0-V}{V_0}\times 100\%=(1-\frac{V}{V_0})\times 100\%=(1-\frac{\rho_0}{\rho})\times 100\% \tag{2-6}$$

式中　P—— 材料的孔隙率（%）。

密实度 D 和孔隙率 P 是从不同角度反映材料的致密程度，它们的大小取决于材料的组成、结构以及制造工艺，密实度与孔隙率的关系为：$P+D=1$。工程上一般常用孔隙率表示材料的致密程度。

材料的许多工程性质，如强度、吸水性、抗渗性、抗冻性、导热性、吸声性等都与材料的孔隙有关。这些性质不仅取决于孔隙率的大小，还与孔隙的形状、分布、是否连通等构造特征密切相关。材料内部开口孔隙增多会使材料的吸水性、吸湿性、透水性、吸声性提高，但是抗冻性和抗渗性变差。材料内部闭口孔隙增多会提高材料的保温性能、隔热性能和耐久性。

建筑工程中，常用建筑材料的一些基本物理参数如表 2-1 所示。

表 2-1　常用建筑材料的密度、表观密度、堆积密度和孔隙率

材　料	密度（g/cm^3）	表观密度（kg/m^3）	堆积密度（kg/m^3）	孔隙率（%）
石灰岩	2.60	1 800～2 600	—	—
花岗岩	2.60～2.90	2 500～2 800	—	0.5～3.0
碎石（石灰岩）	2.60	—	1 400～1 700	—
砂	2.60	—	1 450～1 650	—
黏土	2.60	—	1 600～1 800	—

续表 2-1

材　料	密度（g/cm^3）	表观密度（kg/m^3）	堆积密度（kg/m^3）	孔隙率（%）
普通黏土砖	2.50～2.80	1 600～1 800	—	20～40
黏土空心砖	2.50	1 000～1 400	—	—
水泥	2.80～3.20	—	12 00～1 300	—
普通混凝土	—	2 000～2 800	—	5～20
轻骨料混凝土	—	800～1 900	—	—
木材	1.55	400～800	—	55～75
钢材	7.85	7 850	—	0
泡沫塑料	—	20～50	—	—
玻璃	2.55	2 550	—	0

3. 材料的填充率与空隙率

1）填充率

填充率是指颗粒或粉状材料在堆积状态下，颗粒体积占堆积总体积的百分率，用下式表示：

$$D' = \frac{V_0}{V_0'} \times 100\% = \frac{\rho_0'}{\rho} \times 100\% \qquad (2\text{-}7)$$

式中　D'—— 材料的填充率（%）。

2）空隙率

空隙率是指颗粒或粉状材料在堆积状态下，颗粒之间的空隙体积占堆积总体积的百分率，可用下式表示：

$$P' = \frac{V_0' - V_0}{V_0'} \times 100\% = (1 - \frac{V_0}{V_0'}) \times 100\% = (1 - \frac{\rho_0'}{\rho_0}) \times 100\% \qquad (2\text{-}8)$$

式中　P'—— 材料的空隙率（%）。

填充率和空隙率是从不同角度反映颗粒或粉状材料堆积的紧密程度，其关系为：$P' + D' = 1$，一般工程上常用空隙率。空隙率在配制混凝土时可作为控制混凝土粗、细骨料的配料比例以及计算混凝土含砂率的依据。

2.1.2　材料与水有关的性质

1. 亲水性与憎水性

材料在使用过程中经常会与水接触，那么首先遇到的问题就是材料能否被水所润湿。所谓润湿，是指水被材料表面吸附的情况，它和材料本身的性质有关。根据材料被水润湿的程度，可将材料分为亲水性与憎水性两大类。

亲水性与憎水性可用润湿角 θ 来表示，如图 2-3 所示。润湿角是指在材料、水、空气 3 者的交点处，沿水滴表面的切线与水和材料接触面之间的夹角。θ 角越小，水分越容易被材料表面吸附，说明材料被水润湿的程度越高，即材料亲水性越好。

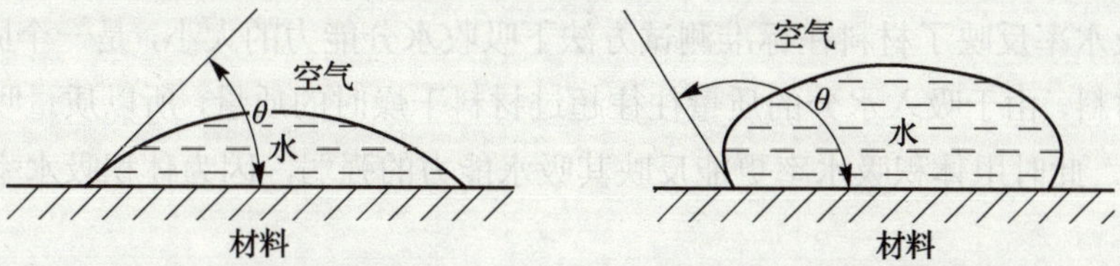

（a）亲水性材料　（b）憎水性材料

图 2-3　材料的润湿示意图

通常认为，润湿角 $\theta \leqslant 90°$ 的材料为亲水性材料，如砖、石料、混凝土、木材等。润湿角 $\theta > 90°$ 的材料为憎水性材料，如沥青、石蜡、塑料等。憎水性材料不仅可以作防水材料，而且还可用于处理亲水性材料的表面，以降低其吸水性，提高材料的防水和防潮性。

2. 吸水性

材料在浸水状态下吸收水分的能力称为吸水性，其大小用吸水率表示。吸水率可用质量吸水率和体积吸水率来表示。

1）质量吸水率

材料吸水饱和时，其所吸收水分的质量占材料干燥时质量的百分率，按下式计算：

$$W_{\mathrm{m}} = \frac{m_{饱和} - m_{干}}{m_{干}} \times 100\% \tag{2-9}$$

式中　W_{m} —— 材料的质量吸水率（%）；

$m_{饱和}$ —— 材料吸水饱和状态下的质量（g）；

$m_{干}$ —— 材料烘干至恒重时的质量（g）。

2）体积吸水率

材料吸水饱和时，吸入水分的体积占干燥材料自然体积的百分率，可按下式计算：

$$W_{\mathrm{V}} = \frac{V_{水}}{V_0} \times 100\% = \frac{m_{饱和} - m_{干}}{m_{干}} \times \frac{\rho_{0干}}{\rho_{水}} \times 100\% \tag{2-10}$$

式中　W_{V} —— 材料的体积吸水率（%）；

$V_{水}$ —— 材料在吸水饱和时吸入水的体积（$\mathrm{cm^3}$）；

V_0 —— 干燥材料在自然状态下的体积（$\mathrm{cm^3}$）；

$\rho_{0干}$ —— 材料在干燥状态下的表观密度（$\mathrm{g/cm^3}$ 或 $\mathrm{kg/m^3}$）。

质量吸水率与体积吸水率的关系为：

$$W_V = W_m \times \rho_{0干} \times \frac{1}{\rho_{水}} \tag{2-11}$$

材料吸水率的大小不仅取决于材料本身是亲水决于材料本身是亲水性，还与材料孔隙率的大小及孔隙特征密切相关。如果材料是亲水性的，且具有细小的开口孔，则孔隙率越大，材料的吸水性越强。

材料的吸水率反映了材料在标准测试方法下吸收水分能力的大小，是一个固定值。对于高度多孔材料，由于吸入水分的质量往往超过材料干燥时的质量，所以质量吸水率有可能大于 100%，此时用体积吸水率更能反映其吸水能力的强弱，因为体积吸水率不可能超过 100%。

提　示

> 水分的吸入往往会给材料带来一系列不良影响，也会使材料的许多性质发生改变，如体积膨胀，保温性能下降，强度降低，抗冻性变差等。

3. 吸湿性

材料在潮湿的空气中吸收水分的性质，称为吸湿性。吸湿性的大小用含水率来表示，其计算公式为：

$$W_{含} = \frac{m_{湿} - m_{干}}{m_{干}} \times 100\% \tag{2-12}$$

式中 $W_{含}$—— 材料的含水率（%）；

$m_{湿}$—— 材料含水时的质量（g）；

$m_{干}$—— 材料烘干到恒重时的质量（g）。

材料含水率的大小不仅与材料自身的特性（如亲水性、孔隙率和孔隙特征等）有关，还受周围环境的影响，即随温度和湿度变化而改变。当材料的含水率与环境湿度保持相对平衡时的含水率，称为平衡含水率。

4. 耐水性

材料长期在饱和水作用下不破坏，强度也无显著降低的性质称为耐水性。材料的耐水性可按下式计算：

$$K_{软} = \frac{f_{饱和}}{f_{干}} \tag{2-13}$$

式中 $K_{软}$—— 材料的软化系数；

$f_{饱和}$—— 材料在饱和状态下的抗压强度（MPa）；

$f_{干}$—— 材料在干燥状态下的抗压强度（MPa）。

软化系数一般在0~1之间波动，其值越小，说明材料吸水饱和强度越低，材料的耐水性越差。钢、玻璃、沥青等材料的软化系数基本为1。软化系数大于0.80的材料，通常可认为是耐水材料。对于经常位于水中或处于潮湿环境中的重要建筑物，其所用材料的软化系数不得低于0.85；对于受潮较轻或次要结构所用材料，软化系数允许稍有降低，但不宜小于0.75。

5. 抗渗性

材料抵抗有压力水或其他液体渗透的性质称为抗渗性（俗称不透水性）。抗渗性的高低与材料的孔隙率及孔隙特征有关。绝对密实或具有封闭孔隙的材料，实际上是不透水的。材料的抗渗性有以下两种表示方法。

1）渗透系数

材料在压力水作用下透过水量的多少遵守达西定律，即在一定时间内，透过材料试件的水量与试件的渗水面积及水头差成正比，与试件的厚度成反比，如图2-4所示，用公式表示为：

$$W=K\frac{\Delta h\cdot A\cdot t}{d} \tag{2-14}$$

式中 K—— 渗透系数（cm/h）；

W—— 渗水量（cm^3）；

t—— 渗水时间（h）；

A—— 渗水面积（cm^2）；

Δh—— 静水压力水头差（cm）；

d—— 试件厚度（cm）。

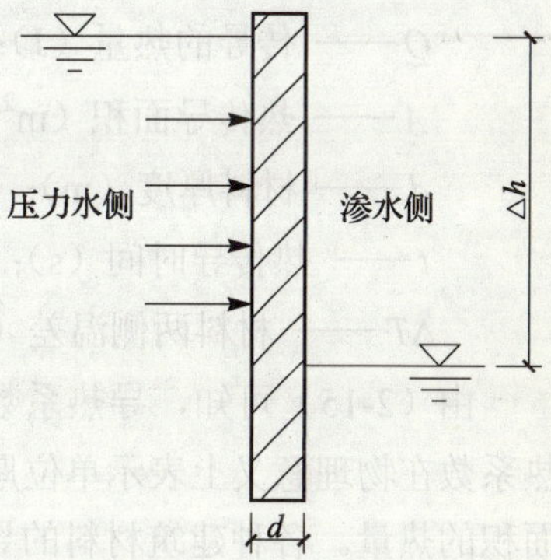

图2-4 材料透水示意图

2）抗渗等级

材料的抗渗性也可用抗渗等级P来表示。P值越大，材料的抗渗性越好。混凝土和砂浆抗渗性的好坏常用抗渗等级表示，材料抗渗性不仅与其亲水性有关，更取决于材料的孔隙率及孔隙特征。孔隙率很小而且是封闭孔隙的材料具有较高的抗渗性。

6. 抗冻性

材料在吸水饱和状态下，能够经受多次冻结和融化作用（冻融循环）而不破坏，同时强度也无显著降低的性质，称为抗冻性。抗冻性的大小用抗冻等级F表示。抗冻等级用材料能经受最大冻融循环的次数表示，如F15，F25，F50，F100等。

冻融循环对材料的破坏作用有两方面，一方面是由材料内部孔隙中的水在受冻结冰时体积膨胀而引起的，另一方面是在冻融循环过程中，材料内外温差引起的温度应力会导致内部微裂纹的产生或加速微裂的扩展。

抗冻性好的材料，对于抵抗温度变化、干湿交替等风化作用的能力较强。因此，抗冻性常作为矿物材料抵抗大气物理作用的一种耐久性指标。对抗冻等级的选择应根据工程种类、结构部位、使用条件、气候条件等因素来决定。

2.1.3 材料与热有关的性质

1. 导热性

当材料的两面存在温度差时，热量从材料一面传导至另一面的性质，称为材料的导热性。导热性的大小用导热系数 λ 表示，传导热量的示意图如图 2-5 所示。材料传导热量的大小与材料两侧的温度差、热传导面积和热传导时间成正比，与材料的厚度成反比，即：

$$Q=\lambda\frac{\Delta T\cdot A\cdot t}{d} \tag{2-15}$$

式中 λ—— 导热系数［W/(m•K)］;

Q—— 传导的热量（J）;

A—— 热传导面积（m^2）;

d—— 材料厚度（m）;

t—— 热传导时间（s）;

ΔT—— 材料两侧温差（K）。

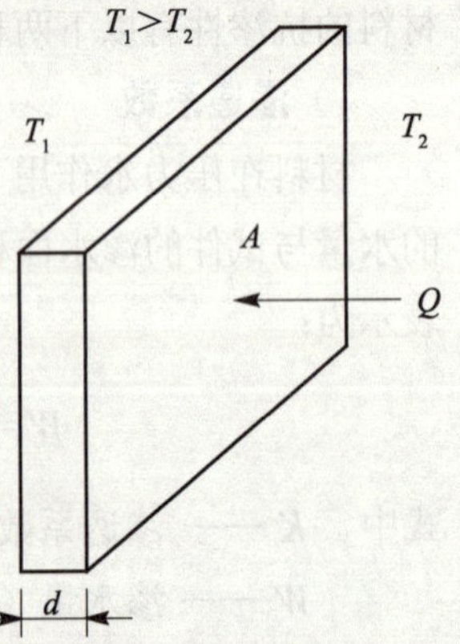

图 2-5 材料传热示意图

由（2-15）可知，导热系数越小，材料的导热性越差。导热系数在物理意义上表示单位厚度的材料，当两侧温差为 1 K 时，在单位时间内通过单位面积的热量。各种建筑材料的导热系数差别很大，大致在 0.035 W/(m•K)（泡沫塑料）至 3.500 W/(m•K)（大理石）之间。通常将 $\lambda<0.15$ W/(m•K) 的材料称为绝热材料。

材料的导热系数除了与材料的化学组成有关外，与材料内部的孔隙构造也有密切关系。由于密闭空气的导热系数很小［$\lambda=0.025$ W/(m•K)］，所以一般来说，材料的孔隙率越大，其导热系数越小。但如孔隙粗大或贯通，则会增加热的对流作用，其材料的导热系数反而大。

材料受潮或受冻后，导热率会大大提高，这是由于水和冰的导热系数比空气的导热系数高很多［$\lambda_{水}=0.60$ W/(m•K) 和 $\lambda_{冰}=0.20$ W/(m•K)］。因此，在设计、构造和施工时，应采取有效措施，使绝热材料经常处于干燥状态，以发挥材料的绝热效能。

提 示

导热系数是评定建筑材料保温隔热性能的重要指标。在建筑物热工中，将 $1/\lambda$ 称为材料的热阻，用 R 来表示。材料的导热系数越低，热阻越高，保温隔热性能越好。

2. 热容量

材料在加热时吸收热量，冷却时放出热量的性质称为热容量。热容量的大小用比热来表示。比热在数值上等于 1 g 材料，其温度升高或降低 1 K 时所吸收或放出的热量，用下式表示：

$$C=\frac{Q}{m(T_2-T_1)} \tag{2-16}$$

式中 C—— 材料的比热［J/（g·K）］；

Q—— 材料吸收或放出的热量（J）；

m—— 材料的质量（g）；

T_2-T_1—— 材料受热或冷却前后的温度差（K）。

材料的热导系数和比热是设计建筑物围护结构、进行热工计算时的重要参数，选用热导率小、比热容大的材料可以节约能耗并长时间地保持室内温度的稳定。常见建筑材料的热导系数和比热如表 2-2 所示。

表 2-2 常用建筑材料的导热系数和比热指标

材 料	导热系数［W/（m·K）］	比 热［J/（g·K）］	材 料	导热系数［W/（m·K）］	比 热［J/（g·K）］
建筑钢材	58	0.48	黏土空心砖	0.64	0.92
花岗岩	3.49	0.92	松木	0.17～0.35	2.51
普通混凝土	1.28	0.88	泡沫塑料	0.03	1.30
水泥砂浆	0.93	0.84	冰	2.20	2.05
白灰砂浆	0.81	0.84	水	0.60	4.19
普通黏土砖	0.81	0.84	密闭空气	0.025	1.00

3. 耐燃性与耐火性

1）耐燃性

耐燃性是评定建筑物防火和耐火等级的重要因素。材料的燃烧性能有 4 种：A 级材料——不燃性材料；B1 级材料——难燃性材料；B2 级材料——可燃性材料；B3 级材料——易燃性材料。

《建筑内部装修设计防火规范》（GB 50222—2001）给出了常用建筑装饰材料的燃烧等级，如表 2-3 所示。

表 2-3 常用建筑装饰材料的燃烧等级

材料类别	级别	材料举例
各部位材料	A	花岗石、大理石、水磨石、水泥制品、混凝土制品、石膏板、石灰制品、黏土制品、玻璃、瓷砖、马赛克、钢铁、铝、铜合金等

续表 2-3

材料类别	级别	材料举例
顶棚材料	B1	纸面石膏板、纤维石膏板、水泥刨花板、矿棉装饰吸声板、玻璃棉装饰吸声板、珍珠岩装饰吸声板、难燃胶合板、难燃中密度纤维板、岩棉装饰板、难燃木材、铝箔复合材料、难燃酚醛胶合板、铝箔玻璃钢复合材料等
墙面材料	B1	纸面石膏板、纤维石膏板、水泥刨花板、矿棉板、玻璃棉板、珍珠岩板、难燃胶合板、难燃中密度纤维板、防火塑料装饰板、难燃双面刨花板、多彩涂料、难燃墙纸、难燃墙布、难燃仿花岗岩装饰板、氯氧镁水泥装配式墙板、难燃玻璃钢平板、PVC 塑料护墙板、轻质高强复合墙板、阻燃模压木制复合板、彩色阻燃人造板、难燃玻璃钢等
	B2	各类天然木材、木制人造板、竹材、纸制装饰板、装饰微薄木贴面板、印刷木纹人造板、塑料贴面装饰板、聚酯装饰板、复塑装饰板、塑纤板、胶合板、塑料壁纸、无纺贴墙布、墙布、复合壁纸、天然材料壁纸、人造革等
地面材料	B1	硬 PVC 塑料地板、水泥刨花板、水泥木丝板、氯丁橡胶地板等
	B2	半硬质 PVC 塑料地板、PVC 卷材地板、木地板、氯纶地毯等
装饰织物	B1	经阻燃处理的各类难燃织物等
	B2	纯毛装饰布、纯麻装饰布、经阻燃处理的其他织物等
其他装饰材料	B1	聚氯乙烯塑料、酚醛塑料、聚碳酸酯塑料、聚四氟乙烯塑料、脲醛塑料、硅树脂塑料装饰型材、经阻燃处理的各类织物等
	B2	经阻燃处理的聚乙烯、聚丙烯、聚氨酯、聚苯乙烯、玻璃钢、化纤织物、木制品等

注 ① 安装在钢龙骨上的纸面石膏板，可作为 A 级装饰材料使用。

② 当胶合板表面涂覆一级饰面型防火涂料时，作为 B1 级装饰材料使用。

③ 单位质量小于 300/m^2 的纸质、布质壁纸，当直接粘贴在 A 级基材上时，可作为 B1 级装饰材料使用。

④ 施涂于 A 级基材上的无机装饰涂料，可作为 A 级装饰涂料使用。施涂于 A 级基材上，湿涂覆比小于 1.5 kg/m^2 的有机装饰涂料，可作为 B1 级装饰材料使用；施涂于 B1 和 B2 级基材上时，应连同基材一起通过实验确定其燃烧等级。

⑤ 其他装饰材料系指窗帘、帷幕、床罩、家具包布等。

2）耐火性

耐火性是指材料在火焰或高温作用下保持其不破坏、性能无明显下降的能力，常用耐火极限来表示。耐火极限是指按规定方法从材料受到火的作用起，直到材料失去支持能力、完整性被破坏或失去隔火作用止用的时间。耐火极限用时间（h）来表示。

提　示

耐燃性和耐火性的区别是，耐燃的材料不一定耐火，耐火的一般都耐燃。例如，金属材料、玻璃等虽属于耐燃性材料，但在高温或火的作用下在短时间内就会变形，甚至熔融，因而不属于耐火材料；钢材是耐燃材料，但其耐火极限仅有 0.25 h。

材料在燃烧时放出的烟气和毒气对人体危害极大，远远超过火灾本身。因此，建筑内部装修时，应尽量避免使用燃烧会释放出大量浓烟和有毒气体的装饰材料。

2.2 材料的力学性质

2.2.1 强度

材料在力（或荷载）的作用下抵抗破坏的能力称为强度。材料的强度通常以材料受外力或荷载破坏时，单位面积上所承受力的大小来表示，单位为 N/mm^2，常用 MPa 表示，即 1 MPa=1 N/mm^2。材料的强度可用下式计算：

$$f=\frac{F}{A} \tag{2-17}$$

式中 f—— 材料的极限强度（MPa）；

F—— 材料破坏时的最大荷载（N）；

A—— 试件受力截面面积（mm^2）。

1. 影响材料强度的因素

材料强度的大小不仅与材料内部质点间结合力的强弱有关，还与材料中存在的结构缺陷有直接关系。成分相同的材料，其强度取决于孔隙率的大小。如图 2-6 所示为混凝土抗压强度与孔隙率的关系曲线，该曲线表明：当孔隙率由12.4%增至15.2%时，抗压强度由37.5 MPa 降至 26 MPa。其他材料（石灰岩、烧土制品等）也存在类似的强度关系。

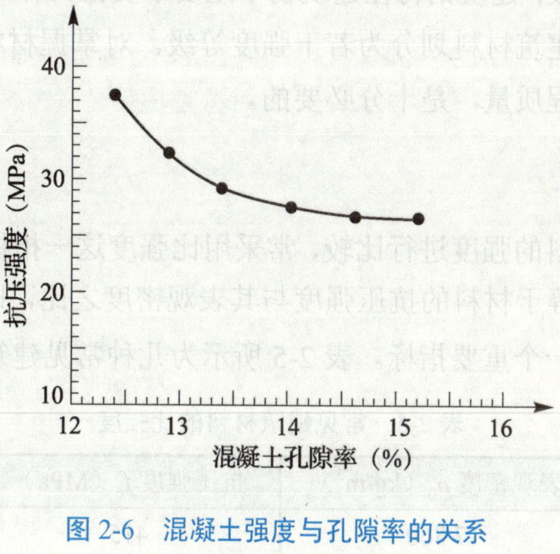

图 2-6 混凝土强度与孔隙率的关系

此外，材料的强度还与测试强度时的测试条件和测试方法等外部因素有关。为使测试结果准确、可靠，并具有可比性，对于以强度为主要性质的材料，必须严格按照标准试验方法进行静力强度测试，即将试件放在材料试验机上，施加荷载直至破坏，然后根据破坏时的荷载，即可计算出材料的强度。

2. 材料强度的分类及强度等级

根据外力作用的方式不同，材料的强度可分为抗压强度、抗拉强度、抗弯强度和抗剪强度，分别表示材料抵抗压力、拉力、弯曲、剪力破坏的能力，其计算公式如表 2-4 所示。

表 2-4　静力强度的分类

强度类别（MPa）	举　例	计算式	附　注
抗压强度 f_c	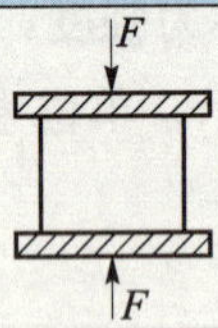	$f_c=\frac{F}{A}$	F——破坏时的最大荷载（N） A——试件的受荷面积（mm^2） l——两支点间的距离（mm） b——试件断面宽度（mm） h——试件断面高度（mm）
抗拉强度 f_t	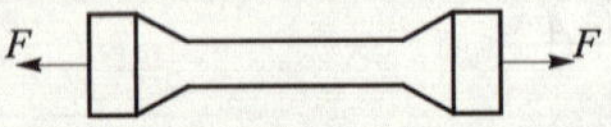	$f_t=\frac{F}{A}$	
抗剪强度 f_v	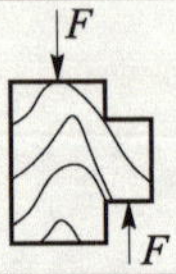	$f_v=\frac{F}{A}$	
抗弯强度 f_{tm}	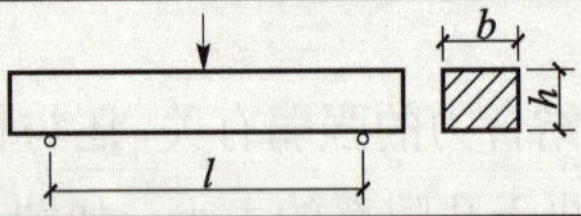	$f_{tm}=\frac{3Fl}{2bh^2}$	

大部分建筑材料根据其抵抗外力的种类和大小不同，划分为若干不同的强度等级。例如，水泥、石材、砖、混凝土、砂浆等脆性材料，它们在建筑物中主要承受压力作用，故按抗压强度划分强度等级；建筑钢材在建筑物中主要承受拉力作用，故建筑钢材的钢号主要按抗拉强度划分。将建筑材料划分为若干强度等级，对掌握材料性能，合理选用材料，正确进行设计和控制工程质量，是十分必要的。

3. 材料的比强度

为了便于对不同材料的强度进行比较，常采用比强度这一指标。比强度是按单位质量计算的材料强度，其值等于材料的抗压强度与其表观密度之比，即 f_c/ρ_0。因此，比强度是衡量材料轻质高强的一个重要指标。表 2-5 所示为几种常见建筑材料的比强度。

表 2-5　常见建筑材料的比强度

材　料	表观密度 ρ_0（kg/m^3）	抗压强度 f_c（MPa）	比 强 度
低碳钢	7 860	415	0.53
松木	500	34.3	0.69
普通混凝土	2 400	29.4	0.012
黏土砖	1 700	10	0.006

2.2.2 弹性与塑性

材料在外力作用下产生变形，外力取消后，材料变形即可消失，并能完全恢复原来形状的性质称为弹性。这种当外力取消后瞬间即可完全消失的变形称为弹性变形。明显具有弹性变形的材料称为弹性材料。

材料的弹性变形曲线如图 2-7 所示。材料的弹性变形与外力（荷载）成正比，比例常数量称为弹性模量，它是衡量材料抵抗变形能力的指标之一。弹性模量越大，材料越不易变形。

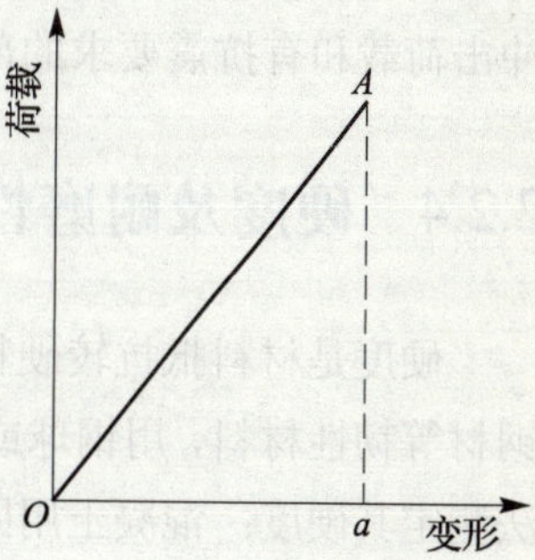

图 2-7　材料的弹性变形曲线

材料在外力作用下产生变形，当外力取消后，仍保持变形后的形状尺寸，且不产生裂纹的性质称为塑性。这种不随外力撤销而消失的变形称为塑性变形或永久变形，明显具有塑性变形特征的材料称为塑性材料。

实际上，纯弹性与纯塑性的材料都是不存在的。许多材料受力不大时，仅产生弹性变形，当受力超过弹性极限之后，则产生塑性变形，如低碳钢。有的材料在受力开始时，弹性变形和塑性变形同时产生，如果取消外力，则弹性变形可以恢复（消失）而塑性变形不消失，这种变形称为弹塑性变形，如混凝土，其弹塑性变形曲线如图 2-8 所示。

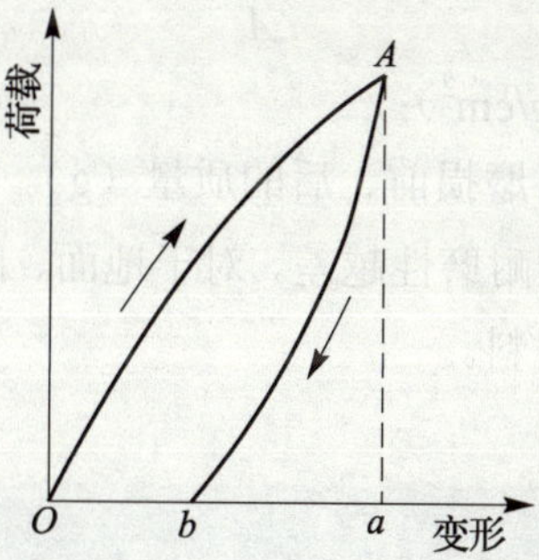

ab—可恢复的弹性变形　*bO*—不可恢复的塑性变形

图 2-8　弹塑性材料变形曲线

2.2.3 脆性和韧性

当材料受力到一定程度后突然破坏，但破坏前并无明显塑性变形的性质称为脆性，具有这种破坏性质的材料称为脆性材料。脆性材料的特点是抗压强度远大于其抗拉强度，受力作用时塑性变形小，而且破坏时无任何征兆，具有突发性，主要适合于承受压力静载荷。建筑材料中的大部分无机非金属材料均为脆性材料，如天然岩石、陶瓷、玻璃、砖、生铁、普通混凝土等。

韧性又称冲击韧性，是指材料在冲击或振动荷载作用下能吸收较大能量，同时产生一定变形而不致破坏的性质，具有这种性质的材料称为韧性材料。韧性材料的特点是塑性变形大，抗拉强度接近或高于抗压强度，破坏前有明显征兆，主要适合于承受拉力或动载荷，如木材、建筑钢材、沥青混凝土等均属于韧性材料。对于路面、桥梁、吊车梁等需要承受冲击荷载和有抗震要求的部件，其选用的材料应具有较高的韧性。

2.2.4 硬度及耐磨性

硬度是材料抵抗较硬物体压入或刻画的能力。不同材料的硬度测定方法不同。木材、钢材等韧性材料，用钢球或钢锥压入的方法来测定其硬度；天然矿物等脆性材料可用刻画法测定其硬度；混凝土用回弹法测定其硬度，并间接评价其强度。

按刻画法，矿物的硬度分为 10 级，等级由低到高依次为滑石、石膏、方解石、萤石、磷灰石、正长石、石英、黄玉、刚玉、金刚石。一般来说，硬度大的材料，其强度和耐磨性高，但不易加工。

耐磨性是指材料表面抵抗磨损的能力，用磨损率表示。磨损率用磨损前后单位表面的质量损失来表示，其计算公式为：

$$N=\frac{m_1-m_2}{A} \tag{2-18}$$

式中　N —— 材料的磨损率（g/cm^2）；

m_1，m_2 —— 分别为材料磨损前、后的质量（g）。

显然质量损失越大，材料的耐磨性越差。对于地面、路面、楼梯踏步等较易磨损的部位，应选用具有较高耐磨性的材料。

2.3 材料的耐久性

耐久性是指材料在使用过程中抵抗各种自然因素及其他有害物质长期作用能长久保持其原有性质的能力。

1. 材料经受的环境作用

材料在建筑物和使用过程中，除受到各种外力作用外，还要长期受到使用因素和各种自然因素的破坏作用，这些破坏作用主要有物理作用、化学作用、受力作用和生物作用。

实际工程中，材料往往受到多种破坏因素的同时作用。材料品质不同，其耐久性的因素也不同。一般矿物材料，如石材、砖瓦、陶瓷、混凝土、砂浆等暴露在大气中时，主要受大气的物理作用；当材料处于水位变化或水中时，还要受到环境的化学侵蚀作用。金属材料在大气中易遭锈蚀。木材及植物纤维材料，常因虫蛀、腐朽而遭到破坏。沥青及高分子材料在阳光、空气及热的作用下，会逐渐老化、变质而破坏。

由此可见，耐久性是材料的一种结合性质，诸如抗冻性、抗风化性、抗老化性、耐化学侵蚀性等均属于耐久性的范畴。此外，材料的强度、抗渗性、耐磨性等性能也与材料的耐久性有很大关系。

2. 材料耐久性的测定

对材料耐久性最准确的判断，是对其在使用条件下进行长期的观察和测定，但这需要很长时间。因此，一般情况下采用快速检验法来测定材料的耐久性，即模拟实际使用环境，将材料在实验室进行有关的快速试验，并根据实验结果对材料的耐久性作出判定。

在实验室进行快速试验的项目主要有：干湿循环、冻融循环、加湿与紫外线干燥循环、碳化、盐溶液浸渍与干燥循环、化学介质浸渍等。

3. 提高材料耐久性的方法

为了提高材料的耐久性，可根据使用情况和材料的特点采取相应的措施，如设法减轻大气或周围介质对材料的破坏作用（如降低湿度、排除侵蚀性物质等）；提高材料本身对外界作用的抵抗性（如提高材料的密实度、采用防腐措施等）；用其他材料保护主体材料免受破坏（如覆面、抹灰、油漆粉料等）。

习　题

2—1　什么是材料的密度、表观密度和堆积密度，这三者之间有何区别？材料含水后对表观密度和堆积密度分别有什么影响？

2—2　如果材料内部的开口孔隙与闭口孔隙分别增多，会对材料的吸湿性、抗渗性、抗冻性和导热性有何影响？

2—3　脆性材料与韧性材料有何区别？

2—4　某种石料密度为2.65 g/cm^3，孔隙率为1.2%，若将该石料破碎成碎石，碎石的堆积密度为1 580 kg/m^3，问该碎石的表观密度和空隙率分别是多少？

2—5　某工程使用碎石堆积密度1 560 kg/m^3，堆料场尺寸为4 m、宽2 m、高1.5 m，拟购进该种碎石15 t，请问该堆料场是否满足堆放这些碎石的需求？

2—6　某岩石在气干、绝干、水饱和状态下测得的抗压强度分别为 172 MPa、178 MPa、168 MPa，求该岩石的软化系数，并说明该岩石可否用于水下工程。（此外的气干、绝干指什么？）

2—7　有一石材干试样，质量为 256 g，把它浸水吸水饱和排出水体积为 115 cm^3，将其取出后擦干表面，再次放入水中排出水体积为 118 cm^3，若试样体积无膨胀，求此石材的表观密度、视密度、质量吸水率和体积吸水率。

第3章

气硬性胶凝材料

本章导读

胶凝材料又称胶结材料，是指在物理和化学作用下，能由液体或膏状体变为坚硬的固体，同时可将砂、石、砖、砌块等散粒或块状材料胶结并制成具有一定机械强度的物质。建筑工程中最常用到的建筑石灰、石膏和水玻璃均称为气硬性胶凝材料，这是因为它们只能在空气中硬化，且在空气中能保持或提高其强度。

通过学习本章，应熟悉石灰、石膏、水玻璃的主要成分和凝结或硬化原理，掌握其技术性能、特点及工程应用场合，能够根据实际应用合理选择所需材料。

本章要点

- 石灰的煅烧、熟化、硬化，以及建筑石灰的技术指标、特点、储存及其工程应用
- 建筑石膏的生产、凝结、硬化、技术性能、特点、储运及其工程应用
- 水玻璃的生产、硬化、特点及工程应用

胶凝材料品种繁多，按化学成分不同可分为有机和无机两大类。其中，无机胶凝材料按硬化条件不同又分为水硬性胶凝材料和气硬性胶凝材料两类。

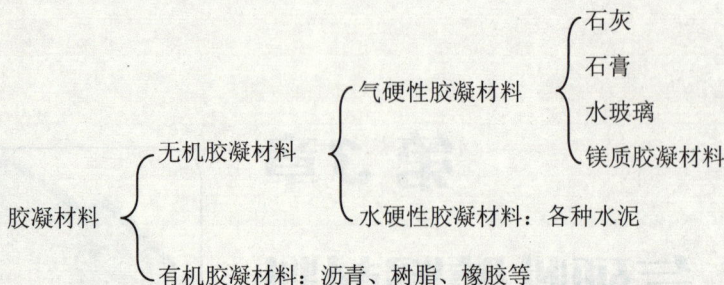

- 胶凝材料
  - 无机胶凝材料
    - 气硬性胶凝材料
      - 石灰
      - 石膏
      - 水玻璃
      - 镁质胶凝材料
    - 水硬性胶凝材料：各种水泥
  - 有机胶凝材料：沥青、树脂、橡胶等

气硬性胶凝材料只能在空气中硬化，并能在空气中保持或继续提高其强度，耐水性差，已硬化并具有强度的制品在水的长期作用下，强度会显著下降以致破坏。水硬性胶凝材料是指材料与水拌和后的浆体不仅能在空气中硬化，而且能更好地在水中硬化并保持或继续提高其强度的胶凝材料，其耐水性强，如各种水泥。

3.1 石　灰

石灰是建筑上使用较早的矿物胶凝材料之一。建筑石灰主要有建筑生石灰、生石灰粉和消石灰等。由于石灰的原料来源广泛，生产工艺简单，成本低廉，胶凝性好，至今仍在建筑中广泛应用。

3.1.1 石灰的煅烧

石灰是以碳酸钙为主要成分的岩石（如石灰岩、白云岩）为原料，在低于烧结温度下煅烧而成的。此外，化工副产品也是石灰来源的一种常见途径，如碳化钙制取乙炔时产生的电石渣，其主要成分是氢氧化钙，即消石灰，又称熟石灰。

石灰石煅烧即可生成生石灰。煅烧时，石灰中的碳酸钙分解，生成氧化钙和二氧化碳，其化学反应为：

$$CaCO_3 \xrightarrow{900\sim1100℃} CaO + CO_2\uparrow$$

煅烧温度对石灰质量有很大影响。温度较低或温度分布不均时，$CaCO_3$ 不能完全分解，则产生不熟化的欠火石灰。欠火石灰的表观密度大，CaO 含量低，故欠火石灰降低了石灰的质量等级和利用率。

温度过高或煅烧时间过长时，分解出的 CaO 与原料中的 SiO_2 和 Al_2O_3 等杂质熔结，产生熟化很慢的过火石灰。过火石灰如果用在工程上，其细小颗粒会在硬化的砂浆中吸收水分而发生水化反应，使得体积膨胀，从而引起局部鼓泡或脱落，影响工程质量。

3.1.2 生石灰的熟化

块状生石灰在使用前都要加水熟化，这种加水生成氢氧化钙的过程称为熟化或消解过程，其反应式为：

$$CaO + H_2O \xlongequal{\quad} Ca(OH)_2 + 64.88\ kJ$$

生石灰在熟化过程中，体积膨胀 1～2.5 倍并放出大量的热量。熟化后的石灰称为熟石灰或消石灰。生石灰在熟化时，根据加水方法和加水量不同，可将其制成石灰膏和消石灰粉。

1）制石灰膏

在化灰池中加入大量水，将生石灰熟化成石灰乳，熟化的氢氧化钙经网筛过滤（除渣）流入储灰池，并在储灰池中沉淀成膏状材料，即为石灰膏。石灰膏可用来拌制砌筑砂浆和抹面砂浆。为保证石灰膏充分熟化，石灰膏必须在储灰池中储存一段时间，如表 3-1 所示。同时，石灰膏上方应保留一层水，避免石灰膏与空气直接接触而导致碳化。

表 3-1 制备石灰膏所需熟化期

名称	用法	熟化期不得少于（d）	名称	用法	熟化期不得少于（d）
石灰膏	抹灰用	15	磨细生石灰粉	罩面用	3
	砌筑用	7		砌筑用	2

注 意

石灰必须在充分熟化后方能使用，否则未熟化的石灰颗粒在使用后吸收空气中的水分继续熟化，因熟化时体积膨胀，会致使平整的墙面隆起、开裂或局部脱落。

2）制消石灰粉

将生石灰淋适量水，以消解成氢氧化钙，再经磨细、筛分后得到的干粉称为消石灰粉或熟石灰粉。消石灰粉也需要放置一段时间，待进一步熟化后使用。由于其熟化未必充分，因此不宜直接用于拌制砂浆和灰浆。消石灰粉一般用于拌制灰土和三合土。

3.1.3 石灰的硬化

石灰浆或石灰膏在空气中逐渐硬化，其硬化是物理变化和化学反应两个过程同时作用的。

➢ 干燥过程和结晶过程：石灰膏或浆体在干燥过程中，水分逐渐蒸发或被砌体吸收，氢氧化钙从过饱和溶液中结晶析出，晶体颗粒相互靠拢粘紧形成结晶，石灰膏或浆体的强度也随之增强。

➢ 碳化过程：石灰膏体表面的氢氧化钙与空气中的二氧化碳反应生成不溶于水的碳酸钙结晶，并放出水分，其反应为：

$$Ca(OH)_2+CO_2+nH_2O = CaCO_3+(n+1)H_2O$$

空气中二氧化碳的含量很低，因此石灰膏或浆体的碳化作用发生在与空气接触的表面，表面碳化生成的碳酸钙结晶阻碍了二氧化碳的继续深入，也影响了材料内部水分的蒸发，所以石灰的碳化过程是十分缓慢的。

3.1.4　建筑石灰的技术指标

在石灰的原料中，除主要成分碳酸钙外，常含有碳酸镁。煅烧过程中碳酸镁分解成氧化镁存在于石灰中。建筑生石灰按氧化镁含量多少分为钙质石灰和镁质石灰，各种石灰中按二氧化碳含量、未消化残渣含量及产浆量划分为优等品、一等品和合格品。各等级的技术指标如表 3-2 所示。

表 3-2　建筑生石灰的技术指标（摘自 JC/T 479—2013）

项　目	钙质生石灰粉			镁质生石灰粉		
	优等品	一等品	合格品	优等品	一等品	合格品
CaO＋MgO 含量不小于（%）	90	85	80	85	80	75
未消化残渣含量（5 mm 圆孔筛余）不大于（%）	5	10	15	5	10	15
CO_2 不大于（%）	5	7	9	6	8	10
产浆量不小于（L/kg）	2.8	2.3	2.0	2.8	2.3	2.0

建筑生石灰粉根据有效氧化钙和有效氧化镁含量、二氧化碳含量及细度，划分为优等品、一等品和合格品。各等级的技术指标如表 3-3 所示。

表 3-3　建筑生石灰粉的技术指标（摘自 JC/T 480—1992）

项　目		钙质生石灰粉			镁质生石灰粉		
		优等品	一等品	合格品	优等品	一等品	合格品
CaO＋MgO 含量不小于（%）		85	80	75	80	75	70
CO_2 不大于（%）		7	9	11	8	10	12
细度	0.9 mm 筛的筛余不大于（%）	0.2	0.5	1.5	0.2	0.5	1.5
	0.125 mm 筛的筛余不大小（%）	7.0	12.0	18.0	7.0	12.0	18.0

建筑消石灰粉根据有效氧化钙和有效氧化镁含量、游离水量、体积安定性及细度，划

分为优等品、 等品和合格品。各等级的技术指标如表3-4所示。

表3-4 建筑消石灰粉的技术指标（摘自JC/T 481—2013）

项目		钙质消石灰粉			镁质消石灰粉			白云石消石灰粉		
		优等品	一等品	合格品	优等品	一等品	合格品	优等品	一等品	合格品
CaO＋MgO含量不小于（%）		70	65	60	65	60	55	65	60	55
游离水量（%）		0.4～2								
体积安定性		合格		—	合格		—	合格		—
细度	0.9 mm筛的筛余不大于（%）	0	0	0.5	—	—	0.5	0	0	0.5
	0.125 mm筛的筛余不大小（%）	3	10	15	—	10	15	3	10	15

3.1.5 石灰的特点、储存及应用

1. 石灰的特点

生石灰的主要成分是氧化钙，氧化钙极易吸收空气中的水分。因此，生石灰具有吸湿性强、熟化时放热量大和熟化时体积膨胀大等特点。

生石灰熟化为熟石灰时生成颗粒极细的呈胶体分散状态的氢氧化钙，且表面吸附一层水膜，因此，用熟石灰制成的石灰砂浆具有良好的保水性和可塑性。在水泥砂浆中掺入石灰浆，可使砂浆的可塑性显著提高。

此外，熟石灰还具有凝结硬化慢、强度低、耐水性差和干燥收缩大等特点。

2. 石灰的储存方法

鉴于生石灰具有上述特点，因此在运输或储存生石灰时，应避免受潮和混入杂物。石灰的保质期为一个月，用不完时应将其制成石灰膏储存，或在上面覆盖砂土使其与空气隔绝，以防硬化。储存时，石灰膏上应保留一层水，以避免石灰膏与空气接触而导致碳化。

3. 石灰的应用

石灰在建筑工程中的应用范围很广，常作以下几种用途。

1）拌制砂浆和石灰乳

石灰具有良好的可塑性和黏结性，常用于配制石灰砂浆、水泥石灰混合砂浆等，应用于建筑物的砌筑和抹灰工程。若在石灰中掺加大量水，可配制成石灰乳，用于粉刷墙面。若在石灰乳中掺加各种色彩的耐碱颜料，即成彩色的粉刷罩面原料。

2）拌制灰土（石灰土）和三合土

灰土是由熟石灰与黏性土按一定比例拌和均匀并夯实而成的，常用的有二八灰土和三七灰土（按体积比）。将石灰、黏土与砂石、碎砖或炉渣等填料按一定比例混合均匀并夯实，可拌成三合土或碎砖三合土。

灰土和三合土应用历史悠久，造价低廉，操作简单，可就地取材，其耐水性和强度均优于纯石灰膏，因此大量应用于建筑物的地基基础、地面、道路等垫层。

3）硅酸盐建筑制品

石灰是生产灰砂砖、蒸养粉煤灰砖、粉煤灰砌块或板材等硅酸盐建筑制品的主要原料，也是生产石灰矿渣水泥、石灰火山灰质水泥等无熟料水泥的主要原料。

4）碳化石灰板

在磨细的生石灰中掺加30%～40%的短玻璃纤维、植物纤维、石灰石骨料等，加水搅拌，振动成型后，利用石灰窑的废气碳化而成的空心板，即为碳化石灰板。碳化石灰板能锯割和打孔，宜用作非承重内隔墙板、天花板等。

3.2 石　膏

建筑石膏及其制品在质轻、防火、隔音、绝热等方面，均比建筑石灰优越。我国石膏资源极其丰富，分布较广，其生产工艺简单，是一种有悠久历史的古老的胶凝材料，而且也是一种很有发展前景的新型建筑材料。

3.2.1 建筑石膏的生产

自然界中的石膏以两种稳定形态存在于石膏矿中：一种是天然二水石膏（$CaSO_4 \cdot 2H_2O$），也称软石膏，另一种是天然无水石膏（$CaSO_4$），也称生石膏或硬石膏。此外，以硫酸钙为主要成分的工业副产品及废渣中，也存在可作为建筑材料原料的化学石膏。

二水石膏在加热时随温度和压力条件不同，所得产物的结构和性能均不同。当温度为65～75℃时，二水石膏开始脱水；当温度升至 107～170℃时，脱去部分结晶水，得到β型半水石膏（$CaSO_4 \cdot 0.5H_2O$），其反应为：

$$CaSO_4 \cdot 2H_2O \xrightarrow{107\sim170℃} CaSO_4 \cdot \frac{1}{2}H_2O + 1\frac{1}{2}H_2O$$

当温度升高至 170～200℃时，石膏继续脱水，成为可溶性硬石膏，与水调和后仍能很快凝结硬化；当温度升高至 400℃，石膏完全失去水分，生成失去凝结硬化能力的不溶性硬石膏，俗称“僵烧石膏”；当温度高于 800℃时，部分石膏分解出氧化钙，变成耐水性、耐磨性和强度较高的高温煅烧石膏；当温度高于 1 600℃时，石膏全部分解为石灰。

提 示

将半水石膏磨细即为建筑石膏。建筑石膏杂质含量小，颜色洁白。

3.2.2 建筑石膏的凝结与硬化

建筑石膏极易溶于水，加水后很快达到饱和溶液而分解出溶解度低的二水石膏胶体，其反应为：

$$CaSO_4 \cdot \frac{1}{2}H_2O + 1\frac{1}{2}H_2O = CaSO_4 \cdot 2H_2O$$

半水石膏加水后首先进行的是溶解。由于二水石膏的溶解度比半水石膏的溶解度小，所以二水石膏不断从过饱和溶液中析出。由于溶液中有二水石膏析出，破坏了原有半水石膏的平衡浓度，这时半水石膏会进一步溶解。如此不断进行半水石膏的溶解和二水石膏的析出，随着析出的二水石膏胶体不断增多，石膏失去了塑性，开始凝结。

凝结时，胶体之间的摩擦力和黏结力逐渐增大，石膏强度也随之增加，最后成为坚硬的固体。由此可见，石膏的凝结硬化是一个连续的溶解、水化、凝结、结晶的过程。

3.2.3 建筑石膏的技术性能

建筑石膏呈白色粉末状，密度为 2.5～2.75 g/cm^3，松散堆积密度为 800～1 000 kg/m^3，紧密堆积密度为 1 250～1 450 kg/m^3，按 2 h 抗折强度可将其分为 3.0、2.0 和 1.6 三个等级。建筑石膏的物理力学性能应符合表 3-5 中的要求。

表 3-5 建筑石膏的物理力学性能（摘自 GB/T 9776—2008）

等 级	细度（0.2 mm 方孔筛筛余，%）	凝结时间（min）		2 h 强度（MPa）	
		初 凝	终 凝	抗 折	抗 压
3.0	≤10	≥3	≤30	≥3.0	≥6.0
2.0				≥2.0	≥4.0
1.6				≥1.6	≥3.0

3.2.4 建筑石膏的特点及储运

建筑石膏具有以下几方面特点。

➢ **凝结、硬化快**：建筑石膏是一种凝结、硬化快的胶凝材料。在常温下，石膏完成水化的时间为 5～15 min。石膏水化速度越快，则浆体凝结、硬化的速度也越快。

知识链接

在实际应用时，为了施工操作需要，往往需要向石膏浆体中掺加缓凝剂（如硼砂、亚硫酸盐酒精废液等），以降低其凝结和硬化速度。

- **硬化后体积微膨胀**：石膏与大多数胶凝材料不同，石膏硬化后体积膨胀，其膨胀率约1%。这一特性使石膏制品在硬化过程中不会产生裂缝，常用于制作建筑艺术配件及建筑装饰制品等。
- **孔隙率大、强度较低**：为使石膏具有必要的可塑性，通常加水量比理论需水量多得多，硬化后由于多余水分的蒸发，石膏内部的孔隙率很大，因而保温、隔热、吸声性能较好，可做成轻质隔板。
- **防火性好**：由于硬化的石膏中结晶水含量较多，遇火时，这些结晶水吸收热量蒸发形成蒸汽幕，从而阻止火势蔓延。建筑石膏不宜长期在65℃以上的高温部位使用，以免二水石膏缓慢脱水，强度降低。
- **耐水性差**：由于建筑石膏硬化后孔隙率较大，二水石膏又微溶于水，具有很强的吸湿性和吸水性，因此，石膏及石膏制品的耐水性较差，不宜用于潮湿环境中。
- **调节室内湿度和温度**：建筑石膏的热容量大，吸湿性强，故能调节室内温度和湿度，保证室内“小气候”的均衡状态。
- **可装饰性**：石膏呈白色，可装饰干燥环境的室内墙面或顶棚，但受潮后颜色变黄，会失去装饰性。

鉴于建筑石膏具有上述特点，因此石膏在运输、储存时不得受潮和混入杂物；不同等级的石膏应分别储运，不得混杂。石膏自生产日算起，储存期为三个月。三个月后需要重新进行质量检验，以确定等级。

3.2.5 石膏及其制品的应用

与石灰相比，建筑石膏更加洁白、美观，且价格也较石灰高些。建筑工程中，建筑石膏主要有室内抹灰及粉刷、制作石膏板、制作建筑装饰制品（如石膏装饰板、灯盘、门窗拱眉等）等3方面用途。我国目前生产的石膏板主要有以下几种。

1）普通纸面石膏板

普通纸面石膏板是以建筑石膏为主要原料，掺入少量纤维和外加剂构成芯材，并与护面纸牢固地结合在一起的建筑板材。护面纸主要起提高板材抗弯和抗冲击的作用。

普通纸面石膏板具有质轻、保温、防火、吸声、抗冲击、调节室内温度和湿度等性能，可锯、可钉、可钻或用以石膏为基材的胶粘剂黏结，主要用于内墙、隔墙、顶棚等处。

2）装饰石膏板

装饰石膏板是以建筑石膏为主要原料，掺入适量纤维增强材料和胶料，经加水搅拌、浇注而成的不带护面纸的板材。装饰板有平板、多孔板、花纹板、浮雕板等多种，尺寸精准、线条清晰、颜色鲜艳。使用时不须作饰面处理，主要用于宾馆、商场、音乐厅、会议室、幼儿园等公共建筑的墙面和吊顶。

3）石膏空心条板

石膏空心条板的孔洞率为30%～40%，孔数7～9，孔间距离大于21 mm，孔与板面间厚度大于11 mm。石膏空心条板是以建筑石膏为主要原料，加入纤维材料（如无碱玻璃纤维）或轻质填料，以提高板的抗折强度并减轻板的重量。这种板不用纸、不用黏结剂，强度高、工艺简单，且安装时也不用龙骨，是一种具有发展前景的轻板，主要用于隔墙板。

4）吸声用穿孔石膏板

吸声用穿孔石膏板是以穿孔装饰石膏板为基板，与吸声材料或背覆透气性材料组合而成的石膏板，主要用于音乐厅、会议室以及对音质要求较高或对噪声限制较严的场所，可作吊顶、墙面等的吸声装饰材料。

使用时，应根据建筑物的用途、功能及室内湿度大小，选择不同的基板。如干燥环境可选用普通基板，潮湿环境应选用防潮基板或耐水基板，防火等级要求高的应选用耐火基板。饰面不再处理的，其基板应选装饰石膏板；饰面需进一步处理的，其基板可选用纸面石膏板。

5）耐水纸面石膏板

耐水纸面石膏板是以建筑石膏为主要原料，掺入适量耐水外加剂构成芯材，并与耐水的护面纸牢固黏结在一起的轻质建筑板材。耐水纸面石膏板主要用于厨房、卫生间等潮湿环境的装饰，其表面需进行饰面处理。

6）耐火纸面石膏板

耐火纸面石膏板是以建筑石膏为主，掺入适量无机耐火纤维增强材料构成芯材，并与护面纸牢固黏结在一起的耐火轻质建筑板材。耐火纸面石膏板主要用作防火等级要求高的建筑物的装饰材料，如影剧院、体育馆、幼儿园、商场、娱乐场所及其通道、楼梯间、电梯间等的吊顶、墙面和隔断。

知识链接

石膏制品属绿色环保建材产品，具有无污染、不老化、对人体无害等优点。随着以人为本、保护生态环境战略的实施，具有绿色环保功能的非金属矿物材料具有广阔的发展空间。

3.3 水玻璃

水玻璃是一种建筑胶凝材料，常用来配置水玻璃胶泥、水玻璃砂浆、水玻璃混凝土，也可使用水玻璃配制涂料。水玻璃在防酸工程和耐热工程中的应用甚为广泛。

3.3.1 水玻璃的生产

水玻璃俗称泡花碱，是由碱金属氧化物和二氧化硅结合而成的一种能溶于水的金属硅酸盐物质。建筑工程中常用的水玻璃是硅酸钠（$Na_2O \cdot nSiO_2$）水溶液。

知识链接

水玻璃（$Na_2O \cdot nSiO_2$）中的 n 为水玻璃模数，即二氧化硅与氧化钠的摩尔数比。水玻璃溶解的难易程度与其模数 n 的大小有关。n 值越大，水玻璃的黏度越大，黏结能力愈强，越难溶解，但较易分解和硬化。

水玻璃的主要原料是石英砂、纯碱或含硫酸钠的原料。将原料磨细，按一定比例配合，在玻璃熔炉内加热至 1 300～1 400℃时熔融而生成硅酸钠，冷却后即为固态水玻璃，其反应式为：

$$Na_2CO_3 + nSiO_2 \xrightarrow[\text{加热}]{1\,300\sim1\,400℃} Na_2O \cdot nSiO_2 + CO_2\uparrow$$

固态水玻璃在水中加热，溶解为液态水玻璃。液体水玻璃常因含杂质而呈青灰色、绿色或微黄色，以无色透明的液体水玻璃为最好。液体水玻璃可以与水按任意比例混合。使用时仍可加水稀释。在液体水玻璃中加入尿素，可在不改变其黏度的条件下提高黏结力。

3.3.2 水玻璃的硬化

水玻璃在空气中与二氧化碳作用，析出二氧化硅凝胶，凝胶因干燥而逐渐硬化，其反应式为：

$$Na_2O \cdot nSiO_2 + CO_2 + mH_2O = nSiO_2 \cdot mH_2O + Na_2CO_3$$

上述硬化过程很慢，为加速硬化，可掺入适量的固化剂，如氟硅酸钠或氯化钙。氟硅酸钠可提高水玻璃的耐水性，其适掺量为水玻璃重量的 12%～15%，如果用量太少，不但硬化速度缓慢，析出的二氧化硅凝胶的强度也会降低；如果用量过多，则凝结速度过快，使施工困难，而且渗透性大，强度也低。

加入氟硅酸钠后，水玻璃的初凝时间可缩短到30～60 min，终凝时间可缩短到240～360 min，7天基本达到最高强度。氟硅酸钠具有毒性，使用时就注意安全。

3.3.3 水玻璃的特点及应用

水玻璃具有黏结力强、强度高、耐酸性强、耐热性好、耐碱性和耐水性较差等特点。用水玻璃配制的混凝土，其抗压强度可以达到15～40 MPa，水玻璃胶泥的抗拉强度可达2.5 MPa。此外，水玻璃不燃烧，在高温下硅酸凝胶干燥得更加强烈，强度不会降低，甚至有所增加。

在建筑工程中，水玻璃的主要应用范围如下。

1. 涂刷建筑材料表面，提高抗风化能力

水玻璃溶液喷涂在如天然石材、黏土砖、混凝土、硅酸盐建筑制品等建筑材料表面，能提高材料的密实度、强度、耐水性和抗风化能力。石膏制品不能用水玻璃溶液喷涂，因为水玻璃（$Na_2O \cdot nSiO_2$）与石膏（$CaSO_4$）会发生化学反应，生成体积膨胀的硫酸钠，从而导致制品破坏。

用水玻璃涂刷或浸渍含有石灰的材料，如水泥混凝土和硅酸盐制品等时，水玻璃与石灰（$CaCO_3$）发生反应，生成的硅酸钙胶体会填实制品孔隙，使制品的密实度提高。

2. 加固地基

将液体水玻璃和氯化钙溶液轮流交替灌入地层，反应生成的硅酸凝胶将土壤颗粒包裹并填实其空隙。硅酸胶体为一种吸水膨胀的浆状凝胶，因吸收地下水而经常处于膨胀状态，是加固建筑地基的一种灌浆材料。

3. 配制快凝防水剂

以水玻璃为基料，加入两种、三种或四种矾可配制成二矾、三矾或四矾快凝防水剂。这种防水剂凝结迅速，一般不超过1 min。鉴于它的速凝性和粘附性，工程上常将其掺入水泥浆、砂浆或混凝土中做修补、堵漏、抢修、表面处理之用。

4. 配制耐热砂浆、耐热混凝土

水玻璃的耐热性良好，能长期承受高温作用而强度并不降低。以水玻璃为胶凝材料，与耐热骨料等可配制耐热砂浆和耐热混凝土，可承受1 200℃以下的温度。

5. 耐酸砂浆、耐酸混凝土

水玻璃是一种耐酸材料，以水玻璃为胶凝材料，与耐酸骨料等可配制用于耐酸工程的耐酸砂浆和耐酸混凝土。

另外，水玻璃能加速水泥的凝结和硬化，可作为水泥的促凝剂。将液体水玻璃与耐火填料等调成糊状的防火漆，涂于木材表面，可抵抗瞬间火焰。

习　题

3—1　气硬性胶凝材料和水硬性胶凝材料的区别有哪些？

3—2　生石灰、熟石灰的主要成分分别是什么？如果将未完全熟化的石灰使用于建筑工程中，会造成哪些影响？

3—3　石灰使用前为什么要“陈状”？

3—4　简述建筑石膏的主要成分、特点及用途。

3—5　为什么用不耐水的石灰拌制成的灰土、三合土具有一定的耐水性？

3—6　简述石灰、石膏的硬化原理。

3—7　水玻璃主要用于哪些场合？

第4章 水泥

本章导读

水泥是重要的建筑材料之一，从诞生至今为人类社会进步及经济发展做出了巨大贡献，广泛应用于工业、农业、国防、水利、交通等基本建设中。由于水泥具有生产原料广泛、相对成本较低、工程使用性能良好等特点，在目前乃至未来相当长的一段时期内，水泥仍将是不可替代的建筑材料。

通过学习本章，应了解水泥的生产原料、生产过程及凝结硬化过程，熟悉不同水泥熟料的矿物成分、每种矿物单独在硅酸盐水泥中所起的作用及水泥的技术要求，掌握硅酸盐水泥及掺混合材料的硅酸盐水泥的主要技术性能、检测方法、特性及应用场合。

本章要点

- 通用水泥的种类、组成成分和熟料的主要矿物成分
- 硅酸盐水泥的水化、凝结硬化、技术要求及防腐措施
- 掺混合材料的硅酸盐水泥种类、技术要求、特点及应用
- 道路硅酸盐水泥、砌筑水泥、抗硫酸盐硅酸盐水泥等其他水泥的特点及应用
- 水泥的验收、运输与储存

水泥按性质和用途不同，可分为通用水泥、专用水泥和特性水泥；按其矿物组成不同，可分为硅酸盐类水泥、铝酸盐类水泥、硫铝酸盐类水泥、铁铝酸盐类水泥、氟铝酸盐类水泥等。

本章主要讲解硅酸盐水泥的主要成分、水化、凝结硬化、主要技术要求、特性、腐蚀及应用等内容，各种混合材料的硅酸盐水泥的技术要求、性能和应用场合，以及水泥的验收、运输及储存等。

4.1 通用硅酸盐水泥概述

根据国家标准《通用硅酸盐水泥》（GB 175—2007）的规定，通用硅酸盐水泥是以硅酸盐水泥熟料、适量石膏和规定混合材料制成的水硬性胶凝材料。

4.1.1 通用硅酸盐水泥的种类和代号

《通用硅酸盐水泥》（GB 175—2007）规定，通用硅酸盐水泥按混合材料的品种和掺量不同，可分为硅酸盐水泥、普通硅酸盐水泥、矿渣硅酸盐水泥、火山灰质硅酸盐水泥、粉煤灰硅酸盐水泥和复合硅酸盐水泥，各品种水泥的组分和代号应符合表 4-1 中的规定。

表 4-1 通用硅酸盐水泥的组分和代号

品种	代号	组分（%）				
		熟料＋石膏	粒化高炉矿渣	火山灰质混合材料	粉煤灰	石灰石
硅酸盐水泥	P·Ⅰ	100	—	—	—	—
	P·Ⅱ	≥95	≤5	—	—	—
		≥95	—	—	—	≤5
普通硅酸盐水泥	P·O	≥80 且＜95	＞5 且≤20			—
矿渣硅酸盐水泥	P·S·A	≥50 且＜80	＞20 且≤50	—	—	—
	P·S·B	≥30 且＜50	＞50 且≤70	—	—	—
火山灰质硅酸盐水泥	P·P	≥60 且＜80	—	＞20 且≤40	—	—
粉煤灰硅酸盐水泥	P·F	≥60 且＜80	—	—	＞20 且≤40	—
复合硅酸盐水泥	P·C	≥50 且＜80	＞20 且≤50			

4.1.2 通用硅酸盐水泥的生产

通用硅酸盐水泥的生产过程为：将原料按一定比例混合磨细并调配均匀，制得具有适当化学成分的生料（制备生料），再将生料在水泥窑中经过 1 400～1 450℃的高温煅烧至部分熔融，冷却后得到硅酸盐水泥熟料（煅烧生料），最后将煅烧好的熟料、适量石膏，以及粒化高炉矿渣、火山灰质混合材料等混合材料共同磨细，即得水泥成品（粉磨水泥）。

水泥的生产过程可概括为“两磨一烧”，即磨细生料、磨细熟料、生料煅烧成熟料。通用硅酸盐水泥的生产工艺流程如图 4-1 所示。

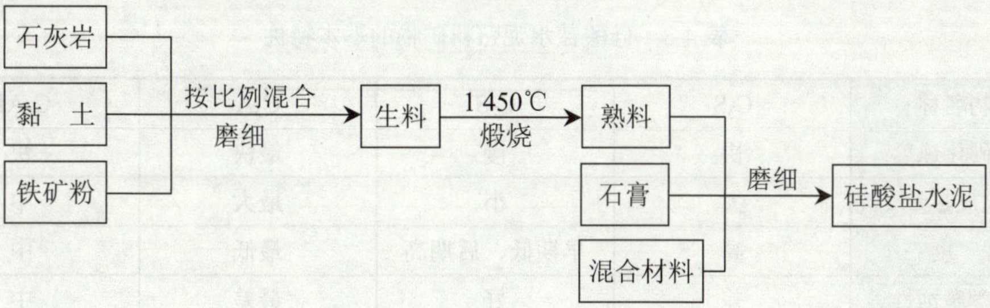

图 4-1 硅酸盐水泥的生产工艺

知识链接

由图 4-1 可知，通用硅酸盐水泥的生料主要是由石灰质原料和黏土质原料两大类组成。其中，石灰质原料主要提供氧化钙（CaO），常用的石灰质原料有石灰岩、凝灰岩、白垩、贝壳等；黏土质原料主要提供氧化硅（SiO_2）、氧化铝（Al_2O_3）及少量的氧化铁（Fe_2O_3），常用的黏土质原料有黏土、黄土、页岩、泥岩等。

此外，为了调节生料各物体间的化学成分，还需要加入辅助性的硅质校正原料、铝质校正原料或铁质校正原料。例如，原料中 Fe_2O_3 含量不足时可加入铁质校正原料，如黄铁矿渣、铁矿粉等；硅质校正原料主要补充 SiO_2，可采用砂岩、粉砂岩等。

4.1.3 通用硅酸盐水泥熟料的主要矿物组成

石灰岩、黏土和铁矿粉生料在煅烧过程中会分解出 CaO、SiO_2、Al_2O_3 和 Fe_2O_3，在高温下会形成以硅酸钙为主的熟料矿物。硅酸盐水泥的主要矿物组成及其含量如表 4-2 所示。

表 4-2 硅酸盐水泥的主要矿物组成及其含量

主要矿物组成	简 式	含 量	密 度
硅酸三钙（$3CaO \cdot SiO_2$）	C_3S	37%～60%	3.25g/cm^3
硅酸二钙（$2CaO \cdot SiO_2$）	C_2S	15%～37%	3.28 g/cm^3
铝酸三钙（$3CaO \cdot Al_2O_3$）	C_3A	7%～15%	3.04 g/cm^3
铁铝酸四钙（$4CaO \cdot Al_2O_3 \cdot Fe_2O_3$）	C_4AF	10%～18%	3.77 g/cm^3

表 4-2 所示硅酸盐水泥熟料的 4 种矿物中，前两种称为硅酸盐矿物，一般占总量的 75%～82%；后两种称为熔剂矿物，一般占总量的 18%～25%。除了这些主要矿物外，硅酸盐水泥中还含有少量的游离氧化钙、游离氧化镁和碱等。

水泥的技术性能，主要是由水泥熟料中的主要矿物水化作用的结果。水泥熟料中，这 4 种主要矿物单独与水作用时所表现出的基本特性如表 4-3 所示。

表 4-3 硅酸盐水泥熟料矿物的基本特性

矿物名称	C_3S	C_2S	C_3A	C_4AF
凝结硬化速度	快	慢	最快	快
水化放热量	大	小	最大	中
强　度	高	早期低、后期高	最低	中
耐化学腐蚀性	差	好	最差	中

从表 4-3 中可以看出，不同熟料矿物单独与水作用时所表现的性能是不同的。水泥熟料由多种不同特性的矿物组成，当改变熟料中矿物组成的相对含量时，水泥的技术性能也会发生变化。例如：提高熟料中 C_2S 的含量，降低 C_3A 和 C_3S 的含量，就可以使水泥具有较低的水化热；提高熟料中 C_3S 的含量，就可以使水泥的强度提高。

4.2 硅酸盐水泥

国家标准《通用硅酸盐水泥》（GB 175—2007）规定，凡由硅酸盐水泥熟料、0～5%石灰石或粒化高炉矿渣，以及适量石膏磨细制成的水硬性胶凝材料，称为硅酸盐水泥（即为国外通称的波特兰水泥）。硅酸盐水泥分为两种，不掺入混合材料的称为 I 型硅酸盐水泥，代号为 P·I；在硅酸盐水泥粉磨时，掺入不超过水泥质量 5%的石灰石或粒化高炉矿渣混合材料的称为Ⅱ型硅酸盐水泥，代号为 P·Ⅱ。

4.2.1 硅酸盐水泥的水化和凝结硬化

1. 硅酸盐水泥熟料的水化

硅酸盐水泥与水接触后，熟料中的各种矿物立即与水发生水化作用，生成新的水化产物并放出一定热量，熟料中的 4 种主要矿物与水的反应如下：

$$2(3CaO\cdot SiO_2)+6H_2O = 3CaO\cdot 2SiO_2\cdot 3H_2O+3Ca(OH)_2 \quad \text{(反应较快)}$$

硅酸三钙　水　水化硅酸三钙凝胶　氢氧化钙

$2(2CaO\cdot SiO_2)+4H_2O \longrightarrow 3CaO\cdot 2SiO_2\cdot 3H_2O+Ca(OH)_2$ （反应较慢）

硅酸二钙　水　水化硅酸三钙凝胶　氢氧化钙

$3CaO\cdot Al_2O_3+6H_2O \longrightarrow 3CaO\cdot Al_2O_3\cdot 6H_2O$ （反应极快）

铝酸三钙　水　水化铝酸三钙晶体

$4CaO\cdot Al_2O_3\cdot Fe_2O_3+7H_2O \longrightarrow 3CaO\cdot Al_2O_3\cdot 6H_2O+CaO\cdot Fe_2O_3\cdot H_2O$ （反应较快）

铝铁酸四钙　水　水化铝酸三钙晶体　水化铁酸钙凝胶

上式反映了，两种硅酸钙的水化反应非常相似，不同的是氢氧化钙的生成量、水化热和水化反应速度存在差别，它们的主要产物水化硅酸三钙几乎不溶于水。尽管水化硅酸三钙胶凝的尺寸非常小，但却是水泥强度的最重贡献者。

此外，纯熟料磨细加水后，凝结时间很短，不便使用。为了调节水泥的凝结时间，熟料磨细时掺有适量（3%左右）石膏，这些石膏与部分水化铝酸三钙反应，生成难溶于水的水化硫铝酸钙，并覆盖在未水化的铝酸三钙周围，从而阻止其继续快速水化，其反应为：

$3CaO\cdot Al_2O_3\cdot 6H_2O+3(CaSO_4\cdot 2H_2O)+20H_2O \longrightarrow 3CaO\cdot Al_2O_3\cdot 3CaSO_4\cdot 32H_2O$

水化铝酸三钙　石膏　水　高硫型水化硫铝酸钙（钙矾石）

当石膏耗尽时，水中未水化的铝酸三钙会与钙矾石作用生成低硫型的水化硫铝酸钙，其反应为：

$3CaO\cdot Al_2O_3\cdot 3CaSO_4\cdot 32H_2O+2(3CaO\cdot Al_2O_3)+4H_2O \longrightarrow 3(3CaO\cdot Al_2O_3\cdot CaSO_4\cdot 12H_2O)$

钙矾石　铝酸三钙　水　低硫型水化硫铝酸钙

综上所述，硅酸盐水泥水化生成的主要水化产物有：水化硅酸钙凝胶 C—S—H（非化学计量表示）、氢氧化钙、水化铝酸钙凝胶或晶体、水化铁酸钙凝胶。在充分水化的水泥石中，C—S—H 凝胶约占 70%，氢氧化钙约占 20%，钙矾石和低硫型水化硫铝酸钙约占 7%。

2. 硅酸盐水泥的凝结和硬化

关于水泥凝结硬化理论至今仍在不断完善。下面以硅酸盐水泥为例，来讲解水泥凝结和硬化的一般过程。

水泥加水拌和后，水泥颗粒分散于水中，成为水泥浆体，如图 4-2（a）所示。此时，水泥颗粒表面与水发生化学反应，生成的水化产物聚集在颗粒表面，并形成凝胶薄膜，如图 4-2（b）所示。凝胶薄膜使水泥反应减慢，并使水泥浆体具有可塑性。

由于水化产物不断增加，凝胶膜不断增厚而破裂，使水泥颗粒重新露出新表面并与水反应。随着熟料矿物水化的不断进行，水化产物逐渐增多，颗粒之间水分减少，颗粒相互接触，水泥浆黏度增加，渐渐失去可塑性而出现凝结现象，如图 4-2（c）所示。

随着水泥水化的不断进行，水泥浆逐渐硬化，随着水化硅酸钙凝胶不断增多，并填充了硬化水泥石的毛细孔，使毛细孔越来越少，密实度增加而产生强度，如图 4-2（d）所示。随着强度不断增加，水泥浆进入硬化过程。硬化过程在开始时速度很快，28 天以后硬化开始减慢。水泥的硬化过程可以持续几年甚至几十年。

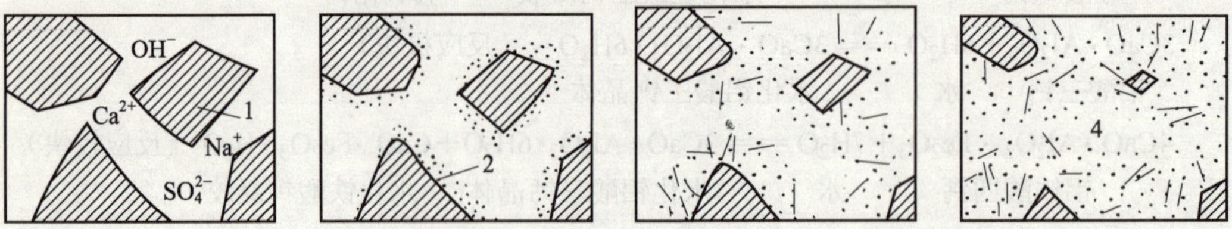

1—未水化水泥颗粒　2—胶凝粒子　3—Ca（OH）$_2$等晶体　4—毛细孔（毛细孔水）

图 4-2　水泥凝结硬化过程示意图

由此可见，水泥的水化和硬化是一个连续过程，而凝结和硬化又是这一过程的不同阶段。其中，凝结标志着水泥浆失去流动性而具有一定塑性强度，硬化则表示水泥浆固化后所建立的网状结构，具有一定机械强度。硬化后的水泥石是由水泥凝胶、未完全水化的水泥颗粒、毛细孔（含毛细孔水）等组成的。

3. 影响硅酸盐水泥凝结和硬化的因素

综上所述，水泥的凝结和硬化，除了与水泥熟料中的矿物组成有关外，还与水泥的细度、石膏的掺量、温度、湿度、硬化时间及水灰比等有关。其中

- 温度：一般情况下，提高温度可以加速硅酸盐水泥的早期水化，使早期强度能较快发展，但后期强度反而可能会降低。在较低温度下进行水化，虽然凝结硬化慢，但水化产物比较致密，可以获得较高的最终强度。但当温度低于 0℃时，水泥强度不仅不增长，而且还会因水的结冰而导致水泥石的破坏。因此，冬季施工时需要采取保温等措施。
- 湿度：在缺乏水的干燥环境中，水泥的水化反应不能正常进行，其硬化也将停止。潮湿环境下的水泥石能够保持足够的水分进行水化和凝结硬化，从而保证其强度不断提高。在工程中，保持环境中的温度和湿度，使水泥石强度不断增长的措施叫做养护。水泥混凝土在浇注后的一段时间里应十分注意温度和湿度的养护。
- 水灰比：拌和水泥浆时，水与水泥的质量比称为水灰比。拌和水泥浆时，为使浆体具有一定的塑性和流动性，所加入的水量通常要大大超过水泥充分水化时所需用水量，多余的水在硬化的水泥石内形成毛细孔。因此拌和水越多，硬化后水泥石中的毛细孔就越多。在熟料矿物成分含量大致相近的情况下，水灰比的大小是影响水泥石强度的主要因素。

4.2.2　硅酸盐水泥的技术要求

硅酸盐水泥的主要技术要求有：细度、凝结时间、体积安定性、标准稠度用水量、强

度等，实际工程中有时还需要了解水泥的水化热及化学指标等。

1. 细度（选择性指标）

细度是影响水泥性能的重要物理指标。水泥颗粒越细，与水接触的表面积越大，因此水化速度越快越充分，水泥的早期强度和后期强度都很高，但硬化时收缩率较大，水泥易于受潮。此外，水泥愈细，磨制过程能耗愈大，水泥的生产成本愈高。因此，水泥的细度应控制在合理的范围内。

水泥的细度有两种表示方法：一种是用 80 μm 或 45 μm 方孔筛的筛余百分数表示，另一种是用比表面积（即单位质量水泥粉末总表面积）表示。比表面积越大，说明水泥颗粒越细。国家标准规定硅酸盐水泥的细度用比表面积表示，比表面积应大于 300 m^2/kg。

2. 标准稠度用水量

将水泥调制成具有标准稠度的净浆所需的用水量即为标准稠度用水量，用水占水泥质量的百分数来表示。标准稠度用水量主要取决于熟料的矿物组成及水泥的细度。对于品种不同的水泥，其标准稠度用水量各不相同，一般在 24%～33%之间。

标准稠度用水量的大小对水泥的凝结时间、体积安定性等的测定值有较大影响。在其他条件相同的情况下，标准稠度用水量越小越好。

3. 凝结时间（强制性指标）

凝结时间分为初凝时间和终凝时间。从水泥加水拌和开始起至水泥浆体开始失去可塑性所需的时间，称为初凝时间；从水泥加水开始起至水泥浆体完全失去可塑性所需的时间，称为终凝时间。

水泥初凝时间不宜过早，以便使用时有足够的时间进行搅拌、运输、浇捣或砌筑等施工操作，硅酸盐水泥初凝时间要求不小于 45 min。水泥终凝时间不宜过迟，以便水泥能尽快硬化并达到一定强度，以利于进行下一道施工工序，硅酸盐水泥的终凝时间要求不大于 390 min。

4. 体积安定性（强制性指标）

水泥的体积安定性是指水泥浆在硬化过程中体积变化的均匀性。如果水泥浆硬化后体积安定性不良，会使混凝土产生膨胀性裂缝，降低工程质量。

1）体积安定性不良的原因

引起水泥体积安定性不良的原因，主要有以下两个方面。

- **石膏的掺量过多**：当石膏掺量过多时，在水泥浆体硬化后，过量石膏还会继续与水化铝酸钙反应生成高硫型水化硫铝酸钙，体积约增大 1.5 倍，从而导致水泥石开裂。
- **熟料中有较多过烧的氧化钙或氧化镁**：熟料煅烧工艺上的原因，使得熟料中所含较多过烧的氧化钙或氧化镁，这些过烧的氧化钙或氧化镁的水化速度很慢，往往在水泥硬化后才开始水化。这些过烧氧化物在水化时体积剧烈膨胀，从而使水泥石开裂。

2）体积安定性的检验方法

体积安定性测定的方法有两种，即雷氏法和试饼法。雷氏法是通过测定水泥标准稠度净浆在雷氏夹中沸煮后，用试针的相对位移表示其体积膨胀的程度。试饼法是通过观测水泥标准稠度净浆试饼沸煮后的外形变化情况，来表示其体积安定性。当发生争议时，一般以雷氏法为准，其具体检验方法参见《建筑材料实训（水泥部分）》。

国家标准规定，硅酸盐水泥的体积安定性经沸煮法检验必须合格，即硅酸盐水泥中的 MgO 含量不得超过 5.0%，SO_3 含量不得超过 3.5%，氯离子含量不得超过 0.06%。当有更低要求时，MgO 和 SO_3 的含量由买卖双方协商确定。

5. 强度（强制性指标）

强度是水泥性能的重要指标，也是评定水泥强度等级的主要依据。

水泥的强度按《水泥胶砂强度检验方法（ISO 法）》（GB/T 17671—1999）中的规定方法进行，其规定如下：将水泥、标准砂和水按规定比例（1∶3∶0.5）用标准制作方法制成 40 mm × 40 mm × 160 mm 的标准试件，在标准养护条件下养护，然后测定其 3 d 和 28 d 的抗折强度和抗压强度。

按照 3 d 和 28 d 龄期的强度将硅酸盐水泥划分为 42.5，42.5R，52.5，52.5R，62.5 和 62.5R 共 6 个强度等级，将普通水泥划分为 42.5，42.5R，52.5 和 52.5R 共 4 个强度等级。硅酸盐水泥各龄期的强度不得低于表 4-4 中的数值。

表 4-4　硅酸盐水泥和普通硅酸盐水泥的强度（摘自 GB 175—2007）

<table>
<tr><th rowspan="2">品　种</th><th rowspan="2">强度等级</th><th colspan="2">抗压强度（MPa）</th><th colspan="2">抗折强度（MPa）</th></tr>
<tr><th>3 d</th><th>28 d</th><th>3 d</th><th>28 d</th></tr>
<tr><td rowspan="6">硅酸盐水泥</td><td>42.5</td><td>≥17.0</td><td rowspan="2">≥42.5</td><td>≥3.5</td><td rowspan="2">≥6.5</td></tr>
<tr><td>42.5R</td><td>≥22.0</td><td>≥4.0</td></tr>
<tr><td>52.5</td><td>≥23.0</td><td rowspan="2">≥52.5</td><td>≥4.0</td><td rowspan="2">≥7.0</td></tr>
<tr><td>52.5R</td><td>≥27.0</td><td>≥5.0</td></tr>
<tr><td>62.5</td><td>≥28.0</td><td rowspan="2">≥62.5</td><td>≥5.0</td><td rowspan="2">≥8.0</td></tr>
<tr><td>62.5R</td><td>≥32.0</td><td>≥5.5</td></tr>
<tr><td rowspan="4">普通硅酸盐水泥</td><td>42.5</td><td>≥17.0</td><td rowspan="2">≥42.5</td><td>≥3.5</td><td rowspan="2">≥6.5</td></tr>
<tr><td>42.5R</td><td>≥22.0</td><td>≥4.0</td></tr>
<tr><td>52.5</td><td>≥23.0</td><td rowspan="2">≥52.5</td><td>≥4.0</td><td rowspan="2">≥7.0</td></tr>
<tr><td>52.5R</td><td>≥27.0</td><td>≥5.0</td></tr>
</table>

注：表中 R 为早强型

提 示

硅酸盐水泥的强度主要取决于熟料的矿物组成和细度。如表4-3所示4种主要矿物的强度各不相同，它们的相对含量改变时，水泥的强度及强度的增长速度也随之变化。例如，C_3S含量多，且粉磨较细的水泥，其强度增长较快，最终强度也较高。此外，试件的制作及养护条件对水泥的强度也有影响。

6. 水化热

水泥与水发生水化反应所放出的热量称为水化热。水化热的大小主要与水泥的细度及矿物组成有关。颗粒愈细，水化热愈大；矿物中 C_3S 和 C_3A 含量愈多，水化放热愈高。大部分的水化热集中在早期放出，3 d～7 d以后逐步减少。

水化放热对冬季施工的混凝土是有利的，但对大体积混凝土工程是不利的。这是因为大面积的水化热积聚在混凝土内部不易散出，致使内外温差较大而引起温度应力，从而使混凝土产生裂缝。对于大体积混凝土工程，应采用低热水泥，否则应采取必要的降温措施。

7. 化学指标

国标（GB 175—2007）除对上述内容作了规定外，还对硅酸盐水泥中的不溶物、烧失量、碱含量等提出了要求。Ⅰ型硅酸盐水泥中不溶物含量不得超过0.75%，烧失量不得大于3.0%；Ⅱ型硅酸盐水泥中不溶物含量不得超过1.50%，烧失量不得大于3.5%。水泥中碱含量用 $Na_2O+0.658\ K_2O$ 计算值来表示。若使用活性骨料（即在碱性环境中能与水泥中的碱发生反应的集料），且用户要求提供低碱水泥时，水泥中碱含量不得大于0.60%，或由买卖双方协商确定。

注 意

凡凝结时间、安定性、强度、不溶物、烧失量、三氧化硫、氧化镁、氯离子中的任何一项不符合标准规定，或混合材料掺入量超过最大限量的硅酸盐水泥，均为不合格品；反之，上述各项均符合标准规定的硅酸盐水泥为合格品。

4.2.3 硅酸盐水泥的腐蚀和防腐

1. 水泥腐蚀的类型

硅酸盐水泥硬化后，在一般条件下具有较好的耐久性，但若长期处在某些腐蚀性气体或液化环境中，其强度会逐渐降低，甚至遭到破坏或完全崩溃，这种现象称为水泥的腐蚀。

引起硅酸盐水泥腐蚀的原因很多，现列举几种主要且常见的腐蚀作用。

1）软水腐蚀（溶出性腐蚀）

雨水、雪水、冷凝水，以及含重碳酸盐甚少的河水、湖水等均属于软水。水泥石中的氢氧化钙易溶解于软水。当水泥石受到软水溶析时，首先溶解的是氢氧化钙。如果在静水或无压力水中，其溶解仅限于表面，对水泥石影响不大。但如果在流动水或有压力的水中，氢氧化钙不断溶出被带走，从而促使水泥石中的其他水化物分解，引起水泥石强度降低和结构破坏。

2）碳酸腐蚀

工业污水及地下水中常溶解有较多的二氧化碳。水中的二氧化碳和水泥石中的氢氧化钙反应，生成不溶于水的碳酸钙，而碳酸钙又与水中的二氧化碳反应，生成一种易溶于水的碳酸氢钙。

由于碳酸氢钙的不断溶解，造成氢氧化钙不断溶出，水泥石的其他水化产物不断分解，使水泥石结构破坏，其化学反应式如下：

$$Ca(OH)_2+CO_2+H_2O = CaCO_3+2H_2O$$

$$CaCO_3+CO_2+H_2O \rightleftharpoons Ca(HCO_3)_2$$

3）一般酸性水的腐蚀

工业污水、地下水、沼泽水中常含有游离的酸性物质，这种酸性物质能与水泥石中的氢氧化钙作用，生成的化合物有的易溶于水，有的在水泥石孔隙内形成结晶。随着结晶不断增多，体积膨胀，使水泥石受到破坏。其中，硫酸、盐酸、氢氟酸、醋酸、蚁酸及乳酸等对水泥石的腐蚀最为严重。

例如，盐酸与水泥石中的 $Ca(OH)_2$ 作用，生成极易溶于水的氯化钙，导致溶出性化学腐蚀，其反应式为：

$$2HCl+Ca(OH)_2 = CaCl_2+2H_2O$$

硫酸与水泥石中的 $Ca(OH)_2$ 作用，生成二水石膏，其反应式为：

$$H_2SO_4+Ca(OH)_2 = CaSO_4\cdot 2H_2O$$

生成的二水石膏，或直接在水泥石孔隙中结晶产生膨胀，或与水泥石中的水化铝酸钙反应生成三硫型水化硫铝酸钙，其反应式为：

$$3CaO\cdot Al_2O_3\cdot 6H_2O+3(CaSO_4\cdot 2H_2O)+19H_2O = 3CaO\cdot Al_2O_3\cdot 3CaSO_4\cdot 31H_2O$$

反应生成的三硫型水化硫铝酸钙比原来的 $3CaO\cdot Al_2O_3\cdot 6H_2O$ 所占体积约增大 1.5 倍，因而生产局部膨胀，使水泥石结构遭到严重破坏。

4）盐类腐蚀

海水、地下水及其他矿物水中常含有大量镁盐，其主要有硫酸镁和氯化镁等。这些镁盐能与水泥石中的氢氧化钙发生置换反应，其反应式为：

$$Ca(OH)_2 + MgSO_4 + 2H_2O = CaSO_4 \cdot 2H_2O + Mg(OH)_2$$

$$Ca(OH)_2 + MgCl_2 = CaCl_2 + Mg(OH)_2$$

在生成物中，氯化钙易溶于水，氢氧化镁松软无胶结力，石膏则与水泥石中的水化铝酸钙反应生成水化硫铝酸钙。由此可见，镁盐的侵蚀程度除了取决于 Mg^{2+} 的含量外，还与水中的 SO_4^{2-} 含量有关。

除上述 4 种主要腐蚀因素外，其他物质，如糖类、强碱（如氢氧化钠）、含大量环烷酸的石油产品等对水泥石也有一定腐蚀作用。一般来说，碱的溶液对水泥无害，因为水泥水化物中的氢氧化钙本身就是碱性化合物。只有当碱溶液的浓度较高时，对硬化水泥石能发生缓慢腐蚀，温度升高时会使腐蚀作用加速。

2. 水泥腐蚀的原因和防腐措施

通过上述几种腐蚀类型可以看出，硅酸盐水泥遭受腐蚀的根本原因有 3 个：① 水泥石本身存在有引起水泥腐蚀作用的氢氧化钙、水化铝酸钙等水化物；② 水泥石本身不够密实，使腐蚀性介质易于进入其内部；③ 水泥石周围有以液相形式存在的腐蚀性介质。

根据硅酸盐水泥产生腐蚀的原因，可采取下列防腐措施：

（1）根据环境特点，选用适宜的水泥品种。例如，选用抗硫酸盐硅酸盐水泥，可提高水泥对硫酸盐侵蚀的抵抗能力；选用掺活性混合材料的硅酸盐水泥，可提高水泥抵抗软水、酸等腐蚀性介质的作用。

（2）尽量提高水泥石的密实度，减少孔隙率。水泥石越密实，抗渗能力越强，腐蚀介质也越难进入，可通过降低水灰比、掺加外加剂、改善施工方法等措施提高其密实度。

（3）设置隔离层和保护层。当腐蚀作用较强，采用上述措施也难以满足防腐要求时，可用耐腐蚀性的材料在混凝土或砂浆表面做水泥表面保护层，以达到抗腐蚀的目的，如采用耐酸石材、耐酸陶瓷、塑料及沥青等。

4.2.4 硅酸盐水泥的性质与应用

1. 凝结硬化快、强度高

硅酸盐水泥凝结硬化快、强度高，尤其是早期强度增长率高，因此主要用于配制高强混凝土、钢筋混凝土、预应力混凝土及对有早期强度有要求的重要混凝土结构中。

2. 抗冻性好

由于硅酸盐水泥凝结硬化后孔隙率低，早期强度高，故具有优良的抗冻性，适用于冬季施工、遭受反复冻融的混凝土工程及干湿交替的部位。

3. 耐腐蚀性差

硅酸盐水泥硬化后的水泥石中，氢氧化钙和水化铝酸钙含量较多，其抗软水侵蚀和抗化学侵蚀性差，所以不宜用于受流动的软水和有水压作用的工程，也不宜用于受海水和矿物水作用的工程。

4. 水化热大

由于硅酸盐水泥中含有大量的 C_3S，C_3A，故放热速度快且热量多，不适用于大体积混凝土工程中，但有利于混凝土的冬季施工。

5. 抗碳化性好

水泥石中的氢氧化钙与空气中的二氧化碳作用称为碳化。碳化使水泥石的碱度降低，引起钢筋锈蚀和水泥石收缩。硅酸盐水泥中含较多氢氧化钙，碳化时碱度不易降低。这种水泥制成的混凝土抗碳化性好，适用于空气中二氧化碳含量较高的环境中。

6. 干缩小

硅酸盐水泥在凝结硬化过程中生成大量的水化硅酸钙凝胶，游离水分少，水泥石密实，不易产生干缩裂纹，可用于干燥环境中的混凝土工程。

7. 耐热性差

硅酸盐水泥中的一些重要成分在 250℃温度时会发生脱水或分解，使水泥石强度下降。当受热 700℃以上时将遭受破坏、所以硅酸盐水泥不适用于耐热混凝土工程。

8. 耐磨性好

硅酸盐水泥强度高，耐磨性好，适用于道路、地面等对耐磨性要求高的工程。

4.3 掺混合材料的硅酸盐水泥

掺混合材料的硅酸盐水泥是由硅酸盐水泥熟料，加入适量混合材料及石膏共同磨细而成的水硬性胶凝材料。掺入混合材料，可以改善水泥的某些性能，如调节水泥的强度等级、增加品种、提高产量、节约熟料、降低成本等。

4.3.1 混合材料

水泥熟料磨细时，掺入到水泥或混凝土中的人工或天然矿物材料称为混合材料。混合材料按其参与水化的程度不同，可分为活性混合材料（又称水硬性混合材料）和非活性混合材料（又称填充性混合材料）两类。

1. 非活性混合材料

常温下不与水泥发生化学反应或化学反应很微弱的矿物材料，称为非活性混合材料。

非活性混合材料在水泥中主要起填充作用，将它们掺入水泥中的目的主要是为了调节水泥的强度等级、降低水化热、提高产量、降低成本等。常用的非活性混合材料主要有石灰石、石英砂、慢冷矿渣、黏土等。

2. 活性混合材料

常温下能与氢氧化钙和水发生化学反应，生成水硬性水化产物，并能逐渐凝结硬化以产生强度的混合材料，称为活性混合材料。常用的活性混合材料有粒化高炉矿渣、火山灰质混合材料及粉煤灰3种。

1）粒化高炉矿渣

将炼铁高炉中的熔融矿渣经水淬等急冷方式处理而成的松软颗粒称为高炉矿渣，又称淬矿渣。矿渣中的主要化学成分是CaO，SiO_2和Al_2O_3，约占总量的90%以上，它们是决定矿渣活性的主要成分。如果CaO和Al_2O_3含量越高，则矿渣的活性越大，质量较好。

矿渣活性的大小还取决于其结构状态。急速冷却的矿渣结构为不稳定的玻璃体，储有较高的潜在活性，在有激发剂的情况下，具有水硬性。如果经水淬处理时，熔融状态的矿渣缓慢冷却，其中的SiO_2等形成活性极小的晶体，这种矿渣称为慢冷矿渣。慢冷矿渣不具有活性。

2）火山灰质混合材料

具有火山灰活性的天然或人工矿物材料，称为火山灰质混合材料。所谓火山灰性，是指一种材料磨成细粉后，单独加水拌和不具有水硬性，但在常温下与少量石灰等一起遇水后能形成具有水硬性化合物的性质。

火山灰质混合材料中含有较多活性SiO_2和Al_2O_3，它们分别能与Ca（OH）$_2$在常温下反应，生成水化硅酸钙和水化铝酸钙，因为具有水硬性。

火山灰质混合材料的品种很多，天然的有火山喷发时随同熔岩一起喷发的大量碎屑，如浮石、火山灰、凝灰岩等，还有一些天然材料或工业废料，如硅藻土、沸石、烧黏土、煤矸石、煤渣等均属于火山灰质混合材料。

3）粉煤灰

粉煤灰是火力发电厂燃煤锅炉排出的烟道灰。为了大量利用这些工业废渣，保护环境、节约资源，国家标准（GB/T 1596—2005）将粉煤灰列入水泥混合材料的范畴，并对其规定了相应的技术要求。

粉煤灰的主要化学成分是SiO_2，Al_2O_3，Fe_2O_3和CaO，其颗粒直径一般为0.001～

0.050 mm，呈玻璃态实心或空心的球状颗粒，表面比较致密。

3. 活性混合材料的水化

活性混合材料中都含有大量的活性 SiO_2 和 Al_2O_3，它们在氢氧化钙溶液中，会发生水化反应，生成水化硅酸钙和水化铝酸钙，其反应式为：

$$x\text{Ca(OH)}_2+\text{SiO}_2+n\text{H}_2\text{O} = x\text{CaO}\cdot\text{SiO}_2\cdot(x+n)\text{H}_2\text{O}$$

$$y\text{Ca(OH)}_2+\text{Al}_2\text{O}_3+m\text{H}_2\text{O} = y\text{CaO}\cdot\text{Al}_2\text{O}_3\cdot(y+m)\text{H}_2\text{O}$$

当液相中有石膏存在时，石膏将与水化铝酸钙反应生成水化硫铝酸钙。因此，水泥熟料的水化产物 $Ca(OH)_2$ 和熟料中的石膏具备了使活性混合材料发挥活性的条件，即氢氧化钙和石膏起着激发水化、促进水泥硬化的作用，故氢氧化钙和石膏被称为激发剂。

由此可见，掺活性混合材料的硅酸盐水泥与水拌和后，首先反应的是硅酸盐水泥熟料水化，生成氢氧化钙，氢氧化钙与掺入的石膏作为活性混合材料的激发剂，产生上述反应（称二次水化反应）。二次水化反应速度较慢，受温度影响敏感。

4.3.2 掺混合材料的硅酸盐水泥种类及技术要求

我国目前生产的掺混合材料的硅酸盐水泥主要有普通硅酸盐水泥、矿渣硅酸盐水泥、火山灰质硅酸盐水泥、粉煤灰硅酸盐水泥和复合硅酸盐水泥共 5 种。各种水泥中粒化高炉矿渣、火山灰质混合材料及粉煤灰等混合材料的掺量，应符合国家标准《通用硅酸盐水泥》（GB 175—2007）中的相关参数（具体参数见本章表 4-1）。

- 普通硅酸盐水泥：简称普通水泥。普通水泥中，活性混合材料的最大掺量不得超过 20%，其中允许用不超过水泥质量 5%且符合标准（JC/T 742—2009）的窑灰，或用不超过水泥质量 8%且符合国家标准的非活性混合材料来代替。
- 矿渣硅酸盐水泥：简称矿渣水泥，分为 A 型和 B 型两种。矿渣水泥中，允许用石灰石、窑灰、粉煤灰和火山灰质混合材料中的一种材料代替粒化高炉矿渣，代替数量不得超过水泥质量的 8%，代替后的水泥中，粒化高炉矿渣不得少于 20%。
- 复合硅酸盐水泥：简称复合水泥。水泥中混合材料允许用不超过水泥质量 8%的窑灰代替部分混合材料。掺矿渣时混合材料掺量不得与矿渣硅酸盐水泥重复。

国家标准规定，普通水泥、矿渣水泥、火山灰水泥、粉煤灰水泥和复合水泥的初凝时间不早于 45 min，终凝时间不迟于 600 min。矿渣水泥、火山灰水泥、粉煤灰水泥和复合水泥有 32.5，32.5R，42.5，42.5R，52.5 和 52.5R 共 6 个强度等级，其各龄期的强度值不得低于表 4-5 中的规定。

表 4-5　硅酸盐水泥和普通硅酸盐水泥的强度（摘自 GB 175—2007）

品　种	强度等级	抗压强度（MPa）		抗折强度（MPa）	
		3 d	28 d	3 d	28 d
矿渣硅酸盐水泥 火山灰硅酸盐水泥 粉煤灰硅酸盐水泥 复合硅酸盐水泥	32.5	≥10.0	≥32.5	≥2.5	≥5.5
	32.5R	≥15.0		≥3.5	
	42.5	≥15.0	≥42.5	≥3.5	≥6.5
	42.5R	≥19.0		≥4.0	
	52.5	≥21.0	≥52.5	≥4.0	≥7.0
	52.5R	≥23.0		≥4.5	

注：表中 R 为早强型

此外，水泥中各项化学指标应符合表 4-6 中的规定。关于掺混合材料的硅酸盐水泥的安定性、细度、碱含量及其他化学指标，读者查阅国家标准《通用硅酸盐水泥》（GB 175—2007）中的相关规定。

表 4-6　水泥中各项化学指标　（%）

品　种	代　号	不溶物（质量分数）	烧失量（质量分数）	三氧化硫（质量分数）	氧化镁（质量分数）	氯离子（质量分数）
硅酸盐水泥	P·Ⅰ	≤0.75	≤3.0	≤3.5	≤5.0[a]	≤0.06[c]
	P·Ⅱ	≤1.50	≤3.5			
普通硅酸盐水泥	P·O	—	≤5.0			
矿渣硅酸盐水泥	P·S·A	—	—	≤4.0	≤6.0[b]	
	P·S·B	—	—		—	
粉煤灰硅酸盐水泥	P·F	—	—			
复合硅酸盐水泥	P·C	—	—			

注：① 如果水泥压蒸试验合格，则水泥中氧化镁的含量（质量分数）允许放宽至 6.0%。
② 如果水泥中氧化镁的含量（质量分数）大于 6.0%时，需进行水泥压蒸安定性试验并合格。
③ 当有更低要求时，该指标由买卖双方协商确定。

注　意

《通用硅酸盐水泥》（GB 175—2007）规定，通用水泥的检验结果，符合本标准中规定的化学指标、凝结时间、安定性、强度要求的为合格品；检验结果不符合本标准中规定的化学指标、凝结时间、安定性、强度要求中任何一项的为不合格品。

4.3.3 掺混合材料的硅酸盐水泥的特性与应用

1. 普通硅酸盐水泥

普通水泥成分中，绝大部分仍为硅酸盐水泥熟料，由于掺入的混合材料较少，其性质与硅酸盐水泥比较相近，主要表现为：① 早期强度较硅酸盐水泥略低；② 水化热较硅酸盐水泥略低；③ 抗冻性、抗碳化能力略有降低；④ 耐腐蚀性略有提高；⑤ 耐热性稍好；⑥ 耐磨性略有降低。

在应用方面，普通硅酸盐水泥与硅酸盐水泥基本相同，甚至在一些不宜用硅酸盐水泥的场合可采用普通水泥，这使得普通水泥在建筑行业中使用广泛。

2. 矿渣硅酸盐水泥

矿渣水泥加水后，首先是水泥熟料开始水化，当矿渣颗粒遇到熟料水化时析出的 $Ca(OH)_2$ 时，活性 SiO_2 和 Al_2O_3 与 $Ca(OH)_2$ 作用生成具有胶凝性能的水化硅酸钙和水化铝酸钙。

与硅酸盐水泥和普通硅酸盐水泥相比，矿渣硅酸盐水泥主要具有：① 具有较强的抗硫酸盐侵蚀能力；② 水化热低；③ 早期强度低、后期强度增长率大；④ 环境温度对凝结硬化的影响较大；⑤ 抗冻性和耐磨性差；⑥ 碳化速度较快，深度较大；⑦ 耐热性较强。

其中，矿渣硅酸盐水泥具有较强的抗硫酸盐侵蚀能力，这是因为水泥熟料水化生成的 $Ca(OH)_2$ 与矿渣中的 SiO_2 和 Al_2O_3 作用，生成较稳定的水化硅酸钙和水化铝酸钙，使得游离的 $Ca(OH)_2$ 和易受硫酸盐侵蚀的水化铝酸钙都大为减少，从而提高了抗硫酸盐侵蚀能力，故矿渣硅酸盐水泥适用于具有硫酸盐侵蚀的水工建筑、海港及地下工程。

3. 火山灰质硅酸盐水泥

火山灰质硅酸盐水泥的水化热、强度及其增长率、环境温度与凝结硬化的影响、碳化速度等，都与矿渣水泥有相同点。此外，由于火山灰水泥中掺用的是黏土质混合材料，其抗硫酸盐侵蚀性能一般较差，火山灰水泥的抗冻性及耐磨性比矿渣水泥还要差一些。处于干热环境中施工的工程，不宜使用火山灰水泥。

4. 粉煤灰硅酸盐水泥

粉煤灰水泥的凝结硬化过程与火山灰水泥基本相同，在性能上也与火山灰水泥有很多相似之处。粉煤灰水泥的主要特点是干缩性较小，因而抗裂性较好。此外，粉煤灰水泥的水化热较硅酸盐水泥及普通水泥低，抗侵蚀性较强，特别适用于水利工程及大体积混凝土建筑物。

5. 复合硅酸盐水泥

复合水泥是一种新型的通用水泥。与普通水泥相比，其混合材料的掺量不同，普通水泥掺量不超过 15%，而复合水泥掺量应大于 15%；与矿渣水泥、火山灰水泥及粉煤灰水泥相比，其混合材料由两种或两种以上材料混合而成，这些混合材料会相互补充、取长补短，从而使得复合水泥的性能比掺单一混合材料的水泥有所改善。由此可见，复合水泥的性能取决于所掺混合材料的种类、掺量及相对比例。

此外，复合水泥的水化热较低，早期强度较高，其强度等级及参数如表 4-5 所示。实际应用时，应根据所掺混合材料的种类、混凝土的工程特点、所处环境和工程实践经验选用。目前我国使用广泛的 6 种水泥，其适用场合、环境及工程特点如表 4-7 所示。

表 4-7 常用水泥的适用场合

混凝土工程特点及所处环境		优先使用	可以使用	不得使用
环境条件	在普通气候环境中的混凝土	普通水泥	矿渣水泥、火山灰水泥、粉煤灰水泥	火山灰水泥、粉煤灰水泥
	在干燥环境中的混凝土	普通水泥	矿渣水泥	
	在高温度环境中或永远处在水下的混凝土	矿渣水泥	普通水泥、火山灰水泥、粉煤灰水泥	
	严寒地区的露天混凝土	普通水泥	矿渣水泥	火山灰水泥、粉煤灰水泥
	严寒区域处在水位升降范围内的混凝土	普通水泥（强度等级≥42.5）		火山灰水泥、粉煤灰水泥、矿渣水泥
	受侵蚀性环境水或侵蚀性气体作用的混凝土	根据侵蚀性介质的种类、浓度等具体条件，按专门（或设计）规定选用		
工程特点	厚大体积的混凝土	粉煤灰水泥、矿渣水泥	普通水泥、火山灰水泥	快硬硅酸盐水泥、硅酸盐水泥
	要求快硬的混凝土	快硬硅酸盐水泥、硅酸盐水泥	普通水泥	火山灰水泥、粉煤灰水泥、矿渣水泥
	高强（大于 C40）的混凝土	硅酸盐水泥	普通水泥、矿渣水泥	火山灰水泥、粉煤灰水泥
	有抗渗要求的混凝土	普通水泥、火山灰水泥		不宜使用矿渣水泥
	有耐磨要求的混凝土	硅酸盐水泥、普通水泥	矿渣水泥	火山灰水泥、粉煤灰水泥

4.4 其他品种水泥

其他品种水泥主要指专用水泥和特性水泥。专用水泥是指专门用于某种工程的水泥，一般以适用的工程命名，如砌筑水泥、道路水泥、油井水泥、大坝水泥等；特性水泥是指与通用水泥相比较有突出特性的水泥，其品种繁多，如快硬硅酸盐水泥、低热矿渣硅酸盐水泥、膨胀水泥等。本节仅对常用的水泥品种作简要介绍。

4.4.1 道路硅酸盐水泥

随着公路交通现代化建设的快速发展，发展水泥混凝土路面已经放到道路建设的重要位置。由于混凝土路面比沥青路面具有使用寿命长、施工简单、维修费用低等优势，同时还具有良好的耐磨性和抗冲击性特点，因此在世界各国广泛采用。

道路硅酸盐水泥，简称道路水泥，是由道路硅酸盐水泥熟料，0～10%活性混合材料和适量石膏磨细制成的水硬性胶凝材料，其代号为 P·R。道路硅酸盐水泥熟料中铝酸三钙的含量应不超过 5.0%，铁铝酸四钙的含量应不低于 16.0%。

与同等级的通用水泥相比，道路水泥的化学指标和物理指标均比通用水泥严格，这是因为道路水泥中水泥的耐久性、强度、干缩性、耐磨性等必须具有良好的性能，否则会给道路的施工造成障碍，或使施工质量下降。

道路水泥的强度等级按规定龄期的抗压和抗折强度划分，各龄期的强度不得低于表 4-8 所规定的数值。关于道路水泥的其他化学指标和物理指标，读者可查阅国标（GB 13693—2005）。

表 4-8 道路水泥的强度等级与各龄期强度（摘自 GB 13693—2005）

强度等级	抗折强度（MPa）		抗压强度（MPa）	
	3 d	28 d	3 d	28 d
32.5	3.5	6.5	16.0	32.5
42.5	4.0	7.0	21.0	42.5
52.5	5.0	7.5	26.0	52.5

提 示

与同等级的通用水泥相比，道路水泥具有早期强度高（尤其是抗折强度高）、干缩率小，以及耐磨性、抗冲击性、抗冻性和抗碳酸盐腐蚀性较好等特点，尤其适用于道路路面、机场跑道、城市广场、车站等对耐磨和抗干缩性能要求较高的混凝土工程。

4.4.2 砌筑水泥

国家标准《砌筑水泥》(GB/T 3183—2003)规定，砌筑水泥是由一种或一种以上的水泥混合材料，加入适量硅酸盐水泥熟料和石膏，经磨细制成的工作性较好的水硬性胶凝材料，其代号为 M。

与普通水泥相比，砌筑水泥具有强度较低（如表 4-9 所示），但工作性好，能满足砌筑砂浆的强度要求。因此砌筑水泥适用于砖、石、砌块等砌体的砌筑砂浆、内墙抹面砂浆和垫层混凝土等，但不得用于钢筋混凝土结构。若要作其他用途时，必须通过试验来确定。

表 4-9 砌筑水泥的强度等级与各龄期强度（摘自 GB/T 3183—2003）

强度等级	抗压强度（MPa）		抗折强度（MPa）	
	7 d	28 d	7 d	28 d
12.5	7.0	12.5	1.5	3.0
22.5	10.0	22.5	2.0	4.0

此外，砌筑水泥中的混合材料允许掺入大于 50%（混合材料掺量按质量百分比计）的石灰石、窑灰或工业废渣等，因此可降低砌筑水泥的生产成本。砌筑水泥的物理性能和化学性能，读者可查阅国标（GB/T 3183—2003）。

4.4.3 抗硫酸盐硅酸盐水泥

抗硫酸盐硅酸盐水泥是以特定矿物组成的硅酸盐水泥熟料，加入适量石膏，磨细制成的具有抵抗中等或较高浓度硫酸根离子侵蚀的水硬性胶凝材料。其中，硅酸盐水泥熟料是以适当成分的生料，烧至部分熔融，所得的以硅酸钙为主的特定矿物熟料。

按抗硫酸盐侵蚀程度不同，抗硫酸盐硅酸盐水泥可分为中抗硫酸盐硅酸盐水泥（简称中抗硫酸盐水泥，代号为 P·MSR）和高抗硫酸盐硅酸盐水泥（简称高抗硫酸盐水泥，代号为 P·HSR）两类。

根据国家标准《抗硫酸盐硅酸盐水泥》(GB 748—2005)规定，抗硫酸盐硅酸盐水泥中，硅酸三钙和铝酸三钙含量应符合表 4-10 中的规定，其强度等级按规定龄期的抗压强度和抗折强度划分，各龄期的抗压强度和抗折强度应不低于表 4-11 的数值。

表 4-10 水泥中硅酸三钙和铝酸三钙含量 (%)

分 类	硅酸三钙含量（质量分数）	铝酸三钙含量（质量分数）
中抗硫酸盐水泥	≤55.0	≤5.0
高抗硫酸盐水泥	≤50.0	≤3.0

表 4-11　水泥的等级与各龄期的强度　　（MPa）

分类	强度等级	抗压强度		抗折强度	
		3 d	28 d	3 d	28 d
中抗硫酸盐水泥	32.5	10.0	32.5	2.5	6.0
高抗硫酸盐水泥	42.5	15.0	42.5	3.0	6.5

为了使抗硫酸盐水泥具有较高的抗硫酸盐腐蚀的能力，中抗硫酸盐水泥 14 d 线膨胀率应不大于 0.060%；高抗硫酸盐水泥 14 d 线膨胀率应不大于 0.040%。抗硫酸盐硅酸盐水泥主要用于有硫酸盐侵蚀的工程，如海港、水利、地下隧涵、道路与桥梁基础等。

4.4.4　白色硅酸盐水泥

白色硅酸盐水泥，简称“白水泥”，是由氧化铁含量少的白色硅酸盐水泥熟料、适量石膏及混合材料磨细制成的水硬性胶凝材料，其代号为 P·W。

其中，白色硅酸盐水泥熟料是以适当成分的生料烧至部分熔融时，所得到的以硅酸钙为主要成分，且氧化铁含量少的熟料。混合材料可用石灰石或窑灰，其掺量为水泥质量的 0～10%，石灰石中三氧化铝含量应不超过 2.5%。

烧制白色硅酸盐水泥时，要在整个生产过程中控制氧化铁的含量。一般硅酸盐水泥熟料呈暗红色，这主要是因为水泥中存在 Fe_2O_3 的缘故。当 Fe_2O_3 的含量降低到 0.35%～4% 时，水泥接近白色。此外，对于其他着色氧化物（如氧化锰、氧化铬、氧化钛等）的含量也要加以控制。

根据国家标准《白色硅酸盐水泥》（GB/T 2015—2005）规定，白水泥的强度等级按规定的抗压强度和抗折强度划分为 32.5、42.5、52.5 三个等级，各强度等级的各龄期强度应不低于表 4-12 的数值。对白色硅酸盐水泥的细度、凝结时间、安定性、三氧化硫含量等，必要时读者可查阅该标准。

表 4-12　白色硅酸盐水泥各龄期强度值

强度等级	抗压强度（MPa）		抗折强度（MPa）	
	3 d	28 d	3 d	28 d
32.5	12.0	32.5	3.0	6.0
42.5	17.0	42.5	3.5	6.5
52.5	22.0	52.5	4.0	7.0

此外，白水泥粉磨时若加入碱性矿物颜料，可制成彩色水泥。白水泥和彩色水泥以其独特的装饰性主要用于建筑装饰工程及装饰制品，如生产各种彩色水刷石、人造大理石及彩色水磨石等制品。

4.4.5 铝酸盐水泥

铝酸盐水泥又称高铝水泥或矾土水泥，是以铝矾土和石灰石为主要原料，按一定比例配合后经高温煅烧（至烧结或熔融状态）、磨细而成的一种水硬性胶凝材料，其代号为 CA。

铝酸盐水泥的主要矿物成分是铝酸一钙（$CaO \cdot Al_2O_3$，简写 CA），此外，还有少量硅酸二钙和其他铝酸盐。

1. 铝酸盐水泥的水化

铝酸盐水泥中的铝酸一钙水化反应很快，其水化产物随温度不同而改变。主要化学反应为：

当温度小于 20～22℃时，

$$CaO \cdot Al_2O_3 + 10H_2O = CaO \cdot Al_2O_3 \cdot 10H_2O$$

当温度大于 22℃时，

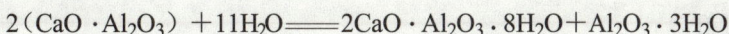

$$2(CaO \cdot Al_2O_3) + 11H_2O = 2CaO \cdot Al_2O_3 \cdot 8H_2O + Al_2O_3 \cdot 3H_2O$$

当温度大于 30℃时，

$$3(CaO \cdot Al_2O_3) + 12H_2O = 3CaO \cdot Al_2O_3 \cdot 6H_2O + 2(Al_2O_3 \cdot 3H_2O)$$

铝酸盐水泥的正常使用温度应在 30℃以下，这时铝酸盐水泥水化反应后的水化产物以水化铝酸二钙为主。铝酸盐水泥水化时，反应甚为剧烈，生成的铝酸盐水化产物能在短期内结晶密实，故硬化速度较快，使早期强度迅速增长。

国家标准《铝酸盐水泥》（GB/T 201—2000）规定，铝酸盐水泥熟料中 Al_2O_3 含量分为 4 种，其中，CA—50、CA—70 和 CA—80 的初凝时间不得早于 30 mim，终凝时间不得迟于 6 h；CA—60 的初凝时间不得早于 60 mim，终凝时间不得迟于 18 h。不同铝酸盐水泥各龄期的强度值不得低于表 4-13 中的数值。

表 4-13 铝酸盐水泥各龄期水泥胶砂强度

水泥类型	抗压强度（MPa）				抗折强度（MPa）			
	6 h	1 d	3 d	28 d	6 h	1 d	3 d	28 d
CA—50	20	40	50	—	3.0*	5.5	6.5	—
CA—60	—	20	45	85	—	2.5	5.0	10.0
CA—70	—	30	40	—	—	5.0	6.0	—
CA—80	—	25	30	—	—	4.0	5.0	—

注：*表示当用户需要时，生产厂应提供结果。

2. 铝酸盐水泥的特性与应用

1）凝结速度快，早期强度高

铝酸盐水泥加水后，迅速与水发生水化反应。铝酸盐水泥 1 d 强度可达最高强度的 80%

以上，所以一般用于抢修工程和有早强要求的工程中。

2）水化热大，且放热集中

铝酸盐水泥 1 d 的放热量约为总放热量的 70%～80%（故从硬化开始应立即浇水养护），使混凝土在低温环境下能很快硬化，非常适合冬季施工，但不适合大体积混凝土的工程及高温潮湿环境中的工程。

3）抗渗性及抗硫酸盐腐蚀性强

硬化后的铝酸盐水泥石中没有氢氧化钙，且水泥石结构密实，因而具有较高的抗渗性和抗冻性，同时具有良好的抗硫酸盐、盐酸、碳酸等侵蚀性溶液腐蚀的作用，但铝酸盐水泥对碱的侵蚀无抵抗能力。

铝酸盐水泥一般不得与硅酸盐水泥、石灰等能析出氢氧化钙的胶凝材料混合使用，在拌和过程中也必须避免互相混杂，且不得与尚未硬化的硅酸盐水泥接触。否则，铝酸盐水泥与氢氧化钙作用，会生成水化铝酸三钙，从而使水泥石的强度降低并缩短凝结时间，甚至还会出现“闪凝”现象。

4）耐热性好

铝酸盐水泥可承受 1 300～1 400℃的高温，可用于配制高温工程的耐热混凝土。

5）后期强度下降

铝酸盐水泥硬化体中的晶体结构在长期使用中或温度升高时会发生转化，从而增大水泥石内部孔隙，引起强度下降，因此铝酸盐水泥一般不宜用于长期承载的结构工程中。

3. 注意事项

关于铝酸盐水泥用于土建工程的注意事项，读者可查阅国标《铝酸盐水泥》（GB 201—2000）附录 B。

4.5 水泥的验收、运输与储存

实际工程中，如果验收、运输或储存水泥时操作不当，就有可能将不合格的水泥产品误用于工程中，从而降低、改变或破坏构造的性能，给工程带来损失。

4.5.1 交货与验收

水泥被运到目的地后，应按“包装标志、数量和质量”的顺序清点验收。

1. 包装标志和数量的验收

水泥包装袋上应清楚表明生产者名称、生产许可证标志及编号、水泥名称、代号、强度等级、出厂编号、执行标准号、包装日期和净含量。掺火山灰质混合材料的普通水泥还应标上“掺火山灰”字样。

此外，包装袋两侧应用不同颜色印刷水泥的名称和强度等级。其中，硅酸盐水泥和普通硅酸盐水泥采用红色，矿渣硅酸盐水泥采用绿色；火山灰质硅酸盐水泥、粉煤灰硅酸盐水泥和复合硅酸盐水泥采用黑色或蓝色。

水泥可以散装或袋装，散装发运时应提交与袋装标志内容相同的卡片。袋装时，每袋水泥的净含量为50 kg，且应不少于标志质量的99%；随机抽取20袋，其总质量（包含包装袋）应不少于1 000 kg。其他包装形式由供需双方协商确定，但有关袋装质量要求，应符合上述规定。

2. 质量的验收

交货时水泥的质量验收可抽取实物试样，并以它的检验结果为依据，也可以生产的同编号水泥的检验报告为依据。采取何种方法验收由买卖双方商定，并在合同或协议中注明。卖方有告知买方验收方法的责任。当无书面合同、协议，或未在合同、协议中注明验收方法的，卖方应在发货票上注明“以本厂同编号水泥的检验报告为验收依据”字样。

以抽取实物试样的检验结果为验收依据时，买卖双方应在发货前或交货地共同取样和签封。取样数量为20 kg并分为二等份。一份由卖方保存40天，另一份由买方按标准规定的项目和方法进行检验。在40天以内，买方检验认为产品质量不符合标准要求，而卖方又有异议时，则双方应将卖方保存的另一份试样送省级或省级以上国家认可的水泥质量监督检验机构进行仲裁检验。

以生产的同编号水泥的检验报告为验收依据时，在发货前或交货时买方在同编号水泥中取样，双方共同签封后由卖方保存90天，或认可卖方自行取样、签封并保存90天的同编号水泥的封存样。在90天内，买方对水泥质量有疑问时，则买卖双方应将共同认可的试样送省级或省级以上国家认可的水泥质量监督检验机构进行仲裁检验。

4.5.2 运输与储存

水泥运输和储存时，主要应防止受潮。不同品种、强度等级和出厂日期的水泥应分别储运，不得混杂，也不可储存过久。

水泥一般入库存放，储存水泥的库房必须干燥，存放地面应高出室外地面30 cm，离开窗户和墙壁30 cm以上。袋装水泥堆垛不宜过高，以免下部水泥受压结块，一般高度不超过10～15袋。露天临时储存袋装水泥时，应选择地势高、排水条件好的场地，并认真做好上盖下垫工作，以防止水泥受潮。

散装水泥应按品种、强度等级及出厂日期分库存放，同时应密封良好，严格防潮。

知识链接

水泥是一种具有较大表面积、极易吸湿的材料，在储运过程中，如与空气接触，则会吸收空气中的水分和二氧化碳而发生部分的水化反应和碳化反应，即风化，俗称受潮。水泥受潮后会凝固成粒状或块状，其强度降低、密度降低、凝结迟缓。

一般储存 3 个月的水泥，其强度降低约 10%～25%，储存 6 个月降低 25%～40%。通用硅酸盐水泥储存期为 3 个月。过期水泥应按规定进行取样复验，并按其实际强度使用。

习　题

4—1　现有甲乙两厂生产的硅酸盐水泥熟料，其矿物组成如下表，比较这两厂生产的硅酸盐水泥的性能有何差异。

生产厂	熟料矿物成分（%）			
	C_3S	C_2S	C_3A	C_4AF
甲	53	20	10	12
乙	42	33	7	16

4—2　水泥的体积安定性指的是什么，引起水泥体积安定性不良的主要原因有哪些？

4—3　为什么水泥的水化热对冬季施工的混凝土是有利的，但对大体积混凝土工程是不利的？

4—4　硅酸盐水泥强度等级是如何确定的？分哪些强度等级？

4—5　硅酸盐水泥石遭受腐蚀的基本原因有哪些，可采取哪些防腐措施？

4—6　矿渣水泥、火山灰水泥和粉煤灰水泥与硅酸盐水泥或普通水泥相比，它们的共同特征有哪些？

4—7　严寒区域处在水位升降范围内的混凝土环境中，可使用火山灰水泥、粉煤灰水泥和矿渣水泥吗？为什么？

4—8　在下列混凝土工程中，试分别选择合适的水泥品种。

（1）早期强度要求不高、抗冻性好的混凝土。

（2）紧急军事工程。

（3）大体积混凝土施工。

（4）构造物的溢流面和经常遭受水流冲刷部位的混凝土。

（5）在我国北方，冬季施工混凝土。

（6）位于海水下的建筑物。

（7）高炉基础。

（8）采用湿热养护的混凝土构件。

4—9 水泥在运输和储存过程中应注意哪些问题？

第5章 混凝土

本章导读

与金属、木材和塑料相比，混凝土具有原材料丰富、经久耐用、节约能源、价格较低、可塑性和黏结力强等优点，是现代土木结构最主要的材料之一。

通过学习本章，应系统掌握普通混凝土的成分，以及和易性、强度、耐久性、配合比对混凝土结构的影响，了解多种新型环保混凝土的应用场合，为将来的结构设计和工程施工奠定坚实的基础。

本章要点

- 混凝土的成分，以及外加剂和掺合料对混凝土的影响
- 混凝土拌和物和易性的测定方法、影响因素及改善措施
- 影响混凝土强度的因素及提高混凝土强度的措施
- 影响混凝土耐久性的因素及提高措施
- 其他混凝土的功能及使用场合
- 混凝土配合比设计的方法

5.1 概 述

由胶凝材料、粗细骨料（或称集料）和水按适当比例拌和制成的混合物，经一定时间硬化而成的人造石材，统称为混凝土，简称为砼。水泥混凝土是目前最常用的一种混凝土，它是以水泥为胶凝材料、以石为粗骨料、砂为细骨料，加水并掺入适量外加剂或掺合料拌制而成的，简称混凝土或普通混凝土。

1. 混凝土的分类

1）按表观密度分类

混凝土按表观密度不同，可分为以下几类。

- 重混凝土：是采用密度很大的重晶石、铁矿石、钢屑等重骨料和钡水泥、锶水泥等重水泥配制而成的，其干表观密度大于 2 500 kg/m^3。重混凝土具有防 X 射线和 γ 射线的功能，又称防辐射混凝土，主要用作核能工程的屏障结构材料。
- 普通混凝土：一般是用普通的天然砂石为骨料配制而成的，其干表观密度为 1 950～2 500 kg/m^3，在建筑工程中使用最广，常用于各种工业与民用建筑中。
- 轻混凝土：干表观密度不大于 1 950 kg/m^3，有采用陶粒等轻质多孔材料为骨料的轻骨料混凝土、用加气剂或泡沫剂代替骨料的多孔混凝土，以及不加细骨料的大孔混凝土。轻混凝土多用于有保温绝热要求的墙体、屋面等处所。

2）按所用胶凝材料分类

混凝土按所用胶凝材料不同，可分为水泥混凝土、沥青混凝土、石膏混凝土、水玻璃混凝土、聚合物混凝土等。

3）按用途分类

混凝土按用途不同，可分为结构混凝土、防水混凝土、道路混凝土、防辐射混凝土、耐热混凝土、耐酸混凝土、大体积混凝土、膨胀混凝土等。

4）按生产和施工方法分类

混凝土按生产和施工方法不同，可分为泵送混凝土、喷射混凝土、碾压混凝土、挤压混凝土、离心混凝土、压力灌浆混凝土、预拌混凝土（俗称“商品混凝土”）等。

2. 混凝土的特点

混凝土在建筑工程中能得到广泛的应用，是因为与其他材料相比，它具有以下优点：

（1）组成材料中的砂石骨料占混凝土总量的 80%以上，这些骨料丰富、成本低廉，且符合就地取材的原则。

（2）在凝结前具有良好的可塑性，可按工程结构的要求浇筑成各种形状和任意尺寸的整体结构或预制构件。

（3）硬化后具有较高的力学强度（抗压强度可达 120 Mpa）和良好的耐久性。

（4）与钢筋有牢固的黏结力，二者复合成钢筋混凝土后能互补优缺，从而大大地扩展了混凝土的应用范围。

（5）可根据不同要求，通过调整配合比例制出不同性能的混凝土。

（6）可充分利用工业废料作骨料或掺合料，有利于环境保护。

普通混凝土也存在一些缺点。例如：表观密度大、自重大、抗拉强度低（一般不用于承受拉力的结构）、硬化速度慢、生产周期长、强度波动因素多等。

虽然混凝土存在上述缺点，但在某些特殊场合，可通过掺加其他材料或外加剂来克服这些缺点。例如，掺入纤维或聚合物，可提高混凝土的抗拉强度，大大降低其脆性；掺入减水剂、早强剂等外加剂，可显著缩短混凝土的硬化周期，改善其力学性能；采用轻质骨料可显著降低混凝土的自重，提高其比强度。

3. 混凝土的基本要求

建筑工程中使用的混凝土，一般必须满足以下 4 个基本要求：

（1）各种组成材料经拌和后形成的拌和物应具有一定的流动性、黏聚性和保水性，便于施工，能保证混凝土在现场制作条件下具有均匀密实的结构与构造，硬化后能形成平整的表面，色泽均匀。

（2）混凝土在规定龄期内能达到设计要求的强度。

（3）硬化后的混凝土具有适应所处环境的耐久性，如抗冻性、抗渗性、耐磨性，以及抵抗介质侵蚀的性能。

（4）在满足上述 3 项要求的前提下，混凝土各种材料的组成应经济合理，以降低成本。

4. 混凝土的发展方向

随着现代科学的发展，高性能混凝土（HPC）将是今后混凝土的发展方向之一。高性能混凝土除了要具有高强度等级（$f_{cu} \geq 60$ MPa）外，还必须具有良好的工作性、体积稳定性和耐久性。

目前，我国的高性能混凝土一般是采用高性能原料，或采用多元复合途径，或在提高基本组成材料之外掺加其他有效材料，如高效减水剂、缓凝剂、引气剂、硅灰、优质粉煤灰、稻壳灰、沸石粉等一种或多种复合的外加剂，以调整和改善混凝土的浇注性能及内部结构，综合提高混凝土的性能和质量。

此外，从节约资源和能源、不破坏环境或有利于环境、可持续发展等方面考虑，发展绿色混凝土（GC），改善“人居环境”，在生产过程中尽量节约资源、能源、保护环境也是十分必要的。

综上所述，今后混凝土的发展趋势为“三化”，即高性能化、功能化、绿色化。

5.2 混凝土的组成材料

普通混凝土的基本组成材料是水泥、水、天然砂和石子，另外还常掺入适量的掺合物和外加剂。砂、石在混凝土中起骨架作用，故也称为骨料或集料。混凝土原料拌和时，水泥和水形成水泥浆，包裹在砂粒表面并填充砂粒之间的空隙而形成水泥砂浆，水泥砂浆又包裹石子并填充石子间的空隙而形成混凝土，如图 5-1 所示。

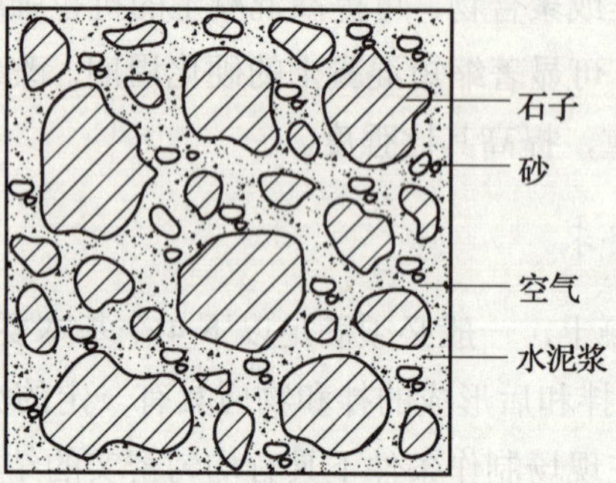

图 5-1 混凝土的结构

在混凝土硬化前，水泥浆起润滑作用，并赋予混凝土一定的流动性，便于施工。水泥浆硬化后，能将砂石骨料胶结在一起，使其成为坚硬的人造石材，并产生力学强度。

知识链接

混凝土是一个宏观匀质、微观非匀质的堆聚结构，混凝土的质量和技术性能很大程度上是由原材料的性质及其相对含量所决定的，同时也与施工工艺（如搅拌、捣实成型、养护等）有关。

5.2.1 水泥

水泥在混凝土中起胶结作用。正确、合理地选择水泥的品种和强度等级，是影响混凝土强度、耐久性及经济性的重要因素。

配制混凝土用的水泥品种，应当根据工程性质与特点、工程所处环境、施工条件，以及各种水泥的特性等合理选择。常用水泥的适用场合可参见第 4 章表 4-7 所示。

水泥强度等级的选择应与混凝土的设计强度等级相适应。原则上，配制高强度等级的混凝土选用高强度等级的水泥，配制低强度等级的混凝土选用低强度等级的水泥。若用低强度等级的水泥配制高强度等级的混凝土，为满足强度要求必然使水泥用量过多，这不仅不经济，而且会使混凝土收缩和水化热增大；若用高强度等级的水泥配制低强度等级的混凝土，从混凝土的强度考虑，少量水泥就能满足要求，但为满足混凝土拌和物的和易性和混凝土的耐久性，就需额外增加水泥用量，造成水泥浪费。

知识链接

和易性主要包括流动性、黏聚性和保水性，是指混凝土拌和物在一定施工条件下，便于施工操作，并能获得质量稳定、整体均匀、成型密实的混凝土的性能。

经过大量实验和经验总结，现列出表5-1所示的配制不同等级混凝土所用水泥的强度等级，以供参考。

表5-1　配制混凝土所用水泥强度等级

预配混凝土强度等级	所选水泥强度等级
C15～C25	32.5
C30	32.5　42.5
C35～C45	42.5
C50～C60	52.5
C65	52.5　62.5
C70～C80	62.5

5.2.2 细骨料（砂）

按粒径大小不同，骨料可分为细骨料和粗骨料。粒径在0.15～4.75 mm之间的岩石颗粒，称为细骨料；粒径大于4.75 mm的岩石颗粒，称为粗骨料。粗细骨料的总体积占混凝土体积的70%～80%，因此骨料的性能对所配制的混凝土性能有很大影响。为保证混凝土的质量，对骨料技术性能的要求主要有：① 有害杂质含量少；② 具有良好的颗粒形状，适宜的颗粒级配和细度；③ 与水泥黏结牢固；④ 性能稳定、坚固耐久等。

混凝土的细骨料主要采用天然砂中的河砂，有时也可采用机制砂（俗称"人工砂"）。

拓展阅读

天然砂是由自然生成的，经人工开采和筛分的粒径小于4.75 mm的岩石颗粒，包括河砂、湖砂、山砂、淡化海砂，但不包括软质、风化的岩石颗粒。河砂、湖砂和海砂由于长期受水流的冲刷作用，颗粒表面比较圆滑、洁净，且产源较广，但海砂中常含有贝壳、碎片及可溶盐等有害杂质。山砂颗粒多具棱角，表面粗糙，砂中含泥量及有机质等有害杂质较多。因此，建筑工程中一般采用河砂作细骨料。

机制砂是经除土处理，由机械破碎、筛分制成的粒径小于 4.75 mm 的岩石、矿山尾矿或工业废渣颗粒，但不包括软质、风化的颗粒。

砂按其技术要求分为Ⅰ、Ⅱ、Ⅲ三个类别。我国《建设用砂》（GB/T 14684—2011）对建筑工程中所采用的细骨料，提出了以下几个主要技术要求。

1. 有害杂质含量

砂中不应混有草根、树叶、树枝、塑料、煤块、炉渣等杂物。砂中如含有云母、轻物质、有机物、硫化物及硫酸盐、氯化物、贝壳等，其含量应符合表 5-2 中的规定。

表 5-2　有害物质含量（摘自 GB/T 14684—2011）

类　别	Ⅰ	Ⅱ	Ⅲ
云母（按质量计，%）	≤1.0	≤2.0	
轻物质（按质量计，%）	≤1.0		
有机物	合格		
硫化物及硫酸盐（按 SO_3 质量计，%）	≤0.5		
氯化物（以氯离子质量计，%）	≤0.01	≤0.02	≤0.06
贝壳（按质量计，%[a]）	≤3.0	≤5.0	≤8.0

注：a 该指标仅适用于海砂，其他砂种不作要求。

云母为表面光滑的层、片状物质，与水泥黏结性差，影响混凝土的强度和耐久性；轻物质为表观密度小于 2 000 kg/m^3 的物质，影响混凝土的强度；有机物影响水泥的水化硬化；硫化物及硫酸盐杂质对水泥有侵蚀作用；氯化物对钢筋有锈蚀作用。

2. 含泥量和泥块含量

含泥量是指天然砂中，粒径小于 75 μm 的颗粒含量；泥块含量是指砂中原粒径大于 1.18 mm，经水浸洗、手捏后小于 600 μm 的颗粒含量。天然砂的含泥量和泥块含量应符合表 5-3 中的规定。若采用机制砂时，其亚甲蓝（即 MB）值、石粉和泥块的含量，读者可查阅国标（GB/T 14684—2011）。

表 5-3　含泥量和泥块含量（摘自 GB/T 14684—2011）

类　别	Ⅰ	Ⅱ	Ⅲ
含泥量（按质量计，%）	≤1.0	≤3.0	≤5.0
泥块含量（按质量计，%）	0	≤1.0	≤2.0

提 示

当砂中有害杂质及含泥量多，又无合适砂源时，可过筛和用清水或石灰水（有机物含量多时）冲洗后使用，以符合就地取材原则。

3. 砂的粗细程度和颗粒级配

砂的粗细程度是指不同粒径的砂粒混合在一起后砂的粗细程度。砂子通常分为粗砂、中砂、细砂 3 种规格。同重量的同种砂，其细砂的总表面积较大，粗砂的总表面积较小。

混凝土中，砂子的表面需用水泥浆包裹才能具有流动性和黏结强度，砂子的总表面积愈大，则需要包裹砂粒表面的水泥浆就愈多。因此，配制混凝土时，用粗砂比用细砂所需的水泥量要少。

砂的颗粒级配是指不同大小颗粒的砂的分级与组合情况。混凝土中，砂粒之间的空隙是由水泥浆填充的，为了达到节约水泥和提高强度的目的，应尽量减少砂粒之间的空隙。要减小砂粒间的空隙，最简单的方法是多种粒径的砂配合使用，如图 5-2 所示。

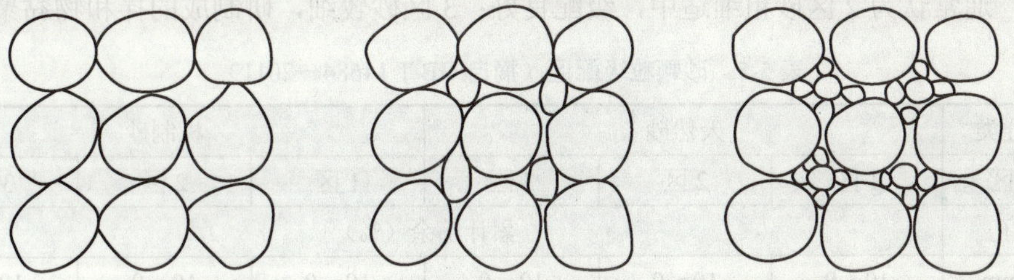

（a）用同样粒径的砂　（b）两种粒径的砂配合　（c）3 种粒径的砂配合

图 5-2　骨料的颗粒级配

在拌制混凝土时，砂的粗细和颗粒级配应同时考虑。含有较多粗颗粒，及适量的中颗粒及少量的细颗粒配合的砂，其空隙率及总表面积均较小，这种颗粒级配的砂，不仅水泥用量少，还可以提高混凝土的密实性与强度，是比较理想的颗粒级配。

砂的颗粒级配和粗细程度，常用筛分析方法进行测定，其测定方法为：用一套孔径（净尺寸）为 0.15 mm、0.30 mm、0.60 mm、1.18 mm、2.36 mm、4.75 mm 的 6 个标准方孔筛，将 500 g 干砂试样由粗到细依次过筛，然后称余留在各筛上的砂量，并计算出各筛上的分计筛余百分率α_1、α_2、α_3、α_4、α_5、α_6和累计筛余百分率 A_1、A_2、A_3、A_4、A_5、A_6。

其中，分计筛余百分率是指每个筛子上的筛余量占砂样总质量的百分率；某一筛的累计筛余百分率是指某一筛的筛余百分率和比该筛筛孔大一号筛的筛余百分率之和。累计筛余百分率与分计筛余百分率的关系如表 5-4 所示。

表 5-4　累计筛余百分率与分计筛余百分率的关系

筛孔尺寸（mm）	分计筛余（%）	累计筛余（%）
4.75	α_1	$A_1=\alpha_1$
2.36	α_2	$A_2=\alpha_1+\alpha_2$
1.18	α_3	$A_3=\alpha_1+\alpha_2+\alpha_3$
0.60	α_4	$A_4=\alpha_1+\alpha_2+\alpha_3+\alpha_4$
0.30	α_5	$A_5=\alpha_1+\alpha_2+\alpha_3+\alpha_4+\alpha_5$
0.15	α_6	$A_6=\alpha_1+\alpha_2+\alpha_3+\alpha_4+\alpha_5+\alpha_6$

砂的粗细程度用细度模数 M_X 表示，其计算公式为：

$$M_X=\frac{(A_2+A_3+A_4+A_5+A_6)-5A_1}{100-A_1} \tag{5-1}$$

细度模数 M_X 愈大，表示砂愈粗。普通混凝土用砂的细度模数范围为 3.7～1.6，其中 M_X 在 3.7～3.1 的为粗砂，M_X 在 3.0～2.3 的为中砂，M_X 在 2.2～1.6 的为细砂。

混凝土用砂的颗粒级配应处在表 5-5 或图 5-3 所示的某一级配区内。表 5-5 和图 5-3 中的 1 区砂子粗，宜用于配制水泥用量较多的富混凝土和低塑性混凝土；2 区砂属于常用级配砂，通常认为 2 区砂粗细适中，级配良好；3 区砂较细，研制成的拌和物黏聚性大。

表 5-5　砂颗粒级配区（摘自 GB/T 14684—2011）

砂的分类	天然砂			机制砂		
级配区	1 区	2 区	3 区	1 区	2 区	3 区
方筛孔	累计筛余（%）					
4.75 mm	10～0	10～0	10～0	10～0	10～0	10～0
2.36 mm	35～5	25～0	15～0	35～5	25～0	15～0
1.18 mm	65～35	50～10	25～0	65～35	50～10	25～0
0.60 mm	85～71	70～41	40～16	85～71	70～41	40～16
0.30 mm	95～80	92～70	85～55	95～80	92～70	85～55
0.15 mm	100～90	100～90	100～90	97～85	94～80	94～75

注：对于砂浆用砂，4.75 mm 筛孔的累计筛余量应为 0。砂的实际颗粒级配除 4.75 mm 和 0.60 mm 筛孔外，可以略有超出，但各级累计筛余超出值总和应不大于 5%。

以累计筛余百分率为纵坐标，以筛孔尺寸为横坐标，根据表 5-5 中的数值可以画出砂 1、2、3 三个级配区的筛分曲线，如图 5-3 所示。通过观察所计算的砂的筛分曲线是否完全落在三个级配区的任一区内，即可判定该砂级配的合理性。同时，也可根据筛分曲线偏向情况大致判断砂的粗细程度。当筛分曲线偏向右下方时，表示砂较粗；筛分曲线偏向左上方时，表示砂较细。

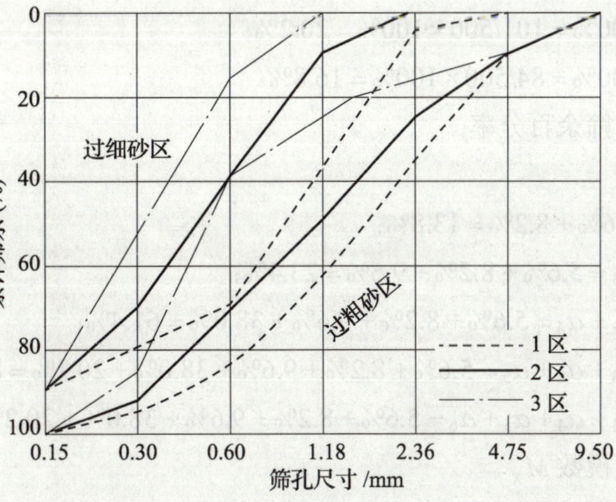

图 5-3 筛分曲线

注 意

配制混凝土时宜优先选用 2 区砂。当采用 1 区砂时，应适当提高混凝土的含砂率，并保证足够的水泥用量，以满足混凝土的和易性；当采用 3 区砂时，宜适当降低混凝土的含砂率，以保证混凝土的强度。

在实际工程中，若砂的级配不合适，可采用人工掺配的方法来改善，即将粗、细砂按适当的比例进行掺合使用；或将砂过筛，筛除过粗或过细颗粒。

【例 5-1】某建材试验室进行砂子筛分试验，取烘干砂样 500 g，按规定步骤进行筛分，其筛分结果如表 5-6 所示。试根据标准评定此砂的粗细程度，并按表 5-5 判断此砂的级配是否合格。

表 5-6 砂的筛分结果

筛孔尺寸（mm）	4.75	2.36	1.18	0.60	0.30	0.15	筛底
筛余量（g）	28	41	48	190	101	84	6

解：（1）计算总计值及校核值

总计值为 $28+41+48+190+101+84+6=498$，校核值为 $(500-498)/500\times100\%=0.4\%<1\%$，故可按表 5-5 所示的标准进行级配评定。

（2）计算分计筛余百分率

$\alpha_1=m_1/500\times100\%=28/500\times100\%=5.6\%$；

$\alpha_2=m_2/500\times100\%=41/500\times100\%=8.2\%$；

$\alpha_3=m_3/500\times100\%=48/500\times100\%=9.6\%$；

$\alpha_4=m_4/500\times100\%=190/500\times100\%=38.0\%$；

$\alpha_5 = m_5/500 \times 100\% = 101/500 \times 100\% = 20.2\%$;

$\alpha_6 = m_6/500 \times 100\% = 84/500 \times 100\% = 16.8\%$。

（3）计算累计筛余百分率

$A_1 = \alpha_1 = 5.6\%$;

$A_2 = \alpha_1 + \alpha_2 = 5.6\% + 8.2\% = 13.8\%$;

$A_3 = \alpha_1 + \alpha_2 + \alpha_3 = 5.6\% + 8.2\% + 9.6\% = 23.4\%$;

$A_4 = \alpha_1 + \alpha_2 + \alpha_3 + \alpha_4 = 5.6\% + 8.2\% + 9.6\% + 38.0\% = 61.4\%$;

$A_5 = \alpha_1 + \alpha_2 + \alpha_3 + \alpha_4 + \alpha_5 = 5.6\% + 8.2\% + 9.6\% + 38.0\% + 20.2\% = 81.6\%$;

$A_6 = \alpha_1 + \alpha_2 + \alpha_3 + \alpha_4 + \alpha_5 + \alpha_6 = 5.6\% + 8.2\% + 9.6\% + 38.0\% + 20.2\% + 16.8\% = 98.4\%$。

（4）计算细度模数 M_X

$$M_X = \frac{(A_2 + A_3 + A_4 + A_5 + A_6) - 5A_1}{100 - A_1}$$

$$= \frac{(13.8 + 23.4 + 61.4 + 81.6 + 98.4) - 5 \times 5.6}{100 - 5.6} = 2.65$$

（5）评定粗细程度

因为细度模数 $M_X = 2.65$，经查国标（GB/T 14684—2011）可知，细度模数在 3.0～2.3 范围内的为中砂，故此砂的粗细程度为中砂。

（6）判断颗粒级配情况

用各筛号的累计筛余与表 5-5 对比，该砂的累计筛余百分率落在 2 区，故该砂的级配合格。

4. 砂的坚固性

砂的坚固性是指砂在自然风化和其他外界物理、化学等因素作用下抵抗破裂的能力。

（1）天然砂采用硫酸钠溶液法进行试验，砂样经 5 次循环后其质量损失应符合表 5-7 中的规定。

表 5-7 坚固性指标

类 别	Ⅰ（2 区）	Ⅱ（1、2、3 区）	Ⅲ（1、2、3 区）
质量损失（%）	≤8		≤10

（2）机制砂除了要满足表 5-7 的规定外，还应满足表 5-8 所示的压碎指标。

表 5-8 压碎指标

类 别	Ⅰ（2 区）	Ⅱ（1、2、3 区）	Ⅲ（1、2、3 区）
单级最大压碎指标（%）	≤20	≤25	≤30

压碎指标试验，是将一定质量（通常为 330 g）烘干状态下的单粒级（0.30～0.60 mm；

0.60～1.18 mm；1.18～2.36 mm 及 2.36～4.75 mm 四个粒级）砂子装入受压钢模内，以每秒钟 500 N 的速度加荷，加荷至 25 kN 时稳荷 5 s 后，以同样速度卸荷，然后用该粒级的下限筛（如粒级为 4.75～2.36 mm 时，则其下限筛孔径为 2.36 mm 的筛）进行筛分，称出试样的筛余量 G_1 和通过量 G_2，则压碎指标 Y_i 可按下式计算：

$$Y_i = \frac{G_2}{G_1 + G_2} \times 100\% \tag{5-2}$$

压碎指标越小，表示砂子抵抗受压破坏的能力越强，砂子越坚固。

5. 砂的密度、空隙率及碱集料反应

建筑工程中混凝土及其制品用砂中，砂的表观密度不小于 2 500 kg/m^3，松散堆积密度不小于 1 400 kg/m^3，空隙率不大于 44%。此外，经碱集料反应试验后，试件应无裂缝、酥裂、胶体外溢等现象，且在规定的试验龄期内膨胀率应小于 0.10%。

6. 含水率和堆积密度

骨料的含水状态可分为干燥状态、气干状态、饱和面干状态和湿润状态等 4 种，如图 5-4 所示。其中，干燥状态的骨料含水率等于或接近于零；气干状态的骨料含水率与大气湿度相平衡，但未达到饱和状态；饱和面干状态的骨料，其内部孔隙含水达到饱和而表面干燥；湿润状态的骨料不仅内部孔隙含水达到饱和，表面还附着一部分自由水。

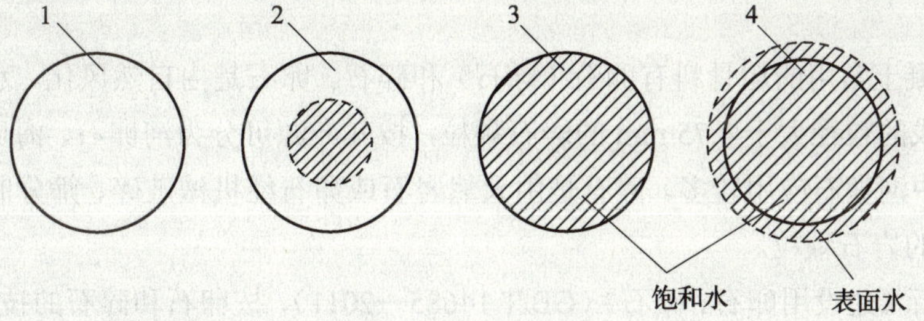

1—干燥状态　2—气干状态　3—饱和面干状态　4—湿润状态

图 5-4　骨料的含水状态

计算普通混凝土配合比时，一般以干燥状态的骨料为基准，而一些大型水利工程常以饱和面干状态的骨料为基准。

骨料的含水状态常随外界气候条件而变化，尤其是细骨料的含水率的变化更大，即使同一料场的不同部位，骨料的含水状态也不一样。为保证混凝土质量的均匀性，在拌制混凝土时，必须经常测定骨料的含水率，并调整混凝土组成材料的用量比例。

细骨料的堆积密度和体积与其含水状态关系极大。潮湿的砂，由于颗粒表面吸附水膜的存在，砂粒互相黏附，结构疏松，其体积显著增加。一般当砂的含水率为 5%～8%时，其堆积密度最小而体积最大，这种现象叫做湿胀。

当砂的含水率继续增大，颗粒表面水膜不断增厚，水的自重超过砂颗粒表面的吸附力而发生流动，并迁移至砂颗粒间的空隙中去，此时砂粒相互间不能黏附，重新恢复其流动性，所以体积反而缩小。当含水率为20%左右时，湿砂的体积与干砂相近。含水率继续增加，颗粒互相挤紧，湿砂的体积小于干砂，如图5-5所示。

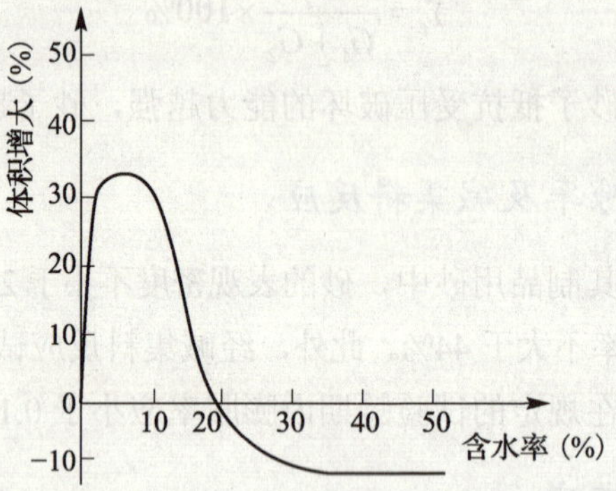

图5-5　砂的含水率与体积的关系

由此可见，砂的用量应以重量来控制较为准确。此外，在配制混凝土或丈量砂方时，应特别注意砂的含水情况。

5.2.3　粗骨料

普通混凝土常用的粗骨料有卵石（砾石）和碎石。卵石是由自然风化、水流搬运和分选、堆积形成的粒径大于4.75 mm的岩石颗粒，按其产源可分为河卵石、海卵石、山卵石等几种，其中河卵石应用较多。碎石是由天然岩石或卵石经机械破碎、筛分制成的粒径大于4.75 mm的岩石颗粒。

依据国标《建设用卵石、碎石》(GB/T 14685—2011)，按卵石和碎石的技术要求不同，将粗骨料分为Ⅰ、Ⅱ、Ⅲ三个类别，并对其提出了以下几个主要技术要求。

1. 有害杂质、泥及泥块含量

粗骨料中常含有一些有害杂质，如硫化物、硫酸盐、氯化物和有机物等，它们的危害作用与其在细骨料中的危害相同，这些有害杂质、泥及泥块的含量，读者可查阅国标(GB/T 14685—2011)。

2. 强度

为保证混凝土的强度要求，粗骨料必须具有足够的强度。碎石和卵石的强度，可采用岩石抗压强度和压碎指标两种方法检验。

➢ **岩石抗压强度检验**：将轧制碎石的母岩制成边长为5 cm的立方体（或直径与高

均为 5 cm 的圆柱体）试件，在水饱和状态下浸泡 48 h 后取出并擦干其表面，然后放在压力机上测定其极限抗压强度值。火成岩的抗压强度应不小于 80 MPa，变质岩应不小于 60 MPa，水成岩应不小于 30 MPa。

➤ **压碎指标检验：** 气干状态下，将粒径为 9.50～19.0 mm 的一定质量石子 G_1 装入一标准圆筒内，放在压力机上以 1 kN/s 速度均匀加荷至 200 kN 并稳荷 5 s，然后卸荷，用孔径为 2.36 mm 的筛筛除被压碎的细粒，称出留在筛上的试样质量 G_2，则压碎指标 Q_e 可按下式计算：

$$Q_e = \frac{G_1 - G_2}{G_1} \times 100\% \tag{5-3}$$

压碎指标 Q_e 值愈小，表示粗骨料抵抗压碎破坏的能力愈强。建筑工程中水泥混凝土及其制品中，碎石和卵石的压碎指标如表 5-9 所示。

表 5-9　普通混凝土用碎石和卵石的压碎指标

类　别	I	II	III
碎石压碎指标（%）	＜10	＜20	＜30
卵石压碎指标（%）	＜12	＜16	＜16

压碎指标检验法简单方便，通常用压碎指标检验代替岩石抗压强度检验，但在对粗骨料抗压强度要求严格，或对所选用的石场及质量有争议时，宜采用岩石（制成立方体试件）抗压强度检验法。

3. 颗粒形状及表面特征

为提高混凝土强度和减小骨料间的空隙，粗骨料比较理想的颗粒形状应是长度相等或相近的球形或立方体形颗粒，这是因为针、片状颗粒不仅本身受力时容易折断，影响混凝土的强度，而且会增大骨料的空隙率，使混凝土拌和物的和易性变差。混凝土中，针、片状粗骨颗粒的含量应符合表 5-10 中的规定。

表 5-10　针、片状粗骨颗粒的含量

类　别	I	II	III
针、片状颗粒总质量（按质量计，%）	＜5	＜15	＜25

注：① 针状颗粒是指颗粒长度大于骨料平均粒径 2.4 倍者；
② 片状颗粒是指颗粒厚度小于骨料平均粒径 0.4 倍者。

骨料表面特征主要是指骨料表面的粗糙程度及孔隙特征等，它主要影响骨料与水泥石之间的黏结性能，进而影响混凝土的强度。碎石表面粗糙，且具有吸收水泥浆的孔隙特征，所以它与水泥石的黏结能力较强；卵石表面光滑且棱角少，与水泥石的黏结能力较差，但拌和时其和易性较好。在相同条件下，碎石混凝土比卵石混凝土的强度高 10%左右。

4. 最大粒径及颗粒级配

1）最大粒径（D_{max}）

粗骨料公称粒级的上限称为该粒级的最大粒径。一定重量的粗骨料，其粒径越大，孔隙率和表面积越小，因而包裹其表面所需的水泥浆量减少。实践证明，当 D_{max} 在 80～150 mm 以下变动时，D_{max} 增大，水泥用量显著减少，节约水泥效果明显；当 D_{max} 超过 150 mm 时，D_{max} 增大，水泥用量不再显著减少。

此外，对于水泥用量较少的中、低强度混凝土，当 D_{max} 增大时，混凝土的强度也增大；对于水泥用量较多的高强混凝土，当 D_{max} 由 20 mm 增至 40 mm 时，混凝土的强度增大，但当 D_{max}＞40 mm 时并没有好处。这是因为 D_{max} 增大时，因水泥用量减少而造成的黏结面积减小，以及大粒径骨料造成的不均匀性，对混凝土都有不利影响。

知识链接

根据《混凝土结构工程施工质量验收规范》（GB 50204—2011）规定，混凝土用粗骨料的最大粒径不得大于结构截面最小尺寸的 1/4；同时不得大于钢筋最小净距的 3/4；对于混凝土实心板，可允许采用最大粒径达 1/3 板厚的骨料，但最大粒径不得超过 40 mm；对泵送混凝土，碎石最大粒径与输送管内径之比，宜小于或等于 1∶3，卵石宜小于或等于 1∶2.5。

2）颗粒级配

与细骨料相同，粗骨料也要求有良好的颗粒级配，以减小空隙率，增强密实性，在保证混凝土的和易性及强度的前提下节约水泥。配制高强度混凝土时，粗骨料级配尤其重要。

依据国标（GB/T 14685—2011），粗骨料的级配可通过筛分试验来确定，其标准筛的孔径有表 5-11 所示的 12 种，普通混凝土中碎石及卵石的颗粒级配范围应符合该表中的规定。分计筛余百分率及累计筛余百分率的计算方法与砂相同。

表 5-11 碎石或卵石的颗粒级配

公称粒级（mm）		累计筛余（%）											
		方孔筛（mm）											
		2.36	4.75	9.50	16.0	19.0	26.5	31.5	37.5	53.0	63.0	75.0	90
连续粒级	5～16	95～100	90～100	30～60	0～10	0							
	5～20	95～100	90～100	40～80		0～10	0						
	5～25	95～100	90～100		30～70		0～5	0					
	5～31.5	95～100	90～100	70～90		15～45		0～5	0				
	5～40		90～100	70～90	0	30～65			0～5	0			

续表 5-11

公称粒级（mm）		累计筛余（%）											
		方孔筛（mm）											
		2.36	4.75	9.50	16.0	19.0	26.5	31.5	37.5	53.0	63.0	75.0	90
单粒级	5~10	95~100	90~100	0~15	0~15								
	10~16		95~100	80~100									
	10~20			85~100	55~70	0~15	0						
	16~25		95~100	95~100	85~100	25~40	0~10						
	16~31.5							0~10	0				
	20~40			95~100		80~100			0~10	0			
	40~80					95~100			70~100		30~60	0~10	0

粗骨料的级配有连续级配和间断级配两种。连续级配是从最大粒径开始，由大到小各粒径级相连，每一粒径级都占有适当的比例，这种级配的混凝土拌和物和易性好，不宜发生离析，在工程中被广泛采用。

间断级配是指石子的粒径级不相连，即抽去中间某一级或两级石子。间断级配是人为剔除某些中间粒级颗粒，则大颗粒的空隙由比它小得多的颗粒去填充，故空隙率小，节约水泥用量。但间断级配容易使混凝土拌和物产生离析现象，增加施工困难，因此工程中应用较少。

5. 骨料的坚固性

当骨料由于干湿循环或冻融交替等风化作用，引起体积变化而导致混凝土破坏时，可认为坚固性不良。实践发现，由某些页岩、砂岩等配制的混凝土较易遭受冰冻及骨料内盐类结晶的破坏。骨料越密实、强度越高、吸水率越小，其坚固性越好。而结构疏松，矿物成分较复杂且不均匀的骨料，其坚固性较差。

国标（GB/T 14685—2011）规定，骨料的坚固性采用硫酸钠溶液法进行试验。建筑用碎石和卵石的坚固性指标，读者可查阅该标准。

6. 表观密度、松散堆积空隙率、吸水率及碱集料反应

建筑用卵石、碎石的表观密度不小于 2 600 kg/m^3，连续级配松散堆积空隙率、吸水率和碱集料反应，读者可查阅国标（GB/T 14685—2011）。

5.2.4 混凝土拌和水及养护用水

水是混凝土的主要组分之一。拌和混凝土所用水，应具有：① 不影响混凝土的凝结

和硬化；② 不破坏混凝土的强度发展及耐久性；③ 不加快钢筋锈蚀；④ 不引起预应力钢筋脆断；⑤ 不污染混凝土表面等要求。

一般情况下，凡可饮用的水，均可用于拌制和养护混凝土。未经处理的工业废水、污水及沼泽水，则不能直接作为混凝土用水。

值得注意的是，在缺乏淡水的地区，素混凝土允许使用海水拌制，但应加强对混凝土强度检验，以符合设计要求；由于海水中含有较多硫酸盐和氯盐，影响混凝土的耐久性和加速混凝土中钢筋的锈蚀，因此对于钢筋混凝土和预应力混凝土结构，不得采用海水拌制；对有饰面要求的混凝土，也不得采用海水拌制，以免因表面产生盐析而影响装饰效果。生活污水的水质比较复杂，不能用于拌制混凝土。

对拌制和养护混凝土的水质有怀疑时，应将待检验水与蒸馏水分别做水泥凝结时间和砂浆或混凝土强度对比试验。如果试验测得的水泥初凝时间差和终凝时间差，均不超过 30 min，且其初凝及终凝时间应符合国家水泥标准的规定，同时被检验水样配制的水泥胶砂 3 d 和 28 d 强度不应低于饮用水配制的水泥胶砂 3 d 和 28 d 强度的 90%，则该水可作为拌制和养护混凝土用水，否则，不能使用该水。

5.3 混凝土外加剂

混凝土外加剂，是指在混凝土拌和过程中掺入的用以改善混凝土性能的物质。除特殊情况外，掺量一般不超过水泥用量的 5%。

外加剂的使用是混凝土技术的重大突破。随着混凝土工程技术的发展，对混凝土性能提出了许多新的要求。例如，泵送混凝土，要求其具有高的流动性；冬季施工，要求混凝土具有高的早期强度；高层建筑和海洋结构，要求混凝土具有高强、高耐久性。这些性能的实现，离不开高性能外加剂。目前，不少国家使用掺外加剂的混凝土已占混凝土总量的 60%～90%。因此，外加剂也就逐渐成为混凝土中的第 5 种成分。

5.3.1 混凝土外加剂的分类

混凝土外加剂的种类繁多。根据国家标准，混凝土外加剂按其主要功能不同，通常可分为以下 4 类。

- 改善混凝土拌和物流变性能的外加剂，如各种减水剂、泵送剂、引气剂等。
- 调节混凝土凝结时间和硬化性能的外加剂，如早强剂、缓凝剂、速凝剂等。
- 改善混凝土耐久性的外加剂，如引气剂、防水剂、防冻剂和阻锈剂等。
- 改善混凝土其他特殊性能的外加剂，如保水剂、膨胀剂、防冻剂、着色剂等。

5.3.2 常用混凝土外加剂

1. 减水剂

能保持混凝土工作性能不变而显著减少其拌和水量的外加剂称为减水剂。根据减水剂的作用效果及功能情况，可分为普通减水剂、高效减水剂、早强减水剂、缓凝减水剂、缓凝高效减水剂及引气减水剂等。

1）减水剂的使用效果

在混凝土中加入减水剂后，一般可取得以下效果：

① 增加流动性。减水剂多为表面活性物质，这些表面活性物质加入水泥浆中后定向吸附在水泥颗粒表面，加大了水泥颗粒间的静电斥力，使水泥颗粒充分分散。泵送混凝土或其他大流动性混凝土均需掺入高效减水剂。

② 提高混凝土强度。在保持流动性及水泥用量不变的条件下，可减少拌和水量10%～15%，从而降低了水灰比，使混凝土强度提高15%～20%，特别是早期强度提高更为显著。掺入高效减水剂是制备早强、高强、高性能混凝土的技术措施之一。

③ 节约水泥。在保持流动性及水灰比不变的条件下，可在减少拌和水量的同时减少水泥用量，即在保持混凝土强度不变时，可节约水泥用量10%～15%，有利于降低工程成本。

④ 改善混凝土的耐久性。由于减水剂的掺入，显著降低了混凝土的孔隙率，使混凝土的密实度提高，透水性降低，从而可提高其抗渗性和抗冻性。

此外，掺用减水剂后，还可以改善混凝土拌和物的泌水（即粗骨料下沉，水分上浮的现象）、离析现象，延缓混凝土拌和物的凝结时间，减慢水泥水化放热速度，防止因内外温差而引起的裂缝现象。

2）常用减水剂

减水剂种类很多，按减水效果可分为普通减水剂和高效减水剂；按凝结时间可分为标准型、早强型、缓凝型3种；按是否引气可分为引气型和非引气型两种；按其主要化学成分可分为木质素磺酸盐系、萘磺酸盐系减水剂系、水溶性树脂类、糖蜜类和复合型减水剂等。

① 木质素磺酸盐系减水剂。木质素磺酸盐系减水剂包括木质素磺酸钙（木钙）、木质素磺酸钠（木钠）、木质素醋酸镁（木镁）等。其中，木钙减水剂（又称M型减水剂）使用较多。

木钙减水剂的适宜掺量一般为水泥质量的 0.2%～0.3%。木钙减水剂对混凝土有缓凝作用，一般缓凝1～3 h。如果掺量过多或在低温下，其缓凝作用更为显著，而且还可能使混凝土强度降低，使用时应注意。

木钙减水剂可用于一般混凝土工程，尤其适用于大体积浇筑、滑模施工、泵送混凝土及夏季施工等。木钙减水剂不宜单独用于冬季施工，在日最低气温低于5℃时，应与早强剂或防冻剂复合使用。木钙减水剂也不宜单独用于蒸养混凝土。

② 萘磺酸盐系减水剂。萘系减水剂是用萘或萘的同系物经磺化和甲醛缩合而成，一般呈棕色粉末。

萘系减水剂的适宜掺量为水泥质量的0.5%～1.0%，减水率为10%～25%，混凝土28 d强度提高20%以上。在保持混凝土强度和坍落度相近时，可节约水泥10%～20%。掺入萘系减水剂后，混凝土的其他力学性能以及抗渗、耐久性等均有所改善，且对钢筋无锈蚀作用。

萘系减水剂的减水增强效果好，对不同品种水泥的适应性较强，适用于配制早强、高强、流态、蒸养混凝土，也适用于最低气温0℃以上施工的混凝土，低于此温时宜与早强剂复合使用。

③ 水溶性树脂减水剂。水溶性树脂减水剂是以一些水溶性树脂为主要原料制成的减水剂，如三聚氰胺树脂、古玛隆树脂等，这类减水剂增强效果显著，为高效减水剂，有“减水剂之王”之称。我国生产的有SM高效减水剂。

SM减水剂掺量为水泥质量的0.5%～2.0%，其减水率为15%～27%，混凝土3 d强度提高30%～100%，28 d强度可提高20%～30%。同时，能提高混凝土的抗渗生和抗冻性。SM减水剂价格昂贵，适于配制高强混凝土、早强混凝土、流态混凝土及蒸养混凝土等。

④ 聚羧酸高性能减水剂。聚羧酸高性能减水剂是由含有羧基的不饱和单体和其他单体共聚而成，使混凝土在减水、保坍、增强、收缩及环保等方面具有优良性能的系列减水剂。掺有聚羧酸系高性能减水剂的混凝土，其强度增长十分明显。

与传统高效减水剂相比，聚羧酸系高性能减水剂生产工艺简单，生产过程中不涉及甲醛、苯酚等有毒物质，也不涉及硫酸等强腐蚀性物质，对环境无污染。聚羧酸高性能减水剂与萘系减水剂性能对比如表5-12所示。

表5-12　聚羧酸高性能减水剂与萘系减水剂性能对比

高效减水剂	萘　系	聚羧酸系
掺　量	0.5%～1.0%	0.1%～0.4%
减水率	10%～25%	最高可达45%
保坍性能	坍损大	90 min基本不坍损
强度提高	120%～145%	140%～250%
收缩率	120%～135%	80%～90%
生产过程	污染环境	清洁无污染
结构可调性	不可调	结构可变性多，高性能化潜力大

2. 早强剂

早强剂是加速混凝土早期强度发展，并对后期强度无显著影响的外加剂。早强剂能加速水泥的水化和硬化，缩短养护期，从而达到尽早拆模、提高模板周转率、加快施工速度的目的。早强剂可以在常温、低温和负温（不低于－5℃）条件下加速混凝土的硬化过程，多用于冬季施工和抢修工程。

早强剂主要有无机盐类（氯盐类、硫酸盐类）、有机胺类及有机—无机的复合物3大类。

1）氯盐类早强剂

氯化钙可加速水泥的凝结硬化，有时也称为促凝剂。氯化钙促进混凝土早强的机理是：$CaCl_2$不仅能与水泥中的C_3A作用，生成几乎不溶于水的水化氯铝酸钙（$3CaO \cdot Al_2O_3 \cdot 3CaCl_2 \cdot 32H_2O$），还能与水泥中的$Ca(OH)_2$反应生成溶解度极小的氧氯化钙[$3CaCl_2 \cdot 3Ca(OH)_2 \cdot 12H_2O$]。由于水化氯铝酸钙和氧氯化钙固相早期析出，从而加速水泥浆体结构的形成。同时，由于水泥浆中$Ca(OH)_2$浓度降低，有利于C_3A水化反应的进行，因此早期强度得以提高。

氯化钙的掺量一般为0.5%～1%，混凝土3 d强度可提高40%～100%，7 d强度可提高25%。氯化钙早强剂的缺点是溶液中存在Cl^-，易使钢筋锈蚀，为了抑制氯化钙对钢筋的锈蚀作用，常将氯化钙与阻锈剂亚硝酸钠复合使用。

2）硫酸盐类早强剂

硫酸盐类早强剂主要有硫酸钠、硫代硫酸钠、硫酸钙、硫酸铝、硫酸铝钾等，其中硫酸钠应用较多。硫酸钠分无水硫酸钠（白色粉末）和有水硫酸钠（白色晶粒）。硫酸钠的适宜掺量为0.5%～2%。当掺量为1%～1.5%时，可将混凝土达到设计强度70%的时间缩短一半左右。

硫酸钠对钢筋无锈蚀作用，适用于不允许掺用氯盐的混凝土。但为了防止它与$Ca(OH)_2$作用生成强碱NaOH这一“碱—骨料反应”，硫酸钠严禁用于含有活性骨料的混凝土。此外，硫酸钠不得用于与镀锌钢材或铝铁相接触部位的结构、无防护措施的外露钢筋预埋件、使用直流电源的工厂，以及使用电气化运输设施的钢筋混凝土结构。

硫酸钠早强剂应注意不能超量掺加，以免混凝土后期膨胀导致开裂破坏，或使混凝土表面产生“白霜”现象。硫酸钠掺量如表5-13所示。

表5-13 硫酸钠掺量限值

混凝土种类	使用环境	掺量限值（胶凝材料质量百分数）
预应力混凝土	干燥环境	≤1.0
钢筋混凝土	干燥环境	≤2.0
	潮湿环境	≤1.5
有饰面要求的混凝土	—	≤0.8
素混凝土	—	≤3.0

3）有机胺类早强剂

有机胺类早强剂主要有三乙醇胺、三异丙醇胺等，其中以三乙醇胺的早强效果最佳。三乙醇胺不改变水泥水化生成物，但能加速水化速度，在水泥水化过程中起催化作用。

三乙醇胺为无色或淡黄色油状液体，呈碱性，能溶于水，无毒，不燃。三乙醇胺掺量极少，一般掺量为水泥质量的 0.02%～0.05%，就可使混凝土早期强度提高。如果掺量过多，会造成混凝土严重缓凝和混凝土后期强度下降，掺量越大，混凝土的强度下降越多，故应严格控制三乙醇胺的掺量。

三乙醇胺单独使用时，早强效果不明显，若与其他外加剂（如氯化钠、氯化钙、硫酸钠等）复合使用，效果更加显著，故一般复合使用。

3. 缓凝剂

缓凝剂是指能延缓混凝土凝结时间，并对混凝土后期强度发展无不利影响的外加剂。缓凝剂主要有：① 糖类，如糖蜜；② 木质素磺酸盐类，如木钙、木钠；③ 羟基羧酸及其盐类，如柠檬酸、酒石酸；④ 无机盐类，如锌盐、硼酸盐；⑤ 其他，如胺盐及其衍生物、纤维素醚等 5 类。常用的缓凝剂是木钙和糖蜜，其中糖蜜的缓凝效果最好。

糖蜜缓凝剂是制糖下脚料经石灰处理而成的，属于表面活性剂，掺入混凝土拌和物中可吸附在水泥颗粒表面，形成同种电荷的亲水膜，使水泥颗粒相互排斥，并阻碍水泥水化，从而起到缓凝作用。糖蜜的适宜掺量为 0.1%～0.3%，混凝土凝结时间可延长 2～4 h，掺量每增加 0.1%，可延长 1 h。掺量如大于 1%，会使混凝土长期酥松不硬，强度严重下降。

缓凝剂具有缓凝、减水、降低水化热和增强作用，对钢筋也无锈蚀作用，主要适用于大体积混凝土和炎热气候下施工的混凝土、泵送混凝土、滑模施工的混凝土，以及需长时间停放或长距离运输的混凝土。缓凝剂不宜用于日最低气温在 5℃以下施工的混凝土，也不宜单独用于有早强要求的混凝土及蒸养混凝土。

4. 引气剂

引气剂是指在混凝土搅拌过程中，能引入大量分布均匀的微小气泡，以减少混凝土拌和物的泌水和离析，改善和易性，并能显著提高硬化混凝土的抗冻性和耐久性。目前，应用较多的引气剂为松香热聚物、松香皂、烷基苯磺酸盐等。

松香热聚物是松香与苯酚、硫酸、氢氧化钠以一定配比经加热缩聚而成的，其适宜掺量为水泥质量的 0.005%～0.02%，混凝土的含气量为 3%～5%，减水率为 8%左右。

引气剂属憎水性表面活性剂，其表面活性作用类似减水剂，区别在于减水剂的活性作用主要发生在液—固界面，而引气剂的活性作用主要发生在气—液界面。由于引气剂能使水溶液在搅拌过程中极易产生许多微小的封闭气泡，同时引气剂能定向吸附在这些气泡的表面，从而形成较为牢固的液膜，使气泡稳定而不破裂。

气泡的直径多在 50～250 μm。按混凝土含气量 3%～5%计算（不加引气剂的混凝土含气量为 1%），1 m^3 混凝土拌和物中含数百亿个气泡。由于有大量微小、封闭并均匀分布的气泡的存在，可使混凝土的下述这些性能得到明显改善或改变。

1）改善混凝土拌和物的和易性

由于大量微小封闭球状气泡在混凝土拌和物内形成，使混凝土拌和物的流动性增强。同时，由于水分均匀分布在大量气泡的表面，使能自由移动的水量减少，混凝土拌和物的保水性和黏聚性也随之提高。

2）显著提高混凝土的抗渗性和抗冻性

大量均匀分布的封闭气泡有较大的弹性变形能力，对由水结冰所产生的膨胀应力有一定的缓冲作用，因而混凝土的抗冻性得到提高。大量微小气泡据于混凝土的孔隙，切断了毛细管通道，使抗渗性得到改善。

3）降低混凝土强度

由于大量气泡的存在，减少了混凝土的有效受力面积，使混凝土强度有所降低。一般混凝土的含气量每增加1%时，其抗压强度将降低4%～6%，抗折强度降低2%～3%。

引气剂可用于抗渗混凝土、抗冻混凝土、抗硫酸盐侵蚀混凝土、泌水严重的混凝土、贫混凝土、轻混凝土，以及对饰面有要求的混凝土等，但不宜用于蒸养混凝土及预应力混凝土。

5. 防冻剂

防冻剂是能使混凝土在负温下硬化，并在规定养护条件下达到预期足够防冻强度的外加剂。我国常用的防冻剂是由各组分复合而成的，其主要组分有防冻组分、早强组分、减水组分、引气组分等。

防冻剂组分可以是氯盐类、氯盐阻锈类和无氯盐类，各类防冻组分的适用场合如下。

- 氯盐类：常用氯化钠，氯化钠与氯化钙复合，其含量为$NaCl:CaCl_2=1:2$，适用于无筋混凝土。
- 氯盐阻锈类：氯盐与阻锈剂复合而成，阻锈剂广泛采用亚硝酸钠，可用于钢筋混凝土。
- 无氯盐类：如硝酸盐、亚硝酸盐、碳酸盐、尿素等，可用于钢筋混凝土工程和预应力钢筋混凝土工程。

此外，硝酸盐、亚硝酸盐、碳酸盐易引起钢筋的应力腐蚀，故不适用于预应力混凝土以及与镀锌钢材相接触部位的钢筋混凝土结构。含有六价铬盐、亚硝酸盐等有毒成分的防冻剂，严禁用于饮水工程及与仪器接触的部位。

不同类别的防冻剂性能具有差异，合理的选用十分重要。防冻剂的掺量应根据施工环境温度，通过试验确定。目前，国产防冻剂品种适用于0～－20℃的气温，当在更低气温下施工时，应增加其他混凝土冬季施工措施，如暖棚法、原料（砂、石、水）预热法等。

6. 速凝剂

速凝剂是指能使混凝土迅速凝结硬化的外加剂。速凝剂主要有无机盐类和有机物类两种。我国常用的速凝剂是无机盐类，主要有红星 I 型、711 型、728 型、8604 型等。在满足施工要求的前提下，以最小掺量为宜。

速凝剂掺入混凝土后，能使混凝土在 5 min 内初凝，10 min 内终凝，1 h 后就能产生强度，1 d 强度提高 2～3 倍，但后期强度会下降，28 d 强度约为不掺时的 80%～90%。

速凝剂主要用于矿山井巷、铁路隧道、引水涵洞、地下工程，以及喷锚支护时的喷射混凝土和喷射砂浆工程。

7. 减缩剂

混凝土很大的一个缺点是在干燥条件下产生收缩，这种收缩导致了硬化混凝土的开裂和其他缺陷的形成和发展，使混凝土的使用寿命大大下降。在混凝土中加入减缩剂，能大大降低混凝土的干燥收缩，一般能使混凝土的 28 d 收缩值减少 50%～80%，最终收缩值减少 25%～50%。

混凝土减缩剂减少混凝土收缩的机理，主要是能降低混凝土中的毛细管张力。从本质上讲，减缩剂是表面活性物质，有些种类的减缩剂还是表面活性剂。当混凝土干燥时，在毛细孔中形成毛细管张力而使混凝土收缩，减缩剂可使毛细管张力下降，从面使得混凝土的宏观收缩值降低。

混凝土减缩剂已经发展成为一个新系列的混凝土外加剂。随着对混凝土减缩剂性能的不断提高，在日益关注混凝土耐久性的情况下，混凝土减缩剂作为一种能提高混凝土耐久性的外加剂，在将来的建筑工程中将会有很大发展空间。

8. 膨胀剂

膨胀剂是能使混凝土产生一定体积膨胀的外加剂。工程中常用的膨胀剂有硫铝酸钙类、硫铝酸钙—氧化钙类、氧化钙类等。

硫铝酸钙类膨胀剂加入混凝土中后，膨胀剂组分参与水泥矿物的水化或与水泥水化产物反应，生成高硫型水化铝酸钙（钙矾石）使固相体积大为增加，从而导致体积膨胀。氧化钙类膨胀剂的膨胀作用主要由氧化钙晶体水化生成氢氧化钙晶体时的体积增大所致。

膨胀剂主要用于补偿收缩混凝土、自应力混凝土、填充混凝土和有较高抗裂防渗要求的混凝土工程。膨胀剂的掺量与应用对象和水泥及掺和物的活性有关，一般为水泥、掺和物和膨胀剂总量的 8%～25%，并应通过试验确定。使用膨胀剂的混凝土应加强养护（最好是水中养护）和限制膨胀变形，否则可能会导致出现更多裂缝。

5.3.3 外加剂的选择和使用

在混凝土中掺用外加剂时，若选择和使用不当，会造成质量事故。因此，选择外加剂时，应注意以下几点：

1. 外加剂品种的选择

外加剂的品种和品牌很多，其效果各异，特别是对不同品种的水泥，其效果各不相同。因此在选择外加剂时，应根据工程需要和现场的条件，参考有关资料并通过试验来确定。

2. 外加剂掺量的确定

混凝土外加剂均有适宜掺量。掺量过小，往往达不到预期效果；掺量过大，则会影响混凝土的质量，甚至造成质量事故。因此，应通过试验试配，以确定最佳掺量。

3. 外加剂的掺入方法

外加剂的掺量很少，必须保证其均匀分散，一般不能直接加入混凝土搅拌机内。外加剂的掺入方法因外加剂不同而异，其效果也会因掺入方法不同而存在差异，操作时应严格按产品技术说明操作。

例如，减水剂有同掺法、后掺法和分掺法 3 种。同掺法为减水剂在混凝土搅拌时与拌和物一起掺入；后掺法是搅拌好混凝土后间隔一定时间，然后再掺入；分掺法是一部分减水剂在混凝土搅拌时掺入，另一部分在间隔一段时间后再掺入。

4. 外加剂的储运保管

混凝土外加剂大多为表面活性物质或电解质盐类，具有较强的反应能力，敏感性较高，对混凝土性能影响较大，因此在储存和运输中应加强管理。

失效的、不合格的、长期存放的和质量未经明确的混凝土外加剂，应禁止使用；不同品种类别的外加剂应分别储存运输；有毒性的外加剂必须单独存放，专人管理；有强氧化性外加剂必须进行密封储存，同时还必须注意储存期不得超过外加剂的有效期。此外，储运保管外加剂时，还应注意防潮和防水。

5.4 混凝土的矿物掺合料

为了节约水泥，改善混凝土的性能，在混凝土拌制时掺入的掺量大于水泥质量 5%的矿物粉末，称为混凝土的矿物掺合料。常用的混凝土矿物掺合料有粉煤灰、粒化高炉矿渣、硅灰、沸石粉及其他工业废料，尤其是磨细 I 级粉煤灰、磨细粒化高炉矿渣和硅灰的应用最为广泛。

5.4.1 粉煤灰

粉煤灰是从燃煤热电厂的煤粉炉中排出的烟气中收集到的颗粒粉末。我国火电厂粉煤灰的主要氧化物有：SiO_2，Al_2O_3，Fe_2O_3，CaO，MgO，SO_3，Na_2O，K_2O，FeO 等。

根据粉煤灰的化学特征、几何特征和物理特征，将粉煤灰在水泥混凝土中的作用与机理归结为以下 3 方面。

（1）形态效应。通过显微镜可以看到，粉煤灰中含有 70%以上的玻璃微珠，其粒形完整，表面光滑，质地致密。这种形态对混凝土而言，无疑能起到减水、致密和匀质作用，促进初期水泥水化的解絮作用，改变拌和物的流变性质、初始结构以及硬化后的多种性能，尤其对泵送混凝土，能起到良好的润滑作用。所谓解絮作用，是指水泥之间易形成絮状结构，粉煤灰有解开絮状结构的作用。

（2）活性效应。粉煤灰中的化学成分中含有大量活性 SiO_2 和 Al_2O_3，在潮湿的环境中能与 $Ca(OH)_2$ 等碱性物质发生反应，生成水化硅酸钙、水化铝酸钙等胶凝物质，对粉煤灰制品及混凝土起到增强和堵塞混凝土中毛细组织的作用，从而提高混凝土的抗腐蚀能力。

（3）微集料效应。粉煤灰中粒径很小的微珠和碎屑，在水泥石中可充当未水化的水泥颗粒，极细小的微珠可充当活泼的纳米材料，因此能明显改善和增强混凝土及粉煤灰制品的结构强度，提高其匀质性和致密性。

在上述粉煤灰的 3 大效应中，形态效应是物理效应，活性效应是化学效应，而微集料效应既有物理效应又有化学效应。这 3 种效应相互关联，互为补充。粉煤灰的品质越高，效应越大。因此，在应用粉煤灰时，应根据水泥和混凝土的特点及要求，选用适宜和定量的粉煤灰。

用于混凝土中的粉煤灰，按质量指标可分为Ⅰ、Ⅱ、Ⅲ三个等级，如表 5-14 所示。商品混凝土中多采用Ⅰ级和Ⅱ级粉煤灰。

表 5-14　粉煤灰的质量指标等级

质量指标 / 等级	细度（45 μm 方孔筛，%）	烧失量（%）	需水量比（%）	SO_3（%）
Ⅰ	≤12	≤5	≤95	≤3
Ⅱ	≤25	≤8	≤105	≤3
Ⅲ	≤45	≤15	≤115	≤3

注：代替细骨料或用以改善和易性的粉煤灰可不受此规定的限制。

5.4.2 硅灰

硅灰是硅铁合金厂和硅单质厂在冶炼时通过收尘装置收集的随气体从烟道排出的极细粉末。硅灰的外观为青灰色或灰白色，耐火度＞1 600℃，其主要化学组成是 SiO_2，此外还含有极少量的氧化铁、氧化钙等。

硅灰颗粒主要为非晶态的球形颗粒，颗粒表面较为光滑。硅灰颗粒主要是 0.5 μm 以下的颗粒，平均粒径大约为 0.1～0.2 μm，远比水泥和粉煤灰颗粒小得多，一般采用比表面积法来表示细度。硅灰的比表面积约为水泥的 80～100 倍，约为粉煤灰的 50～70 倍。

硅灰属于火山灰质材料，其在混凝土中的主要作用有：① 显著提高混凝土的抗压、抗折、抗渗、防腐、抗冲击及耐磨性能；② 具有保水，以及防止离析、泌水、大幅降低混凝土泵送阻力的作用；③ 显著延长混凝土的使用寿命，特别是在氯盐侵蚀、硫酸盐侵蚀、高湿度等恶劣环境下，可使混凝土的耐久性提高一倍甚至数倍。

此外，硅灰是高强混凝土和高性能混凝土中必不可少的成分，在强度等级 C100 以上的混凝土中大量应用。

5.4.3 粒化高炉矿渣粉

粒化高炉矿渣是指在高炉中冶炼生铁时，所得到的以硅酸盐与硅铝酸盐为主要成分的熔融物，经淬冷成粒后，即为粒化高炉矿渣。硅粉是理想的超细微粒矿物质掺合料，但其资源有限，一般多采用超细粉磨的粒化高炉矿渣（简答超细矿渣）作为超细微粒掺合料，以配制高强、超高强度混凝土。

矿渣粉的化学组成取决于矿渣的化学组成，一般是一些氧化物和硫化物，如 CaO，SiO_2，Al_2O_3，MgO，FeO 和 CaS，MnS，FeS 等，其中，前 4 种氧化物一般占矿渣粉总量的 90%以上。矿渣粉的化学组成与硅酸盐水泥较接近，但 CaO 的含量较硅酸盐水泥稍低，而 SiO_2 的含量则高于硅酸盐水泥。

粒化高炉矿渣经超细粉磨后具有很高的活性，可以弥补硅粉资源的不足，满足配制不同性能要求的高性能混凝土的需求。掺入矿渣粉的混凝土，具有以下几个特点：

（1）生产矿渣硅酸盐水泥时，可用矿渣粉取代部分硅酸盐水泥熟料，从而有效降低水泥的成本，增加产量，扩大水泥的使用范围。

（2）所配制出的混凝土干缩率大大减小，抗冻和抗渗性能提高，混凝土的耐久性显著提高。

（3）混凝土拌和物的和易性明显改善，可配制出大流动性且不离析的泵送混凝土。

（4）矿渣粉和粉煤灰双掺时，对混凝土后期强度发展具有增强作用，还可提高混凝土的耐久性。

拓展阅读

国家标准《用于水泥和混凝土中的粒化高炉矿渣粉》（GB/T 18046—2008）中，对磨细矿粉有 6 项指标要求，即密度、比表面积、活性指数、流动度比、含水量和烧失量，各指标的具体参数读者可查阅该标准。

超细矿渣粉的生产成本低于水泥，使用它作为混凝土的掺合料可以获得显著的经济效益。根据国内外经验，使用超细矿渣粉掺合料配制高强或超高强混凝土是行之有效的、比较经济实用的技术途径，是当今混凝土技术发展的趋势之一。

5.5 混凝土拌和物的和易性

混凝土的各组成材料按一定比例配合、搅拌而成的尚未凝固的材料，称为混凝土拌和物，又称新拌混凝土。新拌混凝土应具备的性能主要是满足施工要求，即拌合物必须具有良好的和易性，这样才能便于施工和按设计要求成形，从而保证混凝土的强度和耐久性。

5.5.1 和易性的概念

混凝土拌和物的和易性又称工作性，是指混凝土拌和物在一定的施工条件下（如设备、工艺、环境等）易于各工序（搅拌、运输、浇注、捣实）施工操作，并能获得质量稳定，整体均匀，成型密实的性能。

和易性是一项综合性的技术指标，包括流动性、黏聚性（或称抗离析性）、保水性（或称稳定性）等3方面性能。

1）流动性

流动性是指混凝土拌和物在自重或机械振捣作用下，易于流动并均匀密实地填满模板的性能。流动性的大小，反映混凝土拌和物的稀稠，直接影响浇捣施工的难易和混凝土的质量。流动性好，混凝土易操作、易成型。

2）黏聚性

黏聚性是指混凝土拌和物有一定黏聚力，在运输和浇注过程中不致产生分层和离析现象，使混凝土拌和物保持整体均匀的性能。黏聚性不好的拌和物，砂浆与石子容易分离，振捣后会出现蜂窝、空洞等现象，严重影响工程质量。

3）保水性

保水性是指混凝土拌和物在施工过程中，具有一定保持内部水分而不致产生严重泌水的能力。如果混凝土拌和物的保水性差，很容易造成固体颗粒下沉，水上浮于混凝土表面形成泌水，使硬化后的混凝土表面酥软。当泌水发生在骨料或钢筋下面时，会影响混凝土的整体均匀性。此外，保水性差的混凝土拌和物，因泌水会形成易透水的孔隙，使混凝土的密实性变差，强度和耐久性降低。

混凝土拌和物的流动性、黏聚性、保水性3者之间既互相关联，又互相矛盾。例如，黏聚性好则保水性一般也较好，但流动性可能较差；当增大流动性时，黏聚性和保水性往往变差。所谓拌和物具有良好的和易性，就是其流动性、黏聚性和保水性都较好地满足具体施工工艺的要求。

5.5.2 和易性的测定及选用

目前，还没有一种科学的测试方法和定量指标能全面、准确地反映混凝土拌和物的和易性。一般采用国标《普通混凝土拌和物性能试验方法标准》(GB/T 50080—2002）规定的坍落度与坍落扩展度法和维勃稠度法，定量地表示拌和物流动性的大小，然后根据经验，通过对试验或现场观察，定性地判断或评定混凝土拌和物的和易性。

1. 坍落度与坍落扩展度法

坍落度的测定是将混凝土拌和物按规定方法装入标准坍落度筒内，装满刮平后将筒垂直向上提起，然后测出混凝土因自重而产生坍落的尺寸，以 mm 表示，如图 5-6 所示。坍落度值越大，表示流动性越大。在测定坍落度后，用捣棒在已坍落的拌和物锥体的侧面轻击，观察其黏聚性。若锥体逐渐下沉，表示黏聚性良好；若锥体突然倒塌、部分崩裂或出现离析现象，则表示黏聚性不好。

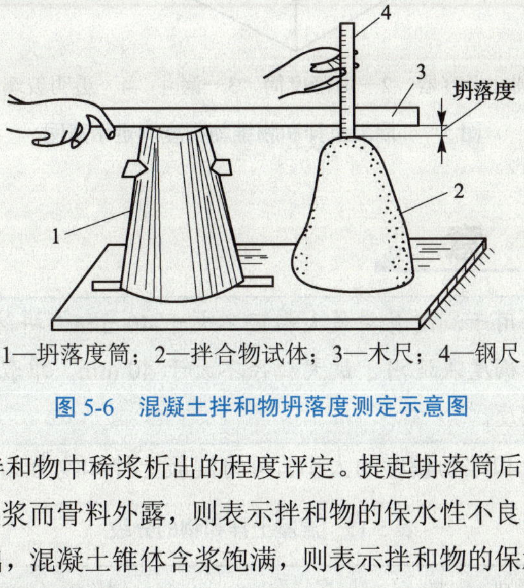

1—坍落度筒；2—拌合物试体；3—木尺；4—钢尺

图 5-6 混凝土拌和物坍落度测定示意图

保水性以混凝土拌和物中稀浆析出的程度评定。提起坍落筒后，如果锥体底部有较多稀浆析出，拌和物因失浆而骨料外露，则表示拌和物的保水性不良；如果无稀浆析出或仅有少量稀浆自底部析出，混凝土锥体含浆饱满，则表示拌和物的保水性良好。根据试验和观察，最后以流动性、黏聚性及保水性来综合评定混凝土拌和物的和易性。

当混凝土拌和物的坍落度大于 220 mm 时，用钢尺测量混凝土扩展后最终的最大直径和最小直径，在这两个直径之差小于 50 mm 的条件下，用其算术平均值作为坍落扩展度值；否则，此次试验无效。

2. 维勃稠度法

利用维勃稠度仪测定混凝土拌和物的稠度，其具体方法为：① 将喂料斗提到坍落度筒上方扣紧，并校对容器的位置，使其中心与喂料斗中心重合，如图 5-7 所示；② 将混凝土拌和物按规定方法装入坍落度筒内；③ 将喂料斗转离，垂直提起坍落度筒；④ 利用螺钉将透明玻璃圆盘移至坍落的混凝土拌和物上方，然后开启振动台并用秒表记录时间，直到透明圆盘底部布满水泥浆为止，此段时间（s）称为维勃稠度。维勃稠度越大，流动性越小。

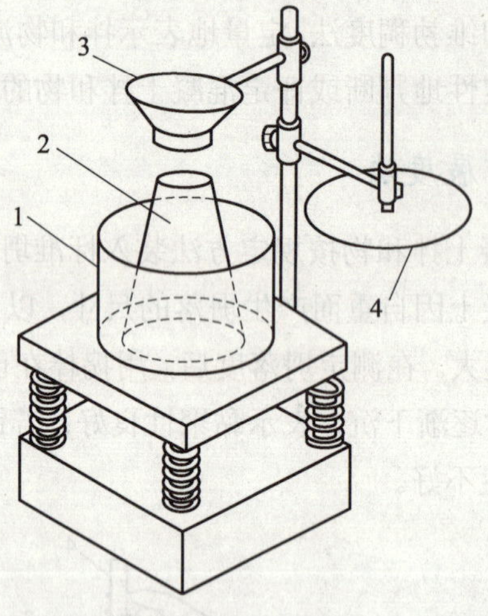

1—圆柱形容器　2—坍落度筒　3—漏斗　4—透明玻璃圆盘

图 5-7　混凝土拌和物维勃稠度测定示意图

注　意

坍落度试验只适用于测定骨料最大粒径不大于 40 mm、坍落度不小于 10 mm 的混凝土拌和物。维勃稠度法适用于最大粒径不大于 40 mm，维勃稠度在 5～30 s 之间的混凝土拌和物的稠度。

根据混凝土坍落度和维勃稠度的大小，可将混凝土拌和物分为 4 级，如表 5-15 所示。

表 5-15　混凝土拌和物的分级

分类	级别	名　称	坍落度（mm）	维勃稠度/s
按坍落度值分	T_1	低塑性混凝土	10～40	—
	T_2	塑性混凝土	50～90	—
	T_3	流动性混凝土	100～150	—
	T_4	大流动性混凝土	＞160	—
按维勃稠度值分	V_0	超干硬性混凝土	—	＞31
	V_1	特干硬性混凝土	—	30～21
	V_2	干硬性混凝土	—	20～11
	V_3	半干硬性混凝土	—	10～5

3. 和易性的选用

新拌水泥混凝土的坍落度可根据施工方法和结构条件（断面尺寸、钢筋分布情况），并参考有关资料（经验）加以选择。表 5-16 为不同场合混凝土拌和物的坍落度的适宜范围。

表 5-16 混凝土坍落度的适宜范围

结构特点	坍落度（mm）
基础或地面等的垫层、无配筋的厚大结构（如挡土墙、基础等）或配筋稀疏的构件	10～30
板、梁和大型及中型截面的柱子等	35～50
配筋较密的结构（如薄壁、筒仓、细柱等）	55～70
配筋特密的结构	75～90

注：① 本表系采用机械振捣混凝土时的坍落度，当采用人工捣实时可适当增大；
② 当需要配制大坍落度混凝土时，应掺用外加剂；
③ 曲面或斜面结构混凝土的坍落度应根据实际需要另行选定；
④ 轻骨料混凝土的坍落度，宜比表中数值减少 10～20 mm。

5.5.3 影响和易性的主要因素

1. 水泥浆的用量

混凝土拌和物中的水泥浆赋予混凝土拌和物一定的流动性。在水灰比不变的情况下，单位体积拌和物内，如果水泥浆愈多，则拌和物的流动性愈大。但若水泥浆过多，将会出现流浆现象，使拌和物的黏聚性变差，同时对混凝土的强度与耐久性也会产生一定影响；若水泥浆过少而不能填满骨料间隙或不能很好地包裹骨料表面时，拌和物就会产生崩塌现象，黏聚性也变差。因此，混凝土拌和物中水泥浆的用量，应以满足流动性和强度要求为准，不宜过量。

2. 水泥浆的稠度——水灰比（W/C）或水胶比（W/B）

水泥浆的稠度与水泥的水灰比和水胶比有关。其中，水灰比是指 1 m^3 混凝土中水与水泥用量的比值，用符号 W/C 表示；水胶比是指 1 m^3 混凝土中水与所用胶凝材料用量的比值，用 W/B 表示。

在水泥用量不变的情况下，水灰比愈小，水泥浆就愈稠，混凝土拌和物的流动性就愈小。当水灰比过小时，水泥浆干稠，混凝土拌和物的流动性过低，会使施工困难，且不能保证混凝土的密实性。增大水灰比会使流动性加大，但如果水灰比过大，又会造成混凝土拌和物的黏聚性和保水性不良，从而产生流浆、离析现象，严重影响混凝土的强度。因此，水灰比不能过大或过小，一般应根据混凝土强度和耐久性要求，合理地选用。

3. 单位体积用水量

无论是水泥浆的多少还是水泥浆的稀稠，实际上对混凝土拌和物流动性起决定作用的是单位体积用水量的多少。当骨料和单位体积混凝土的用水量一定时，如果单位体积混凝土中水泥用量增减不超过 50～100 kg，混凝土拌和物的坍落度大体可保持不变。如果单纯加大用水量会降低混凝土的强度和耐久性。因此，调整混凝土拌和物流动性时，应在保证水灰比不变的条件下，通过调整水泥浆的用量来调整。

4. 砂率

砂率是指混凝土中砂的用量占砂石总用量的百分率。砂率的变动，会使骨料的空隙率和骨料的总表面积有明显改变，因而对混凝土拌和物的和易性产生显著影响。

砂率过大时，骨料的总表面积及空隙率都会增大，在水灰比及水泥用量不变的情况下，混凝土拌和物显得干稠，其流动性显著降低。如果砂率过小，不能保证粗骨料之间有足够的砂浆层，也会降低混凝土拌和物的流动性，并严重影响其黏聚性和保水性，容易造成离析、流浆。

合理砂率是指在水灰比及水泥用量一定的情况下，能使混凝土拌合物获得最大的流动性，保持良好的粘聚性和保水性，如图 5-8 所示，即采用合理砂率时，能使混凝土拌合物获得所要求的流动性及良好的粘聚性与保水性，而水泥用量为最少，如图 5-9 所示。

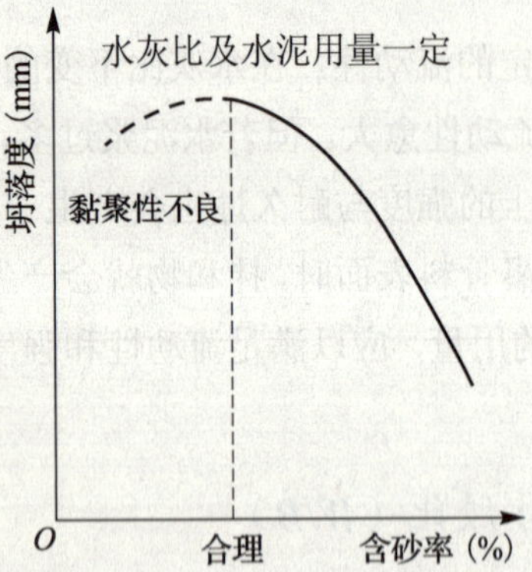

图 5-8　砂率与坍落度的关系

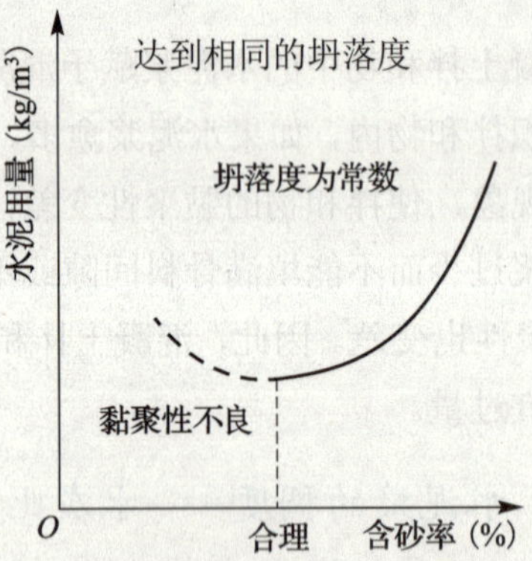

图 5-9　砂率与水泥用量的关系

5. 水泥品种和骨料的性质

水泥对混凝土和易性的影响主要表现在水泥的需水性上。需水量大的水泥品种，达到相同的坍落度，需要较多的用水量。常用水泥中以普通硅酸盐水泥所配制的混凝土拌和物的流动性和保水性较好。矿渣、火山灰质混合材料对水泥的需水性都有影响，矿渣水泥所配制的混凝土拌和物的流动性较大，但黏聚性差，易泌水。火山灰水泥需水量大，在相同加水量条件下，流动性显著降低，但黏聚性和保水性较好。

骨料的性质对混凝土拌和物的和易性影响较大。级配良好的骨料，空隙率小，在水泥浆用量相同的情况下，包裹骨料表面的水泥浆较厚，和易性好。碎石比卵石表面粗糙，所配制的混凝土拌和物的流动性较卵石配制的差。细砂的比表面积大，用细砂配制的混凝土比用中、粗砂配制的混凝土拌和物的流动性小。

6. 外加剂

外加剂（如咸水刘、引气剂等）对混凝土拌和物的和易性有很大的影响，在拌制混凝土时，加入少量的外加剂能使混凝土拌和物在不增加水泥用量的条件下，获得良好的和易性。掺入外加剂的混凝土，其流动性不仅显著增加，还能有效地改善混凝土拌和物的黏聚性和保水性，且在不改变混凝土配合比的情况下，能提高混凝土的强度和耐久性。

7. 时间和温度

搅拌后的混凝土拌和物，随着时间的延长而逐渐变得干稠，坍落度降低，流动性下降，这种现象称为坍落度损失。致使混凝土拌和物的流动性变差的原因，是随着混凝土凝聚结构的逐渐形成，混凝土拌和物中的一部分水已与水泥水化，一部分水被骨料吸收，一部分水蒸发所致。

此外，混凝土拌和物的和易性也受温度影响。当混凝土拌和物所处的环境温度升高，水分蒸发及水化反应加快，相应使流动性降低。因此，施工中为保证一定的和易性，应根据环境温度的变化，及时采取有效措施。

5.5.4 改善混凝土和易性的措施

根据经验，改善新拌混凝土的和易性，一般应先调整其黏聚性和保水性，然后调整其流动性，且在调整流动性时，必须保证其黏聚性和保水性符合要求。

1. 调整黏聚性和保水性的方法

调整混凝土黏聚性和保水性的主要方法有以下几种：

（1）适当调整砂率，必要时需经试验采用合理砂率。

（2）选用颗粒级配良好砂、石骨料，并且选用连续级配。

（3）适当限制粗骨料的最大粒径，且避免选用较粗的砂、石骨料。

（4）掺入合适的混凝土外加剂和矿物掺合料，以极大地改善其黏聚性和保水性。

2. 调整流动性的措施

调整混凝土流动性的主要措施有以下几种：

（1）最有效的措施是掺入外加剂，如减水剂、引气剂等。

（2）当拌和物坍落度太小时，保持水灰比不变，增加适量的水泥用量和用水量；当拌和物坍落度太大时，保持砂率不变，增加适量砂石。

（3）尽可能选用较粗大的砂、石骨料。

（4）砂率不能太大，必要时需经试验采用合理砂率。

（5）粗细骨料含泥量要少，且级配合格。

5.6 混凝土的强度

混凝土拌和物经硬化后，应达到规定的强度要求。按照我国现行国家标准《普通混凝土力学性能试验方法》（GB/T 50081—2002）规定，混凝土强度有抗压强度、轴心抗压强度、劈裂抗拉强度、抗折强度等，通常以混凝土的抗压强度作为其力学性能的总指标。一般情况下，混凝土的强度常指混凝土的抗压强度。

5.6.1 混凝土的抗压强度与强度等级

1. 混凝土立方体抗压强度

混凝土的抗压强度，是指其标准试件在压力作用下直到破坏时单位面积所能承受的最大压力。为了使混凝土的质量有对比性，常采用标准试验方法测定混凝土的抗压强度，它是结构设计、混凝土配合比设计和质量评定的重要数据。

国标《普通混凝土力学性能试验方法》（GB/T 50081—2002）中规定，混凝土抗压强度的试验方法为：先制作 150 mm×150 mm×150 mm 标准立方体试件，在标准条件（温度在（20±2）℃，相对湿度在 95%以上的标准养护室养护，或在温度在（20±2）℃的不流动的 $Ca(OH)_2$ 饱和溶液中养护）下，养护到 28 d 龄期，所测得的抗压强度值为混凝土立方体试件抗压强度，简称立方体抗压强度，可按下式计算：

$$f_{cc}=\frac{F}{A} \tag{5-4}$$

式中 f_{cc} —— 混凝土立方体试件抗压强度（MPa）；

F —— 试件破坏荷载（N）；

A —— 试件承压面积（mm^2）。

此外，测定混凝土立方体试件的抗压强度，也可以按粗骨料的最大粒径尺寸选用不同的试件尺寸。但是在计算其抗压强度时，应乘以换算系数，以得到相当于标准试件的试验结果。在特殊情况下，也可采用 $\phi150\times300$ mm 的圆柱体标准试件或 $\phi100\times200$ mm 和 $\phi200\times400$ mm 的圆柱体非标准试件。

注 意

在实际混凝土工程中，其养护条件（如温度、湿度）不可能与标准养护条件完全相同，为了能说明工程中混凝土实际达到的强度，往往将混凝土试件放在与实际工程相同的条件下养护，并按所需的龄期测得立方体试件的抗压强度，以作为工地混凝土质量控制的依据。

2. 强度等级

为了正确进行结构设计和控制工程质量，根据混凝土立方体抗压强度标准值（以 $f_{cu,k}$ 表示），将混凝土划分为不同的强度等级。所谓抗压强度标准值，是指按标准方法制作和养护条件下养护 28 d 的抗压强度标准值中，强度低于该值的百分率不超过 5%，即具有强度保证率为 95%的立方体抗压强度。

混凝土强度等级采用符号 C 与其立方体抗压强度标准值（以 MPa 计）表示，按照国标《混凝土结构设计规范》（GB 50010—2010）规定，共划分成 C15，C20，C25，C30，C35，C40，C45，C50，C55，C60，C65，C70，C75，C80 等 14 个强度等级。例如，以 C40 表示混凝土立方体抗压强度标准值 $f_{cu,k} = 40$ MPa。

为了保证工程质量并节约水泥，设计时必须根据建筑构件所处部位及承受荷载的性质，选用不同强度等级的混凝土，一般情况下：

C15～C20——用于垫层、基础、地坪及受力不大的构件；

C30～C40——用于工业与民用建筑的普通钢筋混凝土结构中的梁、板、柱、楼梯、屋架等部位；

C40 以上——用于吊车梁、预应力钢筋混凝土构件、大跨度结构及特种结构。

拓展阅读

确定混凝土强度等级采用立方体试件，但实际工程中的钢筋混凝土构件大部分是棱柱形或圆柱形。为了使测得的混凝土强度更接近混凝土构件的实际情况，在钢筋混凝土结构的计算中，计算轴心受压构件（如柱子、桁架的腹杆等）时，都采用混凝土的轴心抗压强度 f_{cp} 作为设计依据。

混凝土的抗拉强度只有抗压强度的 1/10～1/20，并且这个比值随着混凝土强度等级的提高而降低。但混凝土抗拉强度对于混凝土抗裂性具有重要作用，它是结构设计中确定混凝土抗裂度的主要指标，有时也用它来间接衡量混凝土与钢筋间的粘结强度，并预测由于干湿变化和温度变化而产生的裂缝情况。

关于混凝土的轴心抗压强度 f_{cp} 和抗拉强度 f_{ts} 的试验方法，读者可查阅国标（GB/T 50081—2002）中的相关规定。

5.6.2 混凝土与钢筋的黏结强度

在钢筋混凝土结构中，为使钢筋和混凝土能有效协同工作，混凝土与钢筋之间必须要有适当的黏结强度。这种黏结强度，主要来源于混凝土与钢筋之间的摩擦力、钢筋与水泥之间的黏结力，以及变形钢筋的表面机械啮合力。黏结强度与混凝土质量有关，与混凝土抗压强度成正比。

此外，黏结强度还受其他诸多因素的影响，如钢筋尺寸及变形钢筋种类、钢筋在混凝土中的位置、钢筋的受力情况（如受拉钢筋或受压钢筋），以及干湿变化、温度变化等。

5.6.3 影响混凝土强度的因素

硬化后的混凝土在未受到外力作用之前，由于水泥水化造成的化学收缩和物理收缩引起砂浆体积的变化，在粗骨料与砂浆界面上产生了分布极不均匀的拉应力，从而导致界面上形成了许多微细的裂缝。

另外，强度试验证实，正常配比的混凝土破坏主要是骨料与水泥石的黏结界面发生破坏，这是因为混凝土成型时，某些上升的水分被粗骨料颗粒所阻止，这些水分聚集在粗骨料的下缘，混凝土硬化后就成为界面裂缝。当混凝土受力时，这些预存的界面裂缝会逐渐扩大、延长并汇合连通起来，形成可见的裂缝，进而破坏混凝土的强度。

由此可见，混凝土的强度主要取决于水泥的强度及其与骨料的黏结强度，而黏结强度又与水泥强度等级、水灰比及骨料的性质有密切关系。此外，混凝土的强度还受施工质量、养护条件及龄期的影响。

1. 水泥强度等级和水灰比

水泥的强度等级和水灰比是决定混凝土强度最主要的因素，也是决定性因素。

在水灰比不变时，水泥强度等级愈高，则硬化水泥石的强度愈大，它对骨料的胶结力就愈强，配制成的混凝土强度也就愈高。在水泥强度等级相同的条件下，混凝土的强度主要取决于水灰比。

理论上，水泥水化时所需的结合水，一般只占水泥质量的23%左右，但在拌制混凝土拌和物时，为了获得施工所要求的流动性，常需多加一些水，如常用的塑性混凝土，其水灰比均在0.4～0.8之间。当混凝土硬化后，多余的水分就残留在混凝土中或蒸发后形成气孔或通道，大大减小了混凝土抵抗荷载的有效断面，还可能在孔隙周围引起应力集中。

因此，在水泥强度等级相同的情况下，水灰比愈小，水泥石的强度愈高，与骨料黏结力愈大，混凝土强度也愈高。但是，如果水灰比过小，拌和物过于干稠，在一定的施工振捣条件下，混凝土不能被振捣密实，出现较多的蜂窝、孔洞，这将导致混凝土的强度严重下降，如图 5-10 所示。

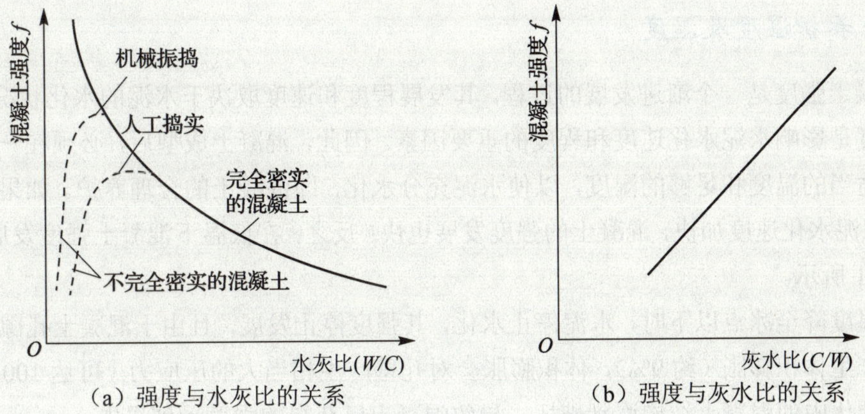

图 5-10 混凝土强度与水灰比的关系

根据工程实践的经验资料统计，混凝土的抗压强度与水灰比、水泥强度等因素之间的线性经验公式为：

$$f_{cu}=\alpha_a f_{ce}(\frac{C}{W}-\alpha_b) \tag{5-5}$$

式中 f_{cu}——混凝土 28 d 龄期的抗压强度（MPa）；

C——1 m^3 混凝土中的水泥用量（kg）；

W——1 m^3 混凝土中水的用量（kg）；

f_{ce}——水泥的实际强度（MPa），水泥厂为保证水泥出厂强度，所生产水泥的实际强度要高于其强度的标准值（$f_{ce,k}$），在无法取得水泥实际强度 f_{ce} 时，可按 $f_{ce}=\gamma_c \cdot f_{ce,k}$ 计算，其中γ_c 为水泥强度值的富余系数，可按各地区统计资料取得；

α_a，α_b——回归系数，与骨料品种及水泥品种等因素有关，其数值通过试验求得，若无试验资料，则可取用《普通混凝土配合比设计规程》（JGJ 55—2000）提供的α_a、α_b 系数，即碎石 $\alpha_a=0.53$，$\alpha_b=0.20$；卵石 $\alpha_a=0.49$，$\alpha_b=0.13$。

上述经验公式一般只适用于流动性混凝土及低流动性混凝土，对于干硬性混凝土则不适用。

2. 骨料的影响

骨料的强度影响混凝土的强度。一般情况下，骨料强度越高，所配制的混凝土强度越高，这一特点在低水灰比和配制高强混凝土时尤为明显。骨料粒形以三维长度相等或相近的球形或立方体形为好，若混凝土中含有较多扁平或细长的骨料颗粒，会增加其孔隙率，扩大混凝土中骨料的表面积，增加混凝土的薄弱环节，导致混凝土的强度下降。

此外，由于碎石表面粗糙有棱角，提高了骨料与水泥砂浆之间的机械啮合力和黏结力，所以在原材料、坍落度相同的条件下，用碎石拌制的混凝土比用卵石拌制的混凝土的强度要高。

3. 养护温度及湿度

混凝土强度是一个渐进发展的过程，其发展程度和速度取决于水泥的水化状况，而温度和湿度是影响水泥水化速度和程度的重要因素。因此，混凝土成型后，必须在一定时间内保持适当的温度和足够的湿度，以使水泥充分水化，即混凝土的合理养护。如果养护温度高，水泥水化速度加快，混凝土的强度发展也快；反之，在低温下混凝土强度发展迟缓，如图 5-11 所示。

当温度降至冰点以下时，水泥停止水化，其强度停止发展，且由于混凝土孔隙中的水分结冰产生体积膨胀（约 9%），体积膨胀会对孔壁产生相当大的压应力（可达 100 MPa），从而使硬化中的混凝土结构遭到破坏，导致混凝土已获得的强度受到损失。

由于水是水泥水化反应的必要条件，只有周围环境湿度适当，水泥水化反应才能顺利进行，从而使混凝土的强度得到充分发展。如果湿度不够，水泥水化反应不能正常进行，甚至停止水化，会严重降低混凝土强度。图 5-12 所示为潮湿养护对混凝土强度的影响。

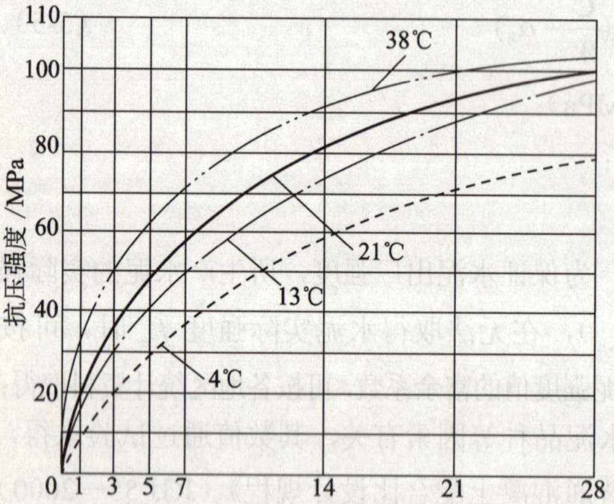

图 5-11　养护温度对混凝土强度的影响

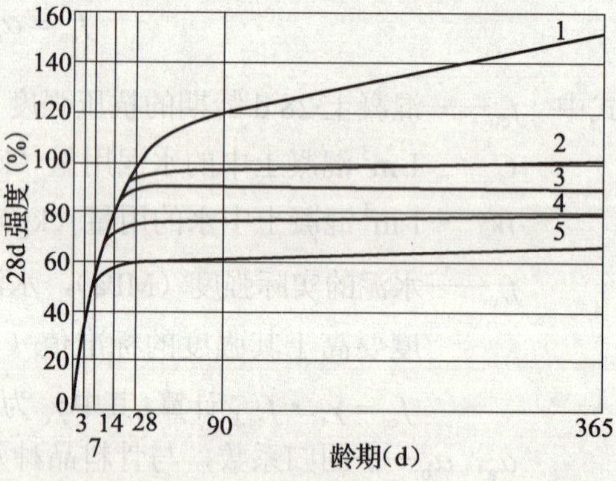

1—长期保持潮湿；2—保持潮湿 14 d；3—保持潮湿 7 d；4—保持潮湿 3 d；5—保持潮湿 1 d

图 5-12　混凝土强度与保湿养护时间的关系

如果水泥水化不充分，或水化作用未完成，还会使混凝土结构疏松，形成干缩裂缝，增大其渗水性，从而影响混凝土的耐久性。为此，施工规范规定，在混凝土浇筑成型后，必须保证足够的湿度，且应在 12 h 内进行覆盖，以防止水分蒸发。在夏季施工的混凝土，要特别注意浇水保湿。使用硅酸盐水泥、普通水泥和矿渣水泥时，浇水保湿应不少于 7 d；使用火山灰水泥、粉煤灰水泥、在施工中掺用缓凝型外加剂，以及有抗渗要求的混凝土，其保湿、养护应不少于 14 d。

4. 龄期

龄期是指混凝土在正常养护条件下所经历的时间。在正常养护条件下，混凝土的强度将随龄期的增长而不断发展，最初7～14 d内强度发展较快，以后逐渐缓慢，28 d达到设计强度。28 d后强度仍在发展，其增长过程可延续数十年之久，混凝土强度与龄期的关系也可从图5-12中看出。

普通水泥制成的混凝土在标准养护条件下，其强度的发展及龄期可用下式推算：

$$\frac{f_n}{f_{28}}=\frac{\lg n}{\lg 28} \tag{5-6}$$

式中 f_n——n d龄期混凝土的抗压强度（MPa）；

f_{28}——28 d龄期混凝土的抗压强度（MPa）；

n——养护龄期（d），$n \geqslant 3$。

根据上式，可以由所测混凝土的早期强度，估算其28 d龄期的强度，或者由混凝土的28 d强度，推算28 d前混凝土达到其一强度需要养护的天数，以确定混凝土拆模、构件起吊、放松预应力钢筋、制品养护、出厂等日期。由于影响混凝土强度的因素很多，故按此式计算的结果只能作为参考。

5. 试验条件

试验条件是指试件的尺寸、形状、表面状态及加荷速度等。试验条件不同，会影响混凝土强度的试验值。

1）试件尺寸

相同的混凝土，试件尺寸越小，测得的强度越高。试件尺寸影响强度的主要原因是当试件尺寸较大时，其内部孔隙、缺陷等出现的几率也大，导致有效受力面积减小，应力集中，从而使强度降低。我国标准规定，采用150 mm×150 mm×150 mm的立方体试件作为标准试件，当采用非标准的其他尺寸试件时，所测得的抗压强度应乘以换算系数，如表5-17。试件尺寸的大小取决于粗骨料的最大粒径，如表5-18。

表5-17 混凝土试件不同尺寸的强度换算系数

	标准试件尺寸（mm）	非标准试件尺寸（mm）	换算系数
立方体抗压强度	150×150×150	100×100×100	0.95
		200×200×200	1.05
轴心抗压强度	150×150×300	100×100×300	0.95
		200×200×400	1.05
劈裂抗拉强度	150×150×150	100×100×100	0.85
抗折强度	150×150×600（或550）	100×100×400	0.85

注：当混凝土强度等级≥C60时，宜采用标准试件，若使用非标准试件时，尺寸换算系数应由试验确定。

表 5-18　混凝土试件尺寸选用表

试件横截面尺寸（mm）	骨料最大粒径（mm）	
	劈裂抗拉强度试验	其他试验
100×100	20	31.5
150×150	40	40
200×200	—	63

2）试件的形状

当试件受压面积（$a\times a$）相同，而高度（h）不同时，高宽比（h/a）越大，抗压强度越小。这是由于试件受压时，试件受压面与试件承压板之间的摩擦力，对试件相对于承压板的横向膨胀起着约束作用，该约束有利于强度的提高。愈接近试件的端面，这种约束作用就愈大，在距端面大约 $\frac{\sqrt{3}}{2}a$ 的范围以外，约束作用才消失，通常称这种约束作用为环箍效应，如图 5-13 所示。

3）表面状态

混凝土试件承压面的状态，也是影响混凝土强度的重要因素。当试件受压面上有油脂类润滑剂时，试件受压时的环箍效应大大减小，试件将出现直裂破坏，测出的强度值也较低，如图 5-14 所示。

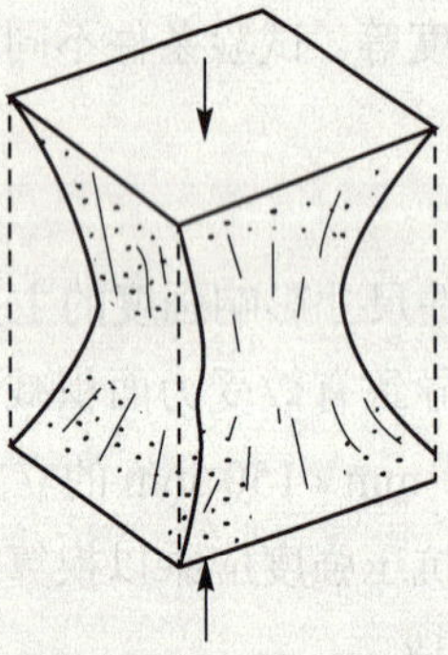

图 5-13　试件受力时的环箍效应

图 5-14　试件受压面有润滑剂时的破坏情况

4）加荷速度

加荷速度越快，测得的混凝土强度值也越大，当加荷速度超过 1.0 MPa/s 时，这种趋势更加显著。因此，我国标准规定，混凝土强度等级＜C30 时，加荷速度取每秒钟 0.3～0.5 MPa；混凝土强度等级≥C30 且＜C60 时，取每秒钟 0.5～0.8 MPa；混凝土强度等级≥C60 时，取每秒钟 0.8～1.0 MPa，且应连续均匀地进行加荷。

5.6.4 提高混凝土强度的措施

1. 采用高强度等级水泥或早强型水泥

在混凝土配合比相同的情况下，水泥的强度等级越高，混凝土的强度越高。采用早强型水泥可提高混凝土的早期强度，有利于加快施工进度。

2. 采用低水灰比的干硬性混凝土

低水灰比的干硬性混凝土拌和物中的游离水分少，硬化后留下的孔隙少，混凝土密实度高，强度可显著提高。因此，降低水灰比是提高混凝土强度的最有效途径。但如果水灰比过小，将影响拌和物的流动性，造成施工困难，一般采取掺入减水剂的方法，使混凝土在低水灰比下仍具有良好的和易性。

3. 采用湿热处理养护混凝土

湿热处理可分为蒸汽和蒸压养护两类，水泥混凝土一般采用蒸汽养护。蒸汽养护是将混凝土放在温度低于100℃的常压蒸汽中进行养护。一般混凝土经过16～20 h蒸汽养护，其强度可达正常条件下养护28 d强度的70%～80%。

蒸汽养护最适用于由掺入活性混合材料的矿渣水泥、火山灰水泥及粉煤灰水泥制备的混凝土，这是因为蒸汽养护可加速活性混合材料内的活性 SiO_2、活性 Al_2O_3 与水泥水化析出的 $Ca(OH)_2$ 反应，从而提高混凝土的早期强度，且使后期强度也有所提高，其28 d强度可提高10%～20%。

对由普通硅酸盐水泥和硅酸盐水泥制备的混凝土进行蒸汽养护，其早期强度也能得到提高，但因水泥颗粒表面过早形成水化产物凝胶膜层，阻碍水分继续深入水泥颗粒内部，故使混凝土后期强度的增长速度减缓，其28 d强度比标准养护28 d的强度约低10%～15%。

4. 采用机械搅拌和振捣

机械搅拌比人工拌和能使混凝土拌和物更均匀，特别是在拌和低流动性混凝土拌和物时效果显著，如图5-15所示。

采用机械振捣，可使混凝土拌和物的颗粒产生振动，暂时破坏水泥浆体的凝聚结构，降低水泥浆的黏度和骨料间的摩擦阻力，提高混凝土拌和物的流动性，使混凝土拌和物能很好地充满模型，以减少混凝土内部的孔隙，使其密实度和强度大大提高。

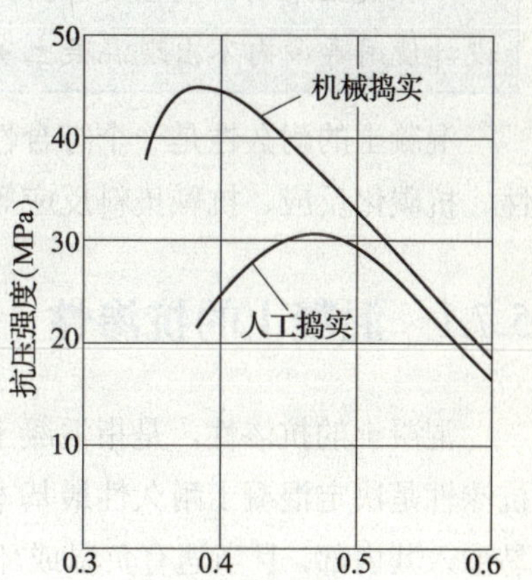

图5-15 振捣方法对混凝土强度的影响

5. 掺入混凝土外加剂、掺合料

在混凝土中掺入早强剂可提高混凝土的早期强度，掺入减水剂可减少用水量，降低水灰比，提高混凝土的强度。此外，若在混凝土中掺入高效减水剂的同时，掺入磨细的矿物掺合料（如硅灰、优质粉煤灰、超细磨矿渣等），可显著提高混凝土的强度，配制出强度等级为C60～C100的高强度混凝土。

5.7 混凝土的耐久性

混凝土的耐久性是指混凝土在所处环境及使用条件下经久耐用的性能。为使混凝土结构或构件长期发挥其功效，且能正常工作，除了要求混凝土具有设计的强度外，还应在所处的自然环境及使用条件下，具有相应的耐久性。例如，与水接触且遭受冰冻作用的混凝土，要求具有抗渗性和抗冻性；受海水或酸式盐类、强碱作用的混凝土，要求具有相应的耐侵蚀作用，受温度、干湿变化等作用的混凝土，要求具有抗风化性等。

拓展阅读

通常的混凝土结构设计中，往往忽视环境对结构的作用，许多混凝土结构在未达到预定的设计使用期限前，就会出现钢筋锈蚀、混凝土劣化剥落等结构性能及外观的耐久性破坏等现象，往往需要投资大量资源进行修复，甚至拆除重建。近年来，混凝土结构的耐久性及耐久性设计受到普遍关注。我国的混凝土结构设计规范把混凝土结构的耐久性设计作为一项重要内容，高性能混凝土的设计以耐久性为依据。

混凝土结构耐久性设计的目标是，使混凝土结构在常规的维修条件下，在规定的设计使用寿命内不出现混凝土劣化、钢筋锈蚀等影响结构正常使用和外观的损坏。

混凝土的耐久性是一个综合性概念，它包含的内容很多，如抗渗性、抗冻性、抗侵蚀性、抗碳化反应、抗碱集料反应等等。

5.7.1 混凝土的抗渗性

混凝土的抗渗性，是指混凝土抵抗有压介质（如水、油、溶液等）渗透作用的能力。抗渗性是决定混凝土耐久性最基本的因素，若混凝土的抗渗性差，不仅周围水等液体物质易渗入其内部，且当遇有负温或环境水中含有侵蚀性介质时，混凝土就易遭受冰冻或侵蚀作用而破坏。若为钢筋混凝土，则还会引起内部钢筋的锈蚀，并导致表面混凝土保护层开裂或剥落。因此，对地下建筑、水坝、水池、港工、海工等工程，必须要求混凝土具有一定的抗渗性。

混凝土的抗渗性用抗渗等级表示。抗渗等级是以 28 d 龄期的标准试件，在标准试验方法下进行试验，以每组 6 个试件中，4 个试件未出现渗水时所承受的最大静水压来表示。国标《混凝土质量控制标准》（GB 50164—2011）将混凝土抗渗性划分为 P4，P6，P8，P10，P12 及＞P12 等 6 个等级，以表示混凝土能抵抗 0.4 MPa，0.6 MPa，0.8 MPa，1.0 MPa，1.2 MPa 和＞1.2 MPa 的静水压力而不渗水。

混凝土渗水的主要原因，是由于混凝土内部的孔隙和毛细管通路，以及蜂窝、孔洞等，都会造成混凝土渗水。实践证明，混凝土的水灰比小时抗渗性强，反之则弱，但当水灰比大于 0.6 时，其抗渗性显著恶化。此外，粗骨料最大粒径、养护方法、外加剂、水泥品种等对混凝土的抗渗性也有影响。

提高混凝土抗渗性的主要措施是，提高混凝土的密实度和改善混凝土中的孔隙结构，减少连通孔隙，这些可通过降低水灰比、选择好的骨料级配、充分振捣和养护、掺入引气剂等方法来实现。

5.7.2 混凝土的抗冻性

混凝土的抗冻性是指混凝土在饱和水状态下，能经受多次冻融循环而不破坏，同时也不严重降低其性能的能力。在寒冷地区，特别是既接触水温度又低的环境下的混凝土，应具有较高的抗冻性。

混凝土的抗冻性用抗冻等级或抗冻标号来表示。

- **抗冻等级：**采用抗冻等级时需要做快冻法试验，抗冻等级分为 F50，F100，F150，F200，F250，F300，F350，F400 及 F400 以上。抗冻等级应以相对动弹性模量下降至不低于 60%或者质量损失率不超过 5%时的最大冻融循环次数来确定。
- **抗冻标号：**采用抗冻标号时需要做慢冻法试验，抗冻标号分为 D25，D50，D100，D150，D200，D250，D300 及 D300 以上。抗冻标号应以抗压强度损失率不超过 25%或者质量损失率不超过 5%时的最大冻融循环次数来确定。

混凝土受冻融破坏的原因，是由于混凝土内部孔隙中的水在负温下结冰后体积膨胀形成的静水压力，当这种压力产生的内应力超过混凝土的抗拉强度时，混凝土就会产生裂缝，多次冻融循环使裂缝不断扩展直至破坏。混凝土的密实度，孔隙率、孔隙构造及孔隙的充水程度，均为影响其抗冻性的主要因素。

密实的混凝土和具有封闭孔隙的混凝土（如引气混凝土），其抗冻性较高。掺入引气剂、减水剂和防冻剂，可有效提高混凝土的抗冻性。

5.7.3 混凝土的抗侵蚀性

混凝土的侵蚀主要是混凝土中的水泥在外界侵蚀性介质作用下受到破坏所引起的，通常有软水侵蚀、硫酸盐侵蚀、镁盐侵蚀、碳酸侵蚀、一般酸侵蚀与强碱侵蚀等，其侵蚀机理详见本书第 4 章第 4.2.3 节。随着混凝土在地下工程、海岸工程等恶劣环境中的大量应用，对混凝土的抗侵蚀性提出了更高的要求。

混凝土的抗侵蚀性与所用水泥的品种、混凝土的密实度和孔隙特征等有关。密实和孔隙封闭的混凝土，环境水不易侵入，抗侵蚀性较强。提高混凝土抗侵蚀性的主要措施是合理选择水泥品种，降低水灰比，提高混凝土的密实度和改善孔结构。

5.7.4 混凝土的抗碳化性

混凝土的碳化是指混凝土内水泥石中的氢氧化钙与空气中的二氧化碳、在湿度相宜时发生化学反应，生成碳酸钙和水，也称混凝土的中性化。碳化过程是二氧化碳由表及里地逐渐向混凝土内部扩散的过程。混凝土碳化深度随时间的延长而增大，但增大速度逐渐减慢。

1. 碳化对混凝土性能的影响

碳化对混凝土弊多利少，其不利影响首先是减弱了对钢筋的保护作用。这是因为本来混凝土中水泥水化生成的大量氢氧化钙，能使钢筋的表面生成一层钝化膜，以保护钢筋不易锈蚀。

但当碳化深度穿透混凝土保护层而达钢筋表面时，钢筋钝化膜被破坏而使钢筋处在了中性环境中，从而减弱了混凝土对钢筋的防锈保护作用，且显著增加了混凝土的收缩，致使混凝土保护层产生开裂。开裂后的混凝土又促进碳化的进行和钢筋的锈蚀，最后导致混凝土产生顺筋开裂而破坏。另外，碳化作用会增加混凝土的收缩，引起混凝土表面因拉应力而出现微细裂缝，从而降低混凝土的抗拉、抗折及抗渗能力。

另外，碳化作用对提高混凝土的抗压强度是有利的，即碳化作用产生的碳酸钙填充了水泥石的孔隙，以及碳化时放出的水分有助于未水化水泥的水化进行，从而可提高混凝土碳化层的密实度。例如，预制混凝土基桩就常常利用碳化作用来提高桩的表面质量。

2. 影响混凝土碳化速度的主要因素

（1）环境中二氧化碳的浓度。二氧化碳浓度愈大，混凝土碳化作用越快。一般室内混凝土碳化速度较室外快，铸工车间建筑的混凝土碳化更快。

（2）环境湿度。当环境的相对湿度在 50%～75%时，混凝土碳化速度最快，当相对湿度小于 25%或达 100%时，碳化将停止进行，这是因为前者环境中水分太少，而后者环境使混凝土孔隙中充满水，二氧化碳不得渗入扩散。

（3）水泥品种。普通水泥水化产物的碱度较高，故其抗碳化性能优于矿渣水泥、火山灰水泥及粉煤灰水泥。

（4）水灰比。水灰比愈小，混凝土愈密实，二氧化碳和水不易渗入，故碳化速度愈慢。

（5）外加剂。混凝土中掺入减水剂、引气剂或引入减水剂时，由于可降低水灰比或引入封闭小气泡，故可使混凝土碳化速度明显减慢。

（6）施工质量。混凝土施工振捣不密实或养护不良时，致使密实度较差而加快混凝土的碳化。经蒸汽养护的混凝土，其碳化速度较标准养护时的碳化速度快些。

3. 阻滞混凝土碳化的措施

（1）在可能的情况下，应尽量降低水灰比，可采用减水剂，以提高混凝土的密实度，这是阻滞混凝土碳化的最基本措施。

（2）根据环境和使用条件，优先选用普通水泥或硅酸盐水泥，而不宜选用矿渣水泥、火山灰水泥及粉煤灰水泥。

（3）对于钢筋混凝土构件，必须保证有足够的混凝土保护层，以防碳化使钢筋锈蚀。

（4）在混凝土表面抹刷涂层（如抹聚合物砂浆、刷涂料等）或粘贴面层材料（如贴面砖等），以防二氧化碳侵入。

在设计钢筋混凝土结构，尤其是在确定采用钢丝网薄壁结构时，必须要考虑混凝土的抗碳化问题。

5.7.5 混凝土的碱—骨料反应

碱—骨料反应是指混凝土内水泥中的氧化钠、氧化钾等碱性氧化物，与骨料中的活性二氧化硅发生化学反应，生成碱—硅酸凝胶，其吸水后体积会显著膨胀（体积增大可达3倍以上），从而导致混凝土产生膨胀开裂而破坏，这种现象称为碱—骨料反应。

混凝土发生碱—骨料反应必须具备：① 水泥中碱含量高（即 $Na_2O+0.658K_2O$ 的总量不大于骨料的0.6%）；② 砂、石骨料中夹含有活性二氧化硅成分；③ 有水存在等3个条件。若在无水情况下，混凝土不可能发生碱—骨料膨胀反应。

为此，工程中当采用高碱水泥（含碱量大于 0.6%）时，应不同时采用含有活性二氧化硅的骨料，必要时须对骨料进行检验。若检验后确认骨料中含有活性二氧化硅，但又非用不可时，可采取以下预防措施：

（1）采用含碱量小于0.6%的低碱水泥。

（2）在水泥中掺加火山灰质混合材料。因火山灰质混合材料可吸收溶液中的钠离子和钾离子，使反应产物早期能均匀分布在混凝土中，不致集中于骨料颗粒周围，从而减轻膨胀反应。

（3）在混凝土中掺入引气剂或引气减水剂，从而在混凝土中造成许多分散的微小气泡，使碱—骨料反应的产物可渗嵌到这些气孔中去，以降低膨胀破坏应力。

混凝土的碱—骨料反应通常进行得较缓慢，因此由碱—骨料反应引起的破坏往往要经过若干年后才会出现，而且难以修复，故在混凝土施工前就要考虑到这个问题。

5.7.6 提高混凝土耐久性的措施

混凝土所处的环境和使用条件不同，对其耐久性的要求也不相同。影响混凝土耐久性的主要因素是混凝土的密实程度，其次是原材料的性质、施工质量等。提高混凝土耐久性的主要措施有：

（1）根据混凝土工程的特点和所处的环境条件，合理选择水泥品种。

（2）选用质量良好、技术条件合格的砂石骨料。

（3）控制最大水胶比并保证足够的胶凝材料用量，是保证混凝土密实度、提高其耐久性的关键。《混凝土结构设计规范》（GB 50010—2010）规定了混凝土结构的环境类别，以及最大水胶比、最大氯离子和碱含量、最低混凝土强度等级，如表 5-19 和表 5-20 所示。

表 5-19 混凝土结构的环境类别

环境类别	条　件
一	① 室内干燥环境； ② 无侵蚀性静水浸没环境
二 a	① 室内潮湿环境； ② 非严寒和非寒冷地区的露天环境； ③ 非严寒和非寒冷地区与无侵蚀性的水或土壤直接接触的环境； ④ 严寒和寒冷地区的冰冻线以下与无侵蚀性的水或土壤直接接触的环境
二 b	① 干湿交替环境； ② 水位频繁变动环境； ③ 严寒和寒冷地区的露天环境； ④ 严寒和寒冷地区的冰冻线以上与无侵蚀性的水或土壤直接接触的环境
三 a	① 严寒和寒冷地区冬季水位变动区环境； ② 受除冰盐影响环境； ③ 海风环境
三 b	① 盐渍土环境； ② 受除冰盐作用环境； ③ 海岸环境
四	海水环境
五	受人为或自然的侵蚀性物质影响的环境

注：① 室内潮湿环境是指构件表面经常处于结露或湿润状态的环境；

② 严寒和寒冷地区的划分应符合现行国家标准《民用建筑热工设计规范》GB 50176 的有关规定；

③ 海岸环境和海风环境宜根据当地情况，考虑主导风向及结构所处迎风、背风部位等因素的影响，由调查研究和工程经验确定；

④ 受除冰盐影响环境是指受到除冰盐盐雾影响的环境；受除冰盐作用环境是指被除冰盐溶液溅射的环境以及使用除冰盐地区的洗车房、停车楼等建筑；

⑤ 暴露的环境是指混凝土表面所处的环境。

表 5-20 结构混凝土材料的耐久性基本要求

环境等级	最大水胶比	最低强度等级	最大氯离子含量（%）	最大碱含量（kg/m³）
一	0.6	C20	0.30	不限制
二 a	0.55	C25	0.20	3.0
二 b	0.50（0.55）	C30（C25）	0.15	
三 a	0.45（0.50）	C35（C30）	0.15	
三 b	0.40	C40	0.10	

注：① 氯离子含量系指其占胶凝材料总量的百分比；

② 预应力构件混凝土中的最大氯离子含量为 0.06%，其最低混凝土强度等级宜按表中的规定提高两个等级；

③ 素混凝土构件的水胶比及最低强度等级的要求可适当放松；

④ 有可靠工程经验时，二类环境中的最低混凝土强度等级可降低一个等级；

⑤ 处于严寒和寒冷地区二 b、三 a 类环境中的混凝土应使用引气剂，并可采用括号中的有关参数；

⑥ 当使用非碱活性骨料时，对混凝土中的碱含量可不作限制。

《普通混凝土配合比设计规程》（JGJ 55—2011）规定，除配制 C15 及其以下强度等级的混凝土外，混凝土的最小胶凝材料用量应符合表 5-21 中的规定。

表 5-21 混凝土的最小胶凝材料用量

最大水胶比	最小胶凝材料用量（kg/m³）		
	素混凝土	钢筋混凝土	预应力混凝土
0.60	250	280	300
0.55	280	300	300
0.50	320		
≤0.45	330		

5.8 其他混凝土

普通混凝土往往受强度、比强度、耐久性、凝结硬化、施工性能、资源与能耗等的限制。因此，实际应用中，对于一些特殊场合的建筑或构件，还需要使用具有特定性能的混凝土。除普通混凝土外，常用到的还有高强混凝土、高性能混凝土、抗渗混凝土、轻骨料混凝土、大体积混凝土等。

5.8.1 高强混凝土

高强混凝土是指 C60 及其以上强度等级的混凝土，C100 以上的称为超高强混凝土。与普通混凝土相比，高强混凝土的早期强度、弹性模量、耐久性等都有所提高和改善。

提高混凝土强度的途径很多，最常用的是同时采取几种技术措施进行复合，以增强其效果。目前常用的配制原理及其措施有以下几种。

（1）减少混凝土内部孔隙，改善孔隙结构，提高混凝土密实度。要达到这一要求，最好的办法是掺加高效减水剂，以大幅度降低水灰比，再配合加强振捣即可，这是目前提高混凝土强度最有效、且最简便的措施。

（2）提高水泥石与骨料界面的粘结强度。除采用高强度等级水泥外，在混凝土中掺入优质的掺合料（如硅灰）及聚合物，或者采用活性骨料（如水泥熟料），均可大大减少粗骨料周围的薄弱区，明显改善混凝土内部结构，提高其密实程度。

（3）改善水泥水化产物的性质。要改善水泥水化产物的性质，可采用蒸压养护混凝土，即将成型的混凝土构件先经常压蒸汽养护，脱模后再入蒸压釜进行高温高压蒸汽养护，这时将生成托勃莫来石水化产物而使混凝土获得高强。

（4）采用增强材料。在混凝土中掺加纤维材料，如钢纤维、碳纤维等，可显著提高混凝土的抗拉和抗弯强度。

除上述措施外，配制高强混凝土时，应选用强度等级不低于 42.5 级，且质量稳定的优质硅酸盐水泥或普通水泥，并应采用优质骨料。粗骨料的最大粒径不应超过 31.5 mm，针、片状颗粒含量不宜超过 5%，含泥量不应超过 0.5%。粗骨料应进行压碎指标值检验，对碎石尚应进行立方体强度试验。细骨料宜采用偏粗的中砂、其细度模数宜大于 2.6，含泥量不应超过 2%。

拓展阅读

高强混凝土与高强度钢筋复合，使得建造钢筋混凝土结构的高层建筑变得更加稳固了。但是，随着混凝土强度等级的提高，其拉压比将降低，即混凝土脆性增大，这是当前研究和开发应用高强混凝土的主要课题。

目前我国实际应用的高强混凝土为 C60～C80，主要用于混凝土基桩、预应力轨枕、电杆、大跨度薄壳结构、钢丝网水泥制品，以及现代高层建筑中。

5.8.2 高性能混凝土（HPC）

生活中，不少混凝土建筑在没达到其设计年限前往往开裂破坏，甚至崩塌，以水工、海港工程及桥梁尤为多见，它们破坏的原因往往不是强度不足，而是耐久性不够。因此，早在20世纪30年代水工混凝土就要求同时按强度和耐久性来设计配合比。由此可见，混凝土耐久性的重要性不亚于强度及其他性能。目前，高性能混凝土已成为国防土木工程研究的一个热点。

高性能混凝土的出现，将混凝土技术从经验技术转变为高科技。就目前的工程急需和研究热点来看，高性能混凝土综合了施工、结构、材料等诸多因素，其特点集中表现为大流动性、高强度、高耐久性、低水化热、高体积稳定性和高工作性。要使混凝土达到高性能，可采用以下方法：

（1）改善水泥的水化条件。要改善水泥的水化条件，可利用以下两种方法来实现。

- 增加水泥中早强和高强矿物成分的含量：水泥矿物中硅酸三钙、铝酸三钙和氟铝酸钙的含量增加时，混凝土的早强、高强都有一定程度的提高，特别是以铝酸钙为主要成分的水泥，其快凝、快硬效果显著，4 d的抗压强度可达20 MPa以上。
- 提高水泥的细度：提高水泥的细度可使水泥加速水化。一般认为水泥中3～30 μm的颗粒对其强度的增加影响较大。其中，小于10 μm的颗粒主要影响水泥的早期强度，若含量过高，会影响水泥的流变性能，其含量一般应＜10%。

（2）掺加各种高性能混合料。在混凝土中掺加水泥以外的其他混合料，这些混合料可以封闭混凝土中的孔隙，增强集料和水泥的粘附性，改善水泥的工作性能，增加其后期强度，同时增加混凝土的韧性。

（3）掺加高效外加剂。掺加外加剂以降低水灰比，从而有效地提高混凝土的强度，这也是目前配制高性能混凝土最主要的技术途径。

（4）增加混凝土的密实度。随着混凝土密实度的增加，混凝土的强度也随之提高，同时其他一系列物理力学性能也得到改善。如果在混凝土中掺入适量纤维，可使混凝土的强度达到良好的高强效果。

综上所述，高性能水泥、高性能掺合料、高效外加剂、优质的砂石骨料等，是高性能混凝土的基本要素。将高性能混凝土与生态、环境、可持续发展观结合起来，加入绿色理念，即可成绿色高性能混凝土。

5.8.3 抗渗混凝土（防水混凝土）

普通混凝土之所以不能很好地防水，主要是由于混凝土内部存在渗水的毛细管通道。如果能使毛细管减少或将其堵塞，混凝土的渗水现象就会大大减小。为此，提出了抗渗混凝土。

所谓抗渗混凝土是采用水泥、砂、石、掺入少量外加剂、高分子聚合物等材料，通过调整配合比可配制成抗渗压力大于0.6 MPa，且具有一定抗渗能力的刚性防水材料，也称防水混凝土。采用防水混凝土可省去构件表面的水泥砂浆防水层、沥青或油毡防水层、金属防水层等，简化建筑构造。

防水混凝土常用的配制方法有普通防水混凝土、外加剂防水混凝土和膨胀水泥防水混凝土三种，它们的适用范围如表 5-22 所示。

表 5-22　防水混凝土的适用范围

种　类		最高抗渗压力（MPa）	特　点	适用范围
普通防水混凝土		3.0	施工简便，材料来源广泛	适用于一般工业、民用建筑及公共建筑的地下防水工程
外加剂防水混凝土	引气剂防水混凝土	＞2.2	抗冻性好	适用于北方高寒地区、抗冻性要求较高的防水工程及一般防水工程，不适于抗压强度＞20 MPa 或耐腐性要求较高的防水工程
	减水剂防水混凝土	＞2.2	拌和物流动性好	适用于钢筋密集或捣固困难的薄壁型防水构筑物，也适用于对混凝土凝结时间和流动性有特殊要求的防水工程
	三乙醇胺防水混凝土	＞3.8	早期强度和抗渗等级高	适用于工期紧迫，要求早强及抗渗性较高的防水工程及一般防水工程
	氯化铁防水混凝土	＞3.8	抗渗等级高	适用于水中无筋、少筋、厚大、防水结构的混凝土工程及一般地下防水工程，砂浆修补抹面工程，在接触直流电源、预应力混凝土及重要的薄壁结构上不宜使用
膨胀水泥防水混凝土		3.6	密实性和抗裂性好	适用于地下工程和地上防水构筑物、山洞、非金属油罐及主要工程的后浇缝

1. 普通防水混凝土

普通防水混凝土，是以调整配合比的方法来提高自身密实度和抗渗性的一种混凝土。普通混凝土主要是根据强度配制的，而普通防水混凝土则是根据抗渗要求配制的，以尽量减少砂石间的空隙为着眼点来调整配合比。

配制普通防水混凝土时，应保证有一定数量及质量的水泥砂浆，使其在粗骨料周围形成一定厚度的砂浆包裹层，将粗骨料彼此隔开，从而减少粗骨料之间的渗水通道，使混凝土具有较高的抗渗能力。水灰比的大小影响着混凝土硬化后空隙的大小和数量，并直接影响混凝土的密实性。因此，在保证混凝土拌和物工作性的前提下降低水灰比。

配制普通防水混凝土时，各原料间的配合比应符合以下技术规定：

（1）粗骨料的最大粒径不宜大于 40 mm。

（2）水泥强度等级为 32.5 级以上时，水泥用量不得少于 300 kg/m^3，当水泥强度等级为 42.5 级以上，并掺有活性粉细料时，水泥用量不得少于 280 kg/m^3，且每立方混凝土中的水泥和矿物掺合料的总量不宜小于 320 kg。

（3）砂率宜为 35%～45%。

（4）灰砂比宜为 1∶2.0～1∶2.50。

（5）水灰比宜在 0.55 以下。

（6）坍落度不宜大于 50 mm，以减少渗水率。不同种类的构件，其坍落度值如表 5-23 所示。

表 5-23 普通防水混凝土的坍落度要求

结构种类	坍落度（mm）
厚度≥350 mm 结构	20～30
厚度＜250 mm 或钢筋稠密结构	30～50
厚度大的少筋结构	＜30
大体积混凝土或墙体	根据其高度逐渐减小坍落度

2. 外加剂防水混凝土

外加剂防水混凝土是在混凝土中掺入适当品种和数量的外加剂，以隔断或堵塞混凝土中的各种孔隙、裂缝及渗水通路，从而达到改善其抗渗性能的一种混凝土。常用的外加剂有引气剂、减水剂、三乙醇胺和氯化铁防水剂。

3. 膨胀水泥防水混凝土

用膨胀水泥配制的防水混凝土称为膨胀水泥混凝土。由于膨胀水泥在水化过程中，形成大量体积增大的水化硫铝酸钙，在有约束的条件下，这种膨胀性能能改善混凝土的孔结构，使总孔隙率减少，毛细孔径减小，从而提高混凝土的抗渗性。

5.8.4 轻骨料混凝土

标准《轻骨料混凝土技术规程》（JGJ 51—2002）规定，用轻粗骨料、轻细骨料（或普通砂）、水和水泥配制而成的干表观密度不大于 1 950 kg/m^3 的混凝土称为轻骨料混凝土。

轻骨料混凝土是高层、大跨度建筑结构，以及高抗震区、软土地基地区的建筑的重要建筑材料。目前，轻骨料混凝土已广泛应用于各种建筑，由此带来的良好效果也日益凸显。

1. 轻骨料混凝土的分类

按轻骨料混凝土在建筑工程中的用途不同分类，可分为以下 3 种。

- 保温轻骨料混凝土：主要用于保温的维护结构或者热工构筑物
- 结构保温轻骨料混凝土：主要用于不配筋或配筋的维护结构
- 结构轻骨料混凝土：主要用于承重的配筋构件、预应力构件或构筑物

按所用细骨料品种分类，可分为全轻混凝土（细骨料采用轻砂）、砂轻混凝土（细骨料采用部分或全部轻砂）和无砂轻骨料混凝土（不含细骨料）。

2. 轻骨料的性能

1）颗粒级配

混凝土中粗骨料的最大粒径，对轻骨料混凝土的工作性、耐久性、强度等影响最大。一般情况下，结构轻骨料混凝土用的粗骨料，其最大粒径不宜大于 20 mm。保温及结构保温轻骨料混凝土用的粗骨料，其最大粒径不宜大于 30 mm。颗粒级配也应符合标准要求。

2）堆积密度

堆积密度不仅能反映出轻骨料的强度大小，还能反映出轻骨料的颗粒密度、粒形、级配、粒径的变化。堆积密度小于 300 kg/m^3 的轻骨料，只能用于配制非承重的、保温用的轻骨料混凝土。轻粗骨料的堆积密度直接影响所配制的轻骨料混凝土的表观密度和性能，轻粗骨料按堆积密度分为 300，400，500，600，700，800，900 及 1 000 共 8 个等级。

3）筒压强度

轻粗骨料的强度对混凝土强度有很大影响，通常以筒压强度（将轻骨料装入 115 mm×100 mm 的带底圆筒内，上面加 113 mm×70 mm 的冲压模，冲压模压入深度为 2 cm 时的压力值除以承压面积 100 cm^2 的值，即为轻骨料筒压强度值）来间接反映轻粗骨料颗粒的强度。由于轻骨料在筒内做点接触，因此其抗压强度不是轻骨料的极限抗压强度，仅反映颗粒的相对强度。

4）吸水率

轻骨料的吸水率主要以测定其干燥状态的吸水率作为评定轻骨料质量和确定混凝土拌和物附加水量的指标。

吸水率过大会给混凝土带来不利影响，如工作性难以控制，保温、抗冻和强度降低。国标中规定，除粉煤灰烧胀陶粒（24 h）外，其他轻骨料取 1 小时吸水率作为附加水的依据。轻骨料的吸水率一般不宜大于 22%。

3. 轻骨料混凝土的主要技术性质

（1）轻骨料混凝土等级。轻骨料混凝土按其干表观密度（kg/m^3）可分为 14 个等级：600，700，800，900，1 000，1 100，1 200，1 300，1 400，1 500，1 600，1 700，1 800 及 1 900。

（2）轻骨料混凝土拌和物的和易性。由于轻骨料具有颗粒表观密度小、表面粗糙、表面积大、易于吸水等特点，所以其拌和物适用的流动性范围较窄，过大就会使轻骨料上浮、离析；过小则捣实困难。料混凝土拌和物流动性的大小主要决定于用水量。拌和时，轻骨料吸水率大，一部分水被轻骨料吸收，这部分水称为附加用水量，其数量相当于轻骨料 1 h 的吸水量，其余水分称为净水量净用水量可根据混凝土的用途及要求的流动性来选择。这样，就可以保证拌和物获得所流动要求和水泥水化的进行。

（3）轻骨料混凝土的强度。轻骨料混凝土的强度等级按立方体抗压强度标准值划分为

LC5.0，LC7.5，LC10，LC20，LC25，LC30，LC35，LC40，LC45，LC50，LC55，LC60 等。

由于轻骨料多为多孔结构，强度低，因而轻骨料的强度是决定轻骨料混凝土强度的主要因素。轻骨料用量愈多，混凝土强度降低愈多，而其表观密度也减小。此外，每种骨料只能配制一定强度的混凝土，如欲配制高于此强度的混凝土，即使用降低水灰比的方法来提高砂浆的强度，也不可能使混凝土的强度明显提高。

4. 轻骨料混凝土施工技术特点

（1）轻骨料混凝土拌和用水中，应考虑轻骨料 1 h 的吸水量，也可在拌和前，先将轻骨料预湿饱和后再进行搅拌。

（2）轻骨料混凝土拌和物中轻骨料容易上浮，因此，应使用强制式搅拌机搅拌，且搅拌时间应略长。施工中最好采用加压振捣，并掌握振捣的时间。

（3）轻骨料混凝土拌和物的工作性比普通混凝土差。为获得相同的工作性，应适当增加水泥浆或砂浆的用量。轻骨料混凝土拌和物搅拌后，宜尽快浇灌，以防坍落度损失。

（4）轻骨料混凝土易产生干缩裂缝，必须加强早期养护。采用蒸汽养护时，应适当控制静停时间及升温速度。

5.8.5 聚合物混凝土

聚合物混凝土是一种有机、无机复合的新型材料。在聚合物混凝土中，用作胶凝材料的聚合物组分最终全部参与固化反应，因而聚合物混凝土中没有连通的毛细孔，使得聚合物混凝土的抗渗性比水泥混凝土高得多，因而具有优良的耐久性（包括耐水、耐冻融、耐腐蚀等）。

此外，聚合物混凝土的强度发展也比普通水泥混凝土快得多，它可以在常温和低温下固化。一般来说，24 h 的强度可以达到最终强度的 80%，且抗拉、抗折和抗压强度都很高。

由此可见，与普通混凝土相比，聚合物混凝土具有抗拉、抗弯、抗化学腐蚀性好；不吸水，低收缩；良好的耐水性和抗冻性；硬化时间可以控制等优点。

聚合物混凝土按其组成及制作工艺不同，可分聚合物水泥混凝土、聚合物浸渍混凝土和聚合物胶结混凝土 3 种。

1. 聚合物水泥混凝土（PCC）

将聚合物乳液拌和物掺入普通混凝土中制成的混凝土，称聚合物水泥混凝土。聚合物能均匀分布于混凝土内，并填充水泥水化物和骨料之间的空隙，其硬化和水泥的水化同时进行，从而与水泥水化物结合成一个整体，改善混凝土的抗渗性、耐磨性及抗冲击性。

由于聚合物水泥混凝土的制作简便，成本较低，故实际应用较多，目前主要用于现场灌筑无缝地面、耐腐蚀性地面，及修补混凝土路面、机场跑道面层和做防水层等。

2. 聚合物浸渍混凝土（PIC）

聚合物浸渍混凝土是将已硬化的混凝土作基材，将其浸泡在有机单体中，然后再用加热或放射线照射的方法使有机单体聚合，与混凝土基材成为一个整体。常用浸渍的有机单体有甲基丙烯酸甲酯、苯乙烯、聚蘸一苯乙烯、环氧树脂一聚乙烯等。

在聚合物浸渍混凝土中，混凝土原有孔隙和微裂缝被聚合物填充，形成连续的空间网格，相互穿插，改善了水泥石与骨料的黏结，减少了由于孔隙而形成的应力集中，使应力分成均匀。浸渍后的混凝土，其抗压强度一般可提高 2～4 倍，达到 100 MPa 左右，其抗拉强度、防水性（几乎不吸水、不透水），以及抗冻性、抗冲击性、耐蚀性和耐磨性都有显著提高。

聚合物浸渍混凝土适用于要求高强度和高耐久性的特殊构件，特别适用于储运液体的有筋管、无筋管和坑道管。青藏铁路盐湖段采用了聚合物浸渍混凝土砌块作为涵管基础和桥洞翼墙，成功地解决了严寒冻害与盐碱腐蚀问题。

3. 合成树脂混凝土（PC）

合成树脂混凝土是以合成树脂为胶凝材料的一种聚合物混凝土。常用的合成树脂是环氧树脂、不饱和聚酯树脂等热固性树脂。合成树脂混凝土具有较高的强度，良好的抗渗性、抗冻性、耐蚀性及耐磨性，并且有很强的黏结力，缺点是硬化时收缩大，耐火性差。

合成树脂混凝土适用于机场跑道面层、耐腐蚀的化工结构、混凝土构件的修复、堵缝材料等。由于目前合成树脂混凝土的成本较高，限制了它在工程中的应用范围。

5.8.6 大体积混凝土

日本建筑学会标准（JASS5）规定：结构断面最小厚度在 80 cm 以上，同时水化热引起混凝土内部的最高温度与外界气温之差预计超过 25℃的混凝土，称为大体积混凝土。

大体积混凝土在保证混凝土强度及坍落度要求的前提下，应提高掺合料及骨料的含量，以降低每立方米混凝土的水泥用量。粗骨料宜采用连续级配，细骨料宜采用中砂。

大型水坝、桥墩、高层建筑的基础等工程所用混凝土，应按大体积混凝土设计和施工。为了减少由于水化热引起的温度应力，在混凝土配合比设计时，应选用水化热低、凝结时间长的水泥，如低热矿渣硅酸盐水泥、中热硅酸盐水泥、矿渣硅酸盐水泥、粉煤灰硅酸盐水泥、火山灰质硅酸盐水泥等。当采用硅酸盐水泥或普通硅酸盐水泥时，应采取相应措施延缓水化热的释放。此外，为了减少水泥的水化热，大体积混凝土中常掺入缓凝剂、减水剂或其他掺合料。

知识链接

大体积混凝土配合比的计算和试配步骤，应按标准《普通混凝土配合比设计规程》（JGJ 55—2011）中的规定进行，并宜在配合比确定后进行水化热验算或测定。

5.8.7 纤维混凝土

以普通混凝土为基材，外掺各种纤维材料而组成的复合材料，称为纤维混凝土。近年来，纤维混凝土在工业、交通、国防、水利、矿山等工程建设中被广泛应用。

纤维材料的品种很多。其中，钢纤维、玻璃纤维、石棉纤维和碳纤维为高弹性模量纤维，将其掺入混凝土中后，可使混凝土获得较高的韧性，并提高其抗拉强度、刚度和承担动荷载的能力。而尼龙、聚乙烯、聚丙烯等属于低弹性模量的纤维，将其掺入混凝土后只能增加混凝土的韧性，不能提高其强度。由于钢纤维的弹性模量比混凝土高 10 倍以上，是最有效的增强材料之一，故目前应用最广。

按外形不同，钢纤维又分为平直纤维、薄板纤维、大头针纤维、弯钩纤维、波形纤维等多种。纤维的直径很细，通常几十至几百微米。纤维的长径比是重要的技术参数，一般为 70～120。纤维的掺量按占混凝土体积的百分比计，其掺加体积率一般为 0.3%～8%。常用钢纤维的直径为 0.35～0.7 mm，长径比在 50～80 之间，宜掺加体积率为 1%～2%。

钢纤维混凝土主要用于公路路面、桥面、机场跑道护面、水坝复面、薄壁结构、桩头、桩帽等要求高耐磨、高抗冲击、抗裂的部位及构件。施工方法除普通的浇筑外，还可用泵送灌注法、喷射阖及预制构件。

5.8.8 防辐射混凝土

防辐射混凝土又称防护混凝土，它能屏蔽α，β，γ，X 射线及中子流的辐射，是常用的防护材料。防辐射混凝土由水泥、水及重骨料配制而成，其表观密度一般在 3 000 kg/m^{3}以上。混凝土愈重，其防护α和β射线的性能越好。但对中子流的防护，除需要混凝土很重外，混凝土中还需要含有足够多的氢元素。

配制防辐射混凝土时，宜采用胶结力强、水化热较低、水化结合水量高的水泥，如硅酸盐水泥，最好使用硅酸钡、硅酸锶等重水泥。若采用高铝水泥施工时，需采取冷却措施。常用重骨料主要有重晶石（$BaSO_4$）、褐铁矿（$2Fe_2O_3 \cdot 3H_2O$）、磁铁矿（Fe_3O_4）、赤铁矿（Fe_2O_3）等。另外，掺入硼、硼化物及锂盐等，也可有效改善混凝土的防护性能。

防辐射混凝土主要用于原子能工业，以及应用放射性同位素的装置中，如反应堆、加速器、放射化学装置等的防护结构。

5.8.9 泵送混凝土

泵送混凝土是指拌和物的坍落度不小于 80 mm，并用混凝土输送泵输送的混凝土，它具有施工速度快、质量好，节约劳动力等特点，因此广泛应用于一般房建结构混凝土、道路混凝土、大体积混凝土、高层建筑等工程。

泵送混凝土拌和物必须具有较好的可泵性。所谓可泵性，是指拌和物具有顺利通过管道、摩擦阻力小、不离析、不阻塞和黏聚性良好的性能。为了保证混凝土有良好的可泵性，其原材料应达到以下要求。

（1）水泥。泵送混凝土应选用硅酸盐水泥、普通硅酸盐水泥、矿渣硅酸盐水泥、粉煤灰硅酸盐水泥，不宜采用火山灰质硅酸盐水泥。

（2）骨料。泵送混凝土所用粗骨料最大粒径与输送管径之比：当泵送高度在 50 m 以下时，碎石不宜大于 1∶3，卵石不宜大于 1∶2.5；泵送高度在 50～100 m 时，碎石不宜大于 1∶4，卵石不宜大于 1∶3；泵送高度在 100 m 以上时，碎石不宜大于 1∶5，卵石不宜大于 1∶4。此外，粗骨料应采用连续级配，且针、片状颗粒含量不宜大于 10%；宜采用中砂，其通过 0.315 mm 筛孔的颗粒含量不应小于 15%，通过 0.160 mm 筛孔的含量不应少于 5%。

（3）掺合料与外加剂。泵送混凝土应掺用泵送剂或减水剂，并宜掺用适量的粉煤灰或其他活性掺合料，以改善混凝土的可泵性。

5.8.10 钢管混凝土

钢管混凝土是钢管套箍混凝土的简称，它是由钢管内灌入混凝土而形成的一种组合结构。钢管混凝土结构按截面形式不同，可分为圆形截面、矩形截面和多边形截面，如图 5-16 所示。其中，以圆形截面和矩形截面钢管混凝土结构应用最为广泛。

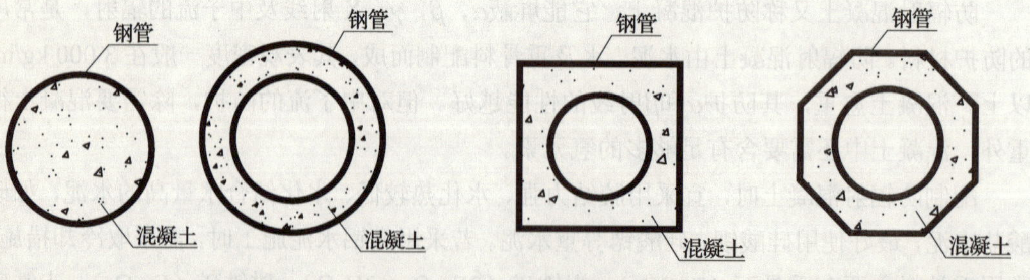

（a）圆形截面　　（b）矩形截面　　（c）多边形截面

图 5-16 钢管混凝土

钢管混凝土是依靠内填混凝土的支撑作用，使得钢管的稳定性增强，同时，核心混凝土受到钢管的“约束”作用（也称“套箍”作用）使核心混凝土处于三向受压应力状态，从而延缓混凝土内部纵向微裂缝产生和发展的时间，使核心混凝土具有更强的抗压强度和抵抗变形的能力。

钢管混凝土起初仅用作桥墩。20世纪80年代后期，随着泵送混凝土工艺的发展，在高层建筑中，钢管混凝土柱越来越多地取代了传统的钢筋混凝土柱和钢柱。90年代以来，随着对大跨、高耸、重载结构需求的提高，钢管混凝土结构在高层和超高层建筑中得到了应用。

钢管内部混凝土质量对工程结构安全影响很大，稍有不慎，就可能造成质量事故或缺陷，如出现管内滞留空气、混凝土不饱满、混凝土与钢管间有大太收缩空隙等，均会引起结构承载力下降。因此，选择合理的混凝土微膨胀率和科学的混凝土配合比，是控制钢管混凝土施工质量的关键因素之一。

钢管混凝土具有结构承载力高，塑性、韧性、耐火性、抗震性好，以及施工方便等5大优点。

（1）结构承载力高。由于钢管和混凝土的协同承载作用，钢管混凝土组合结构的轴向承载能力不仅可以超过钢管和混凝土单独承载能力之和，还可以使结构的抗变形能力明显增强。由于钢管混凝土的承载力高，可使构件的截面减小，自重减轻，从而减小基础的负担，降低基础造价，增加使用空间。

（2）塑性和韧性好。在钢管混凝土中，核心混凝土由于受到钢管的“套箍”作用，混凝土处于三向受力状态，这可以有效改善混凝土在使用过程中的弹性性质，从而大大提高了混凝土的塑性和韧性，克服了钢管和混凝土单独受压时脆性大的缺点。

（3）耐火性能好。耐火性能差是钢结构建筑的致命隐患。在火灾高温环境，或在急剧降温的情况下，裸露的混凝土会发生崩裂现象，而钢管混凝土内部灌注的混凝土，可以形成一个很大的吸热场。在经受高温冲击时，核心混凝土可以吸收钢管壁传来的热量，使其升温软化过程滞后。即使在钢管壁发生一定程度的软化时，核心混凝土仍然可以保持较高的承载力，使结构不会发生突然破坏或坍塌。

（4）抗震性能好。抗震性能是指在动荷载或地震作用下，具有良好的延展性和吸能性。与钢筋混凝土柱相比，钢管混凝土用于高层建筑时，柱的截面可大大减小，自重也随之减小，使得地震作用对结构产生的反应也减小。圆钢混凝土任意轴均为对称轴，在各个方向的惯性矩和强度均相等，因此非常适合受不确定方向地震作用和风载作用的高层建筑。

（5）施工方便。与混凝土结构相比，钢管混凝土的施工方便性主要体现在：① 钢管本身就是耐侧压的模板，因此在浇灌混凝土时可以免去支模、拆模等一系列工序；② 钢管还兼有混凝土柱纵向受拉、受压钢筋和横向钢筋的作用，因此管内无需放置纵筋和箍筋，为混凝土的浇灌与振捣带来很大方便；③ 钢管的制作远比钢筋骨架的绑扎省工得多，尤其是在北方严寒地区，可在冬季安装空钢管组成的框架或构架，开春后再浇灌混凝土，从而加快建设速度；④ 浇筑混凝土后，钢管内处于相当稳定的温度条件，水分不易蒸发，省去浇水养护工序，简化了混凝土的养护工艺。

5.8.11 预拌混凝土

在搅拌站生产的、通过运输设备送至使用地点的、交货时为拌和物的混凝土称为预拌混凝土。

预拌混凝土是现代混凝土与现代化施工工艺的结合，其普及程度能代表一个国家或地区的混凝土施工水平和现代化程度。实践表明，采用预拌混凝土之后，一般可提高劳动率200%～250%，节约水泥量10%～15%，降低生产成本超过5%。

1. 预拌混凝土的分类

预拌混凝土根据特性要求不同，分为通用品和特制品。

- 通用品：是指在“强度等级不大于C50，坍落度为25，50，80，100，120，150，180（mm），粗骨料最大公称粒径为20，25，31.5，40（mm）”范围内规定的预拌混凝土。
- 特制品：是指混凝土强度等级、坍落度及粗骨料最大公称粒径除通用品规定的范围外，还可在“强度等级为C55，C60，C65，C70，C80，坍落度大于180 mm，粗骨料最大公称粒径小于20 mm或大于40 mm”范围内选取。

2. 预拌混凝土的标记

预拌混凝土标记的符号，应根据混凝土的类别及使用材料不同，按下列规定选用。

（1）通用品用A表示，特制品用B表示。

（2）水泥品种用其代号表示。

（3）混凝土的强度等级用C和强度等级值表示。

（4）坍落度用所选定的以“mm”为单位的混凝土坍落度值表示。

（5）粗骨料最大公称粒径用GD和粗骨料最大公称粒径值表示。

（6）当有抗冻、抗渗及抗折强度要求时，应分别用F，P，Z表示抗冻等级、抗渗等级和抗折强度等级，其等级值可直接注写在各等级符号之后。

预拌混凝土标记如下：

$$\underline{\times}\quad \underline{C\times\times} - \underline{\times\times\times} - \underline{GD\times\times} - \underline{P\cdot\times}$$

式中 $\underline{\times}$——预拌混凝土类别；

$\underline{C\times\times}$——强度等级，或抗冻、抗渗、抗折等级值（有要求时）；

$\underline{\times\times\times}$——坍落度；

$\underline{GD\times\times}$——粗集料最大公称粒径；

P·× ——水泥品种。

示例 1：预拌混凝土的强度等级为 C20，坍落度为 150 mm，粗集料最大公称粒径为 20 mm，采用矿渣硅酸盐水泥，无其他特殊要求，其标记为：A C20－150－GD20－P·S。

示例 2：预拌混凝土的强度等级为 C30，坍落度为 180 mm，粗集料最大公称粒径为 25 mm，采用普通硅酸盐水泥，抗渗要求为 P8，其标记为：B C30P8－180－GD25－P·O。

5.9 混凝土配合比设计

混凝土配合比是指混凝土中各组成材料的数量比例。混凝土的配合比不同，配制出的混凝土的质量、强度、耐久性等均不同。

5.9.1 配合比设计的基本要求

配合比设计的任务是根据原材料的技术性能和施工条件，确定出能满足工程所要求的技术经济指标的各组成材料用量。混凝土配合比设计的基本要求是：

（1）所配制的混凝土质量应均匀密实，在满足施工所要求的和易性条件下，应采用较少的用水量。

（2）所配制的混凝土应达到混凝土结构设计的强度等级。

（3）应具有与建筑物相适应的耐久性，并满足特殊条件下的抗冻、抗渗、耐侵蚀、耐磨等要求。保证混凝土耐久性的基本措施是在配合比设计中限制最大水灰比和最小水泥用量。

（4）从经济观点考虑，水泥用量在满足耐久性和施工和易性要求的条件下应尽量少一些。同理，粗骨料的最大粒径，在适应构件尺寸、钢筋间距和施工要求的条件下，尽可能选用大一些。

拓展阅读

为了保证混凝土的质量，除了必须选择适宜的原材料和恰当的配合比外，还必须对施工过程中的各环节，如称量、搅拌、浇筑、振捣、养护等过程加以严格控制。实际工程中，由于原材料、施工条件及试验条件等许多复杂因素的影响，必然造成混凝土质量的波动。引起质量波动的因素很多，归纳起来可分为以下两种。

（1）正常因素：又称偶然因素或随机因素，是指施工中不可避免的正常变化因素，如砂、石质量的波动，称量时的微小误差，操作人员技术上的微小差异等，这些因素是不可避免和不易克服的，属于正常波动。如果我们把注意力集中在解决这些问题上，对于提高混凝土质量的收效较小。

（2）异常因素：是指施工中出现的不正常情况，如搅拌混凝土时不控制水灰比而随意加水，混凝土组成材料称量错误等。这些因素对混凝土的质量影响很大，它们是可以避免和克服的。

5.9.2 混凝土配合比设计前的准备工作

在设计混凝土配合比之前，必须通过调查研究，预先掌握下列基本资料：

（1）了解工程设计要求的混凝土强度等级，以便确定混凝土的配制强度。

（2）了解工程所处环境对混凝土耐久性的要求，以便确定所配制混凝土的最大水胶比和最小胶凝材料用量。

（3）了解结构构件的断面尺寸及钢筋配置情况，以便确定混凝土骨料的最大粒径。

（4）了解混凝土施工方法及管理水平，以便选择混凝土拌和物坍落度及骨料最大粒径。

（5）掌握原材料的性能指标，包括：水泥的品种、强度等级、密度；砂、石骨料的种类、表观密度、级配、最大粒径；拌和用水的水质情况；外加剂的品种、性能、适宜掺量。

此外，还需要了解混凝土配合比设计中，水胶比、单位用水量、矿物掺合料掺量、外加剂掺量和砂率等参数的概念。

- 水胶比：混凝土中用水量与胶凝材料用量的质量比，胶凝材料用量是指每立方米混凝土中水泥用量和活性矿物掺合料用量之和。
- 单位用水量：每立方米混凝土的用水量。
- 矿物掺合料掺量：混凝土中矿物掺合料用量占胶凝材料用量的质量百分比。
- 外加剂掺量：混凝土中外加剂用量相对于胶凝材料用量的质量百分比。
- 砂率：砂的用量占砂石总量的百分比。

5.9.3 混凝土配合比设计的方法

混凝土配合比设计程序为：① 根据设计要求的混凝土强度等级及耐久性要求确定配制强度，然后按工程实际所用材料的技术资料计算出“计算配合比”；② 经试验室试拌、调整，得出满足施工工艺要求的“试拌配合比”；③ 在“试拌配合比”的基础上，采用水胶比不少于 3 个配合比制备混凝土，并进行试配，然后检测其表观密度、拌和物性能、强度及相关性能，经调整以确定能满足工程设计的“设计配合比”；④ 根据现场砂、石的实际含水率对设计配合比进行调整，求出“施工配合比”。

1. 确定计算配合比

1）确定试配强度（$f_{cu,0}$）

（1）当混凝土的设计强度等级小于 C60 时，试配强度应按下式确定：

$$f_{cu,0} \geqslant f_{cu,k}+1.645\sigma \tag{5-7}$$

式中 $f_{cu,0}$——混凝土试配强度（MPa）；

$f_{cu,k}$——混凝土立方体抗压强度标准值（MPa）；

σ——混凝土强度标准差（MPa）。

（2）当设计强度等级不小于 C60 时，试配强度应按下式确定：

$$f_{cu,0} \geqslant 1.15 f_{cu,k} \tag{5-8}$$

（3）混凝土强度标准差应按下列规定确定：

① 当具有近 1～3 个月的同一品种、同一强度等级混凝土的强度资料，且试件组数不小于 30 时，其混凝土强度标准差σ应按下式计算：

$$\sigma=\sqrt{\frac{\sum_{i=1}^{n} f_{cu,i}^{2}-n\bar{f}_{cu}^{2}}{n-1}} \tag{5-9}$$

式中 $f_{cu,i}$——第 i 组试件的强度值（MPa）；

$\bar{f}_{cu}$——n 组试件强度的平均值（MPa）；

n——混凝土试件的组数。

注 意

对于强度等级不大于 C30 的混凝土，当混凝土强度标准差计算值不小于 3.0 MPa 时，应按式（5-9）计算结果取值；当混凝土强度标准差计算值小于 3.0 MPa 时，应取 3.0 MPa。

对于强度等级大于 C30 且小于 C60 的混凝土，当混凝土强度标准差计算值不小于 4.0 MPa 时，应按式（5-9）计算结果取值；当混凝土强度标准差计算值小于 4.0 MPa 时，应取 4.0 MPa。

② 当没有近期的同一品种、同一强度等级混凝土强度资料时，其强度标准差σ可按表 5-24 取值。

表 5-24 混凝土σ取值

混凝土强度等级	≤C20	C25～C45	C50～C55
σ（MPa）	4.0	5.0	6.0

2）确定相应的水胶比（W/B）

（1）当混凝土强度等级小于 C60 级时，混凝土水胶比宜按下式计算：

$$W/B = \frac{\alpha_a \cdot f_b}{f_{cu,0} + \alpha_a \cdot \alpha_b \cdot f_b} \tag{5-10}$$

式中 W/B —— 混凝土水胶比；

f_b —— 胶凝材料 28 d 胶砂抗压强度（MPa），可通过试验测得，且试验方法应按现行国家标准《水泥胶砂强度检验方法（ISO 法）》（GB/T 17671—1999）执行，也可按式（5-11）确定；

α_a、α_b —— 回归系数。

（2）回归系数。回归系数α_a、α_b 可根据工程所使用的原材料，通过试验建立的水胶比与混凝土强度关系式来确定。当不具备上述试验统计资料时，可按表 5-25 选用。

表 5-25　回归系数α_a、α_b 取值表

粗骨料品种 / 系数	碎　石	卵　石
α_a	0.53	0.49
α_b	0.20	0.13

（3）当无试验实测值时，胶凝材料 28 d 胶砂的抗压强度值（f_b）可按下式计算：

$$f_b = \gamma_f \gamma_s f_{ce} \tag{5-11}$$

式中 γ_f、γ_s —— 粉煤灰影响系数和粒化高炉矿渣粉影响系数，可按表 5-26 选用；

f_{ce} —— 水泥 28 d 胶砂抗压强度（MPa），可通过试验测得，也可按式（5-12）确定。

表 5-26　粉煤灰影响系数（γ_f）和粒化高炉矿渣粉影响系数（γ_s）

种类 / 掺量（%）	粉煤灰影响系数（γ_f）	粒化高炉矿渣粉影响系数（γ_s）
0	1.00	1.00
10	0.85～0.95	1.00
20	0.75～0.85	0.95～1.00
30	0.65～0.75	0.90～1.00
40	0.55～0.65	0.80～0.90
50	—	0.70～0.85

注：① 采用 I 级、II 级粉煤灰宜取上限值；

② 采用 S75 级粒化高炉矿渣粉宜取下限值，采用 S95 级粒化高炉矿渣粉宜取上限值，采用 S105 级粒化高炉矿渣粉可取上限值加 0.05；

③ 当超出表中的掺量时，粉煤灰和粒化高炉矿渣粉影响系数应经试验确定。

（4）当水泥 28 d 胶砂抗压强度（f_{ce}）无试验实测值时，可按下式计算：

$$f_{ce}=\gamma_c\cdot f_{ce,g} \tag{5-12}$$

式中 γ_c——水泥强度等级值的富余系数，可按实际统计资料确定；当缺乏实际统计资料时，也可按表 5-27 选用；

$f_{ce,g}$——水泥强度等级值（MPa）。

表 5-27 水泥强度等级值的富余系数

水泥强度等级值	32.5	42.5	52.5
富余系数	1.12	1.16	1.10

3）确定用水量

（1）当混凝土水胶比在 0.40～0.80 范围时，每立方米干硬性或塑性混凝土的用水量 m_{w0} 可按表 5-28 和 5-29 选取；混凝土水胶比小于 0.40 时，可通过试验确定其水量 m_{w0}。

表 5-28 干硬性混凝土的用水量 （kg/m^3）

拌和物稠度		卵石最大公称粒径（mm）			碎石最大公称粒径（mm）		
项目	指标	10.0	20.0	40.0	16.0	20.0	40.0
维勃稠度（s）	16～20	175	160	145	180	170	155
	11～15	180	165	150	185	175	160
	5～10	185	170	155	190	180	165

表 5-29 塑性混凝土的用水量 （kg/m^3）

拌和物稠度		卵石最大公称粒径（mm）				碎石最大公称粒径（mm）			
项目	指标	10.0	20.0	31.5	40.0	10.0	20.0	31.5	40.0
坍落度（mm）	10～30	190	170	160	150	200	185	175	165
	35～50	200	180	170	160	210	195	185	175
	55～70	210	190	180	170	220	205	195	185
	75～90	215	195	185	175	230	215	205	195

注：① 本表用水量系采用中砂时的平均取值。采用细砂时，每立方米混凝土用水量增加 5～10 kg；采用粗砂时，则可减少 5～10 kg。
② 掺用各种外加剂或掺合料时，用水量应相应调整。

（2）掺外加剂时，每立方米流动性或大流动性混凝土的用水量 m_{w0} 可按下式计算：

$$m_{w0}=m'_{w0}(1-\beta) \tag{5-13}$$

式中 m_{w0}——计算配合比时每立方米混凝土的用水量（kg/m^3）；

m'_{w0}——未掺外加剂时推定的满足实际坍落度要求时，每立方米混凝土的用水量（kg/m^3），以表 5-29 中 90 mm 坍落度的用水量为基础，按每增大 20 mm 坍落度相应增加 5 kg/m^3 用水量来计算。当坍落度增大到 180 mm 以上时，随坍落度相应增加的用水量可减少。

β —— 外加剂的减水率（%），应经混凝土试验确定。

4）确定胶凝材料、矿物掺合料和水泥用量

（1）每立方米混凝土中，胶凝材料用量 m_{b0} 应按式（5-14）计算，并应进行试拌调整，在拌和物性能满足的情况下，取经济合理的胶凝材料用量。

$$m_{b0}=\frac{m_{w0}}{W/B} \tag{5-14}$$

式中　m_{b0} —— 计算配合比时每立方米混凝土中胶凝材料用量（kg/m^3）；

m_{w0} —— 计算配合比时每立方米混凝土的用水量（kg/m^3）；

W/B —— 混凝土水胶比。

（2）每立方米混凝土中，矿物掺合料用量 m_{f0} 应按下式计算：

$$m_{f0}=m_{b0}\beta_f \tag{5-15}$$

式中　m_{f0} —— 计算配合比时每立方米混凝土中矿物掺合料用量（kg/m^3）；

β_f —— 矿物掺合料掺量（%），掺量应符合以下规定：

矿物掺合料在混凝土中的掺量应通过试验确定。采用硅酸盐水泥或普通硅酸盐水泥时，钢筋混凝土中矿物掺合料最大掺量宜符合表 5-30 的规定，预应力混凝土中矿物掺合料最大掺量宜符合表 5-31 的规定。对基础大体积混凝土，其粉煤灰、粒化高炉矿渣粉和复合掺合料的最大掺量可增加 5%。采用掺量大于 30%的 C 类粉煤灰的混凝土，应以实际使用的水泥和粉煤灰掺量进行安定性检验。

表 5-30　钢筋混凝土中矿物掺合料最大掺量

矿物掺合料种类	水胶比	最大掺量（%）	
		采用硅酸盐水泥时	采用普通硅酸盐水泥时
粉煤灰	≤0.40	45	35
	>0.40	40	30
粒化高炉矿渣粉	≤0.40	65	55
	>0.40	55	45
钢渣粉	—	30	20
磷渣粉	—	30	20
硅灰	—	10	10
复合掺合料	≤0.40	65	55
	>0.40	55	45

注：① 采用其他通用硅酸盐水泥时，宜将水泥混合材料掺量 20%以上的混合材料量计入矿物掺合料；

② 复合掺合料各组分的掺量不宜超过单掺时的最大掺量；

③ 在混合使用两种或两种以上矿物掺合料时，矿物掺合料总掺量应符合表中复合掺合料的规定。

表 5-31 预应力混凝土中矿物掺合料最大掺量

矿物掺合料种类	水胶比	最大掺量（%）	
		采用硅酸盐水泥时	采用普通硅酸盐水泥时
粉煤灰	≤0.40	35	30
	＞0.40	25	20
粒化高炉矿渣粉	≤0.40	55	45
	＞0.40	45	35
钢渣粉	—	20	10
磷渣粉	—	20	10
硅灰	—	10	10
复合掺合料	≤0.40	55	45
	＞0.40	45	35

注：同表 5-30。

（3）每立方米混凝土中，水泥用量 m_{w0} 应按下式计算：

$$m_{c0} = m_{b0} - m_{f0} \tag{5-16}$$

式中 m_{c0}——计算配合比时每立方米混凝土中水泥用量（kg/m^3）。

5）确定外加剂用量

每立方米混凝土中，外加剂用量 m_{a0} 应按下式计算：

$$m_{a0} = m_{b0}\beta_a \tag{5-17}$$

式中 m_{a0} ——计算配合比时每立方米混凝土中外加剂用量（kg/m^3）；

m_{b0} ——计算配合比时每立方米混凝土中胶凝材料用量（kg/m^3）；

β_a ——外加剂掺量（%），应经混凝土试验确定。

6）确定砂率

砂率 β_s 应根据骨料的技术指标、混凝土拌和物性能和施工要求，参考既有历史资料确定。当缺乏砂率的历史资料时，混凝土砂率的确定应符合下列规定：

（1）坍落度小于 10 mm 的混凝土，其砂率应经试验确定。

（2）坍落度为 10～60 mm 的混凝土，其砂率可根据粗骨料品种、最大公称粒径及水胶比按表 5-32 选取。

（3）坍落度大于 60 mm 的混凝土，其砂率可经试验确定，也可在表 5-32 的基础上，按坍落度每增大 20 mm、砂率增大 1%的幅度予以调整。

表 5-32 混凝土的砂率 （%）

水胶比	卵石最大公称粒径（mm）			碎石最大公称粒径（mm）		
	10.0	20.0	40.0	16.0	20.0	40.0
0.40	26～32	25～31	24～30	30～35	29～34	27～32

续表 5-32

水胶比	卵石最大公称粒径（mm）			碎石最大公称粒径（mm）		
	10.0	20.0	40.0	16.0	20.0	40.0
0.50	30～35	29～34	28～33	33～38	32～37	30～35
0.60	33～38	32～37	31～36	36～41	35～40	33～38
0.70	36～41	35～40	34～39	39～44	38～43	36～41

注：① 本表数值系中砂的选用砂率，对细砂或粗砂可相应地减少或增大砂率；
② 采用人工砂配制混凝土时，砂率可适当增大；
③ 只用一个单粒级粗骨料配制混凝土时，砂率应适当增大。

7）计算粗、细骨料的用量

粗、细骨料的用量可用质量法或体积法求得。

（1）质量法

如果原材料情况比较稳定，所配制的混凝土拌和物的表观密度将接近一个固定值。因此，可先假设一个 1 m³ 混凝土拌和物的质量值，故有下式：

$$m_{cp}=m_{f0}+m_{c0}+m_{g0}+m_{s0}+m_{w0} \tag{5-18}$$

$$\beta_s=\frac{m_{s0}}{m_{g0}+m_{s0}}\times100\% \tag{5-19}$$

式中 m_{cp}——1 m³ 混凝土拌和物的假定重量（kg），其值可取 2 350～2 450 kg。

m_{g0}——计算配合比时每立方米混凝土的粗骨料用量（kg/m³）；

m_{s0}——计算配合比时每立方米混凝土的细骨料用量（kg/m³）；

β_s——砂率（%）。

式（5-18）和（5-19）结合，即可求出 m_{g0} 和 m_{s0}。

（2）体积法

假定混凝土拌和物的体积等于各组成材料的绝对体积和混凝土拌和物中所含空气体积之总和。因此，在计算 1 m³ 混凝土拌和物的各材料用量时，可列出以下两式：

$$\frac{m_{c0}}{\rho_c}+\frac{m_{f0}}{\rho_f}+\frac{m_{g0}}{\rho_g}+\frac{m_{s0}}{\rho_s}+\frac{m_{w0}}{\rho_w}+0.01\alpha=1 \tag{5-20}$$

$$\beta_s=\frac{m_{s0}}{m_{g0}+m_{s0}}\times100\% \tag{5-21}$$

式中 ρ_c——水泥密度（kg/m³），可取 2 900～3 100 kg/m³；

ρ_f——矿物掺合料密度（kg/m³）；

ρ_g——粗骨料的表观密度（kg/m³）；

ρ_s——细骨料的表观密度（kg/m³）；

ρ_w——水的密度（kg/m³），可取 1 000 kg/m³；

α——混凝土的含气量百分数，在不使用引气型外加剂时，可取1。

式（5-20）和（5-21）结合，即可求出 m_{g0} 和 m_{s0}。

通过以上7个步骤，便可将水、掺合料、水泥、外加剂、砂和石子的用量全部求出，供试配用。

注 意

上述混凝土配合比计算公式和表格，均以干燥状态骨料（系指含水率小于0.5%的细骨料或含水率小于0.2%的粗骨料）为基准。当以饱和面干骨料为基准进行计算是，则应作相应的修正。

2. 配合比的试配、调整及确定

1）试配

试配时应采用工程实际使用的原材料，且混凝土的搅拌方法宜与生产中使用的方法相同。此外，试配时，还应注意以下几点。

（1）试配时，试验室的成型条件应符合现行国家标准《普通混凝土拌和物性能试验方法标准》（GB/T 50080—2002）的规定，且每盘混凝土的最小搅拌量应符合表5-33中的规定。

表5-33 混凝土试配的最小搅拌量

骨料最大粒径（mm）	拌和物数量（L）
31.5及以下	20
40	25

（2）应采用满足性能要求的计算配合比进行试拌。宜在水胶比不变，且胶凝材料和外加剂用量合理的原则下，调整胶凝材料用量、外加剂用量和砂率等，直到混凝土拌和物性能符合设计和施工要求，以得到试拌配合比。

（3）应在试拌配合比的基础上，进行混凝土强度试验，并应符合下列规定。

① 试验时至少应采用3个不同的配合比，其中一个为已确定的试拌配合比，另外两个配合比的水胶比，宜较该试拌配合比分别增加和减少0.05，其用水量与试拌配合比基本相同，砂率可分别增加和减少1%。

② 制作混凝土性能试验试件时，应保证拌和物性能符合设计和施工要求，并检验拌和物的坍落度（或维勃稠度）、黏聚性、保水性及表观密度等，并以此结果作为相应配合比的混凝土拌和物的性能指标。

③ 进行混凝土强度试验时，每个配合比至少应制作一组试件，并应标准养护28 d或按国家现行有关标准规定的龄期或设计规定龄期进行试验。需要时，也可同时多制作几组试件供快检验或供较早、较晚龄期试压。其中，快速检验可按《早期推定混凝土强度试验

方法标准》（JGJ/T 15—2008）进行，早期推定的混凝土强度用于配合比时需调整，但最终应满足标准养护 28 d 或设计规定龄期的强度要求。

2）配合比的调整

（1）调整原则。配合比的调整应符合以下规定：

① 根据混凝土强度试验结果，绘制强度与胶水比的线性关系图，然后用图解法或插值法求出满足配制强度要求的一个水胶比，以及略大于配制强度时的胶水比。

② 用水量 m_w 应在试拌配合比用水量的基础上，根据混凝土强度试验时测定的拌和物的性能情况作适当调整。

③ 胶凝材料用量 m_b 应以用水量乘以图解法或插值法求出的胶水比计算得出。

④ 粗骨料 m_g 和细骨料用量 m_s，应在用水量和胶凝材料用量调整的基础上进行相应调整。

（2）调整方法。当混凝土坍落度小时，可保持水胶比不变，适当增加胶凝材料和用水量，在砂率不变的前提下减少砂石用量；当混凝土坍落度过大时，可保持砂率不变，增加砂石用量，减少水和胶凝材料用量；当黏聚性和保水性不好时，可在砂石总用量不变的前提下，提高砂率。在进行上述调整的同时，适当增减外加剂用量，可使调整过程较为简捷。若混凝土出现离析和泌水现象，宜采用减少外加剂用量、更换外加剂品种或提高砂率等措施。

3）确定配合比

根据调整后的配合比所确定的材料用量，按式（5-22）计算混凝土的表观密度 $\rho_{c,c}$，并测定调整后的混凝土的表观密度 $\rho_{c,t}$：

$$\rho_{c,c}=m_c+m_f+m_g+m_s+m_w \tag{5-22}$$

按下式计算混凝土配合比校正系数 δ：

$$\delta=\frac{\rho_{c,t}}{\rho_{c,c}} \tag{5-23}$$

式中 $\rho_{c,t}$ —— 混凝土拌和物表观密度实测值（kg/m^3）；

$\rho_{c,c}$ —— 混凝土拌和物表观密度计算值（kg/m^3）。

注 意

当混凝土拌和物表观密度实测值与计算值之差的绝对值不超过计算值的 2%时，调整后的配合比即为设计配合比；当两者之差的绝对值超过 2%时，需将配合比中每项材料用量均乘以校正系数 δ 进行配合比校正，校正后的配合比即为设计配合比。

当设计混凝土有耐久性、预防碱骨料反应、氯离子含量等要求时，应进行相应的试验检测，并以符合要求的配合比作为设计配合比。

3. 施工配合比

设计配合比是以干燥材料为基准的，而工地存放的砂、石中往往含有一定水分，而且随着气候的变化，含水情况经常变化。因此，现场材料的实际称量应按工地砂、石的含水情况进行修正，修正后的配合比称为施工配合比。

假定工地存放砂的含水率为 a（%），石子的含水率为 b（%），则将上述设计配合比换算为施工配合比，其材料称量（kg）用下式表示：

$$m'_c = m_c \tag{5-24}$$

$$m'_s = m_s(1+0.01a) \tag{5-25}$$

$$m'_g = m_g(1+0.01b) \tag{5-26}$$

$$m'_w = m_w - 0.01am_s - 0.01bm_g \tag{5-27}$$

5.9.4 普通混凝土配合比设计实例

【例 5-2】某办公楼的主体为钢筋混凝土结构，设计混凝土强度等级为 C30，泵送施工，要求到施工现场的混凝土拌和物的坍落度为（160±30）mm。该工程所用原材料的技术指标如下：

① 水泥：42.5 级普通硅酸盐，密度 $\rho = 3\,100\ \text{kg/m}^3$，28 d 强度实测 $f_{ce} = 48.0\ \text{MPa}$；

② 粉煤灰：Ⅱ级，表观密度 $\rho_f = 2\,200\ \text{kg/m}^3$；

③ 河砂：中砂，Ⅱ区颗粒级配，表观密度 $\rho_s = 2\,650\ \text{kg/m}^3$；

④ 碎石：5～31.5 mm 连续级配，$\rho_g = 2\,700\ \text{kg/m}^3$；

⑤ 外加剂：萘系高效减水剂，减水率为 24%；

⑥ 水：饮用水。

试设计混凝土配合比（按干燥材料计算）。此外，如果施工现场砂的含水率为 6.5%，碎石的含水率为 0.1%，试求出混凝土的施工配合比。

解：1. 计算配合比

1）确定试配强度 $f_{cu,o}$

已知 $f_{cu,k} = 30\ \text{MPa}$，设计强度等级为 C30，由于无历史统计资料，故标准差 σ 查表 5-24 取 $\sigma = 5\ \text{MPa}$，故

$$f_{cu,0} = f_{cu,k} + 1.645\sigma = 30 + 1.645 \times 5 = 38.2\ (\text{MPa})$$

2）确定水胶比 W/B

已知混凝土的试配强度 $f_{cu,0} = 38.2\ \text{MPa}$，水泥 28 d 实测强度 $f_{ce} = 48.0\ \text{MPa}$，如果Ⅱ

级粉煤灰的掺量为 10%，由表 5-26 可知，粉煤灰影响系数$\gamma_f = 0.9$，则：

$$f_b = f_{ce}\gamma_f = 48 \times 0.90 = 43.2\,(\text{MPa})$$

本工程采用碎石，则由表 5-25 可知其回归系数$\alpha_a = 0.53$，$\alpha_b = 0.20$，则：

$$W/B = \frac{\alpha_a \cdot f_b}{f_{cu,0} + \alpha_a \cdot \alpha_b \cdot f_b} = \frac{0.53 \times 43.2}{38.2 + 0.53 \times 0.20 \times 43.2} = 0.54$$

实践证明，当混凝土的水灰比大于 0.6 时，其抗渗性显著恶化。本工程中，由于框架结构处于干燥环境，故可取$W/B = 0.54$。

3）确定单位用水量 m_{w0}

已知混凝土拌和物要求坍落度为 160 mm，碎石最大粒径为 31.5 mm。查表 5-29 可知，不掺外加剂时，坍落度为 90 mm 的混凝土的用水量为 205 kg/m³；按每增加 20 mm 坍落度增加 5 kg 水，则未掺外加剂时的用水量 m'_{w0} 为：

$$m'_{w0} = 205 + \frac{160 - 90}{20} \times 5 = 222.5\,(\text{kg/m}^3)$$

如果掺减水率β为 24%的高效减水剂后，混凝土拌和物坍落度达 160 mm 时的用水量 m_{w0} 为：

$$m_{w0} = m'_{w0}(1-\beta) = 222.5 \times (1 - 24\%) = 169\,(\text{kg/m}^3)$$

4）胶凝材料、粉煤灰、水泥及外加剂的用量

① 胶凝材料用量 m_{b0} 为：

$$m_{b0} = \frac{m_{w0}}{W/B} = \frac{169}{0.54} = 313\,(\text{kg})$$

查表 5-21 可知，最小胶凝材料用量为 300 kg/m³，故可取 $m_{b0} = 313\,(\text{kg/m}^3)$。

② 粉煤灰用量 m_{f0}：

粉煤灰掺量为 10%，则：

$$m_{f0} = m_{b0}b_f = 313 \times 0.10 = 31\,(\text{kg/m}^3)$$

③ 水泥用量 m_{c0}：

$$m_{c0} = m_{b0} - m_{f0} = 313 - 31 = 282\,(\text{kg/m}^3)$$

④ 外加剂掺量 m_{a0}：

外加剂掺量 1%，则 $m_{a0} = m_{b0}b_a = 313 \times 0.01 = 3.13\,(\text{kg/m}^3)$

5）确定砂率 β_s

本例混凝土采用泵送施工，其砂率宜控制在 35%～45%范围内。砂为中砂（细度模数 $M_x = 2.6$），根据历史经验砂率可采用 42%。

6）粗细骨料用量的计算

① 按质量法计算。假定 1 m^3 混凝土拌和物的质量 $m_{cr}=2\,400\ (kg)$，则由式（5-18）和（5-19）可知：

$$219+94+m_{g0}+m_{s0}+169=2\,400$$

$$\frac{m_{s0}}{m_{s0}+m_{g0}}=0.42$$

由此可解得：$m_{g0}=1\,112\ (kg)$　$m_{s0}=806\ (kg)$

综合上述，可得出按质量法求得的混凝土的计算配合比，如表 5-34 所示。

表 5-34　按质量法得到的各材料的计算配合比

m_{c0}	m_{f0}	m_{w0}	m_{a0}	m_{s0}	m_{g0}
219	94	169	3.13	806	1 112

② 按体积法计算。将前面计算所得到的 m_{c0}、m_{f0} 和 m_{w0}，以及已知条件中各材料的表观密度代入式（5-20）和（5-21），取 $\alpha=1$，则：

$$\frac{219}{3\,100}+\frac{94}{2\,200}+\frac{m_{g0}}{2\,700}+\frac{m_{s0}}{2\,650}+\frac{169}{1\,000}+0.01=1$$

$$\frac{m_{s0}}{m_{s0}+m_{g0}}=0.42$$

由此解得：$m_{g0}=1\,100\ (kg)$　$m_{s0}=796\ (kg)$

按体积法求得的计算配合比为如表 5-35 所示：

表 5-35　按体积法得到的各材料的计算配合比

m_{c0}	m_{f0}	m_{w0}	m_{a0}	m_{s0}	m_{g0}
219	94	169	3.13	796	1 100

由表 5-34 和表 5-35 中的数据可以看出，用质量法和体积法计算得到的结果相近。

2. 试拌

由表 5-34 可知，本例中按质量法计算的配合比为：

$$m_{c0}:m_{f0}:m_{w0}:m_{s0}:m_{g0}:m_{a0}=219:94:169:806:1\,112:3.13$$

（1）按标准规定，混凝土试拌量取 20 L，各组成材料用量如下：

水泥　$219\times0.02=4.38\ (kg)$

粉煤灰　$94\times0.02=1.88\ (kg)$

水　$169\times0.02=3.38\,(\text{kg})$

外加剂　$3.13\times0.02=0.062\,6\,(\text{kg})=62.6\,(\text{g})$

砂　$806\times0.02=16.12\,(\text{kg})$

碎石　$1\,112\times0.02=22.24\,(\text{kg})$

（2）检验并调整混凝土拌和物的和易性。按上述计算的材料用量进行试拌，测得坍落度为 120 mm 时，无法满足施工要求，因此在保持水胶比不变的情况下，增加 2%水泥浆量（也可掺入一定量的外加剂来调整）。经重新搅拌后的混凝土拌和物的坍落度为 160 mm，黏聚性、保水性良好，满足施工要求。试拌配合比的各组成材料用量如下：

水泥　$219(1+0.02)=223\,(\text{kg})$

粉煤灰　$94(1+0.02)=96\,(\text{kg})$

水　$169(1+0.02)=172\,(\text{kg})$

外加剂　$3.13(1+0.02)=3.19\,(\text{kg})$

此时的试拌配合比为

$$m_{c0}:m_{f0}:m_{w0}:m_{s0}:m_{g0}:m_{a0}=223:96:172:806:1\,112:3.19$$

3. 试配、调整与确定

1）混凝土强度检验与拌和物性能检验

由前面计算可知，水胶比 $W/B=0.54$，则 20L 混凝土中胶凝材料的用量 $m_b=\dfrac{m_{w0}}{W/B}=\dfrac{172}{0.54}=319\,(\text{kg}/\text{m}^3)$。按照同样的方法，分别计算出比试拌配合比增加和减少 0.05 配合比条件下的胶凝材料的用量，然后按用水量与确定的试拌配合比相同，砂率分别增加和减少 1%，计算出每个配合比均拌制 20 L 混凝土时，材料的用量及其试验结果，如表 5-36～表 5-38 所示。

表 5-36　各配合比拌制 20 L 混凝土的材料用量　（kg）

配合比（W/B）	水	水　泥	粉煤灰	外加剂	砂	石
0.54	3.44	4.46	1.92	0.063 8	16.12	22.24
0.59	3.44	4.08	1.75	0.058 3	16.63	22.04
0.49	3.44	4.91	2.11	0.070 2	15.36	22.11

表 5-37　混凝土拌和物的坍落度、表观密度实测结果

配合比（W/B）	坍落度（mm）	空桶质量 m（kg）	桶容积 V（m^3）	桶+混凝土（kg）	表观密度（kg/m^3）
0.54	170	2.25	0.005	14.23	2 400
0.59	165	2.25	0.005	14.15	2 380
0.49	185	2.25	0.005	14.31	2 410

表 5-38 混凝土强度检测结果

配合比（W/B）	3 d	7 d	28 d	60 d
0.54	21.2	27.6	39.5	49.6
0.59	16.1	22.0	32.0	39.5
0.49	23.3	29.5	46.0	57.2

根据表 5-38 中混凝土 28 d 强度试验结果，计算（或作图）得出混凝土配制强度 $f_{cu,0}$（38.2 MPa）对应的水胶比为 0.55。

2）确定混凝土设计配合比

（1）根据强度试验结果，确定每立方米混凝土的材料用量：用水量 $m_w = 172\ \text{kg/m}^3$；胶凝材料用量 $m_b = \dfrac{172}{0.55} = 313\ \text{kg/m}^3$。

胶凝材料中，粉煤灰用量 $m_f = 313 \times 0.3 = 94\ \text{kg/m}^3$；水泥用量 $m_c = 313 - 94 = 219\ \text{kg/m}^3$；外加剂用量 $m_a = 313 \times 0.01 = 3.13\ \text{kg/m}^3$；砂、石用量按质量法求得，即 $m_s = 803\ \text{kg/m}^3$、$m_g = 1\ 109\ \text{kg/m}^3$。

按混凝土试验结果，其设计配合比（干料计）：

$$m_c : m_f : m_w : m_s : m_g : m_a = 219:94:172:803:1\ 109:3.13$$

（2）经强度检验确定后的配合比，还应按混凝土拌和物表观密度进行校正，校正方法为：

① 按上述混凝土配合比拌制 20 L 混凝土，其拌和物的实测表观密度为 2 413 kg/m³。

② 计算校正系数 δ，即

$$\delta = \frac{2\ 400}{2\ 413} = 0.99$$

实测值与计算值之差的绝对值为 $2\ 413 - 2\ 400 = 13\ (\text{kg/m}^3)$，该绝对值小于计算值 2 413 kg/m³ 的 2%，因此可不用校正系数调整配合比。

最终确定的混凝土设计配合比如表 5-39 所示。

表 5-39 混凝土的设计配合比

项　目	水泥	粉煤灰	水	外加剂	砂	石	砂率（%）	坍落度（mm）
材料用量（kg/m³）	219	94	172	3.13	803	1 109	42	170

4. 施工配合比

在混凝土生产前，对所使用的骨料应检测其含水率。本例中，现场砂的含水率为 6.5%，石子为 0.1%（可不计），故施工配合比计算如下：

水泥用量 $m_c' = 219\ \text{kg/m}^3$；　粉煤灰用量 $m_f' = 94\ \text{kg/m}^3$，$m_a' = 3.13\ \ \text{kg/m}^3$；

石子用量 $m_g' = 1109\ \text{kg/m}^3$；　砂子用量 $m_s' = 803(1+0.065) = 855\ \text{kg/m}^3$；

水用量 $m_w' = 172 - 803 \times 0.065 = 120\ \text{kg/m}^3$。

本例的施工配合比为：

$$m_c' : m_f' : m_a' : m_w' : m_s' : m_g' = 219 : 94 : 3.13 : 120 : 855 : 1\,109$$

习　题

5—1　混凝土是由哪些材料组成的？

5—2　混凝土的各组成材料在混凝土硬化前后都起什么作用？

5—3　砂、石骨料的粗细程度与颗粒级配如何评定？

5—4　简述混凝土拌和物和易性的含义、因素影响，以及如何调整其黏聚性和流动性。

5—5　影响混凝土强度的因素有哪些？采用哪些措施可提高混凝土的强度？

5—6　混凝土耐久性包括哪些内容，工程中如何提高混凝土的耐久性？

5—7　混凝土配合比设计时，应使混凝土满足哪些基本要求？

5—8　混凝土在① 水泥水化热大；② 水泥体积安定性不良；③ 混凝土碳化；④ 大气温度变化大；⑤ 碱骨料反应；⑥ 混凝土早期受冻；⑦ 混凝土养护时缺水；⑧ 混凝土遭到硫酸盐腐蚀等情况下均能产生裂缝，试解释产生裂缝的原因，并指出主要防止措施。

5—9　现场浇灌混凝土时，严禁施工人员随意向混凝土拌和物中加水，试从理论上分析加水对混凝土质量的危害。

5—10　某一砂样经筛分析试验，各筛上的筛余量如表 5-40 所示，试评定该砂的粗细程度及颗粒级配情况。

表 5-40　各筛上的筛余量

筛孔尺寸（mm）	分计筛余			累计筛余	
	质量（g）	符号	百分率（%）	符号	百分率（%）
4.75	30	α_1		$A_1 = \alpha_1$	
2.36	60	α_2		$A_2 = A_1 + \alpha_2$	
1.18	70	α_3		$A_3 = A_2 + \alpha_3$	
0.60	140	α_4		$A_4 = A_3 + \alpha_4$	
0.30	120	α_5		$A_5 = A_4 + \alpha_5$	
0.15	70	α_6		$A_6 = A_5 + \alpha_6$	
0.15 以下	10				

5—11 已知混凝土经试拌调整后，各项材料的拌和用料量为：水泥 4.5 kg，水 2.7 kg，砂 9.9 kg，碎石 18.9 kg。现测得混凝土拌和物的表观密度为 2 400 kg/m^3。

（1）试计算每立方米混凝土的各项材料用量。

（2）如施工现场砂子的含水率为 4%，石子的含水率为 1%，求施工配合比。

（3）如果不进行施工配合比换算，直接把试验室配合比在施工现场使用，则混凝土的实际配合比如何变化？对混凝土强度将产生多大影响（采用 42.5 级矿渣水泥）？

5—12 制作钢筋混凝土屋面梁，其设计强度等级为 C25，施工坍落度要求 35～50 mm，根据施工单位历史资料统计可知，混凝土强度标准差为 $\sigma = 4.0$ MPa。该钢筋混凝土屋面所采用的材料有：① 普通水泥 32.5 级，实测强度 35 MPa，$\sigma_c = 3.0$ g/cm^3；② 砂 $M_X = 2.4$，$\rho'_s = 2.60$ g/cm^3；③ 卵石 $D_{max} = 40$ mm，$\rho'_g = 2.66$ g/cm^3，④ 自来水。试求

（1）初步配合比。

（2）若调整试配时加入 10%水泥浆后满足和易性要求，并测得拌和物的体积密度为 2 380 g/cm^3，求其试配后合理的配合比。

第6章 建筑砂浆

本章导读

建筑砂浆是由无机胶凝材料、细骨料、水，以及根据性能确定的外加剂和掺合料，按合适的比例配合、拌制并经硬化而成的工程材料。砂浆与混凝土的主要区别之一就是建筑砂浆中没有粗骨料。因此，从某种意义上来说，也可以将建筑砂浆看作是一种无粗骨料的混凝土。砂浆在建筑工程中是一项用量大、用途广泛的建筑材料。

通过学习本章，应了解湿拌砂浆与干混砂浆区别、特点和标记；熟悉预拌砂浆的原材料和技术要求；掌握砌筑砂浆的主要组成材料、技术性能和配合比计算；熟悉不同抹面砂浆的特性；了解防辐射砂浆、保温砂浆、吸声砂浆等特殊砂浆的特点及用途。

本章要点

- 预拌砂浆的分类、标记、原材料、技术要求及检验方法
- 砌筑砂浆的组成材料、技术性质及配合比设计
- 普通抹面砂浆、防水砂浆和装饰砂浆的材料组成、施工方法和特点等
- 其他具有特殊性能的砂浆，如防辐射砂浆、保温砂浆、吸声砂浆等

在结构工程中，砂浆主要起黏结、衬垫和传递应力的作用，利用砂浆可以将散粒材料、块状材料和片状材料等胶结成整体结构，常用来修建各种建筑物，如房屋、堤坝、桥涵等砖石结构物，同时砖墙的勾缝、大型墙板和各种构件的接缝也离不开砂浆。

在装饰工程中，砂浆可以起到装饰和保护主体材料的作用，如墙面、地面及梁柱结构等表面的抹灰、镶贴天然石材、人造石材、瓷砖、锦砖等都要使用砂浆。此外，随着砂浆的日益多功能化，某些砂浆还具有防水、吸声、保温、防辐射和耐腐蚀等特殊的功能。

按不同的分类依据，建筑砂浆可分为以几类。

- **按用途：** 分为砌筑砂浆、抹灰砂浆、防水砂浆、装饰砂浆、隔热砂浆、吸声砂浆、保温砂浆等。建筑工程中使用最多的是砌筑砂浆和抹灰砂浆。
- **按胶凝材料：** 分为水泥砂浆、石灰砂浆、石膏砂浆、沥青砂浆、聚合物砂浆，以及由两种或两种以上胶凝材料组成的混合砂浆，如水泥石灰混合砂浆、聚合物水泥砂浆等。
- **按表观密度：** 分为重砂浆和轻砂浆。
- **按来源：** 分为施工现场拌制的砂浆和由专业生产厂生产的预拌砂浆。

与建筑砂浆有关的标准有《建筑砂浆基本性能试验方法标准》（JGJ/T 70—2009）、《砌筑砂浆配合比设计规程》（JGJ/T 98—2010）和《预拌砂浆》（GB/T 25181—2010）。

6.1 预拌砂浆概述

砂浆作为一种建筑材料，已有近千年的历史。传统的砂浆都为人工在现场自行配制的，这种自行配制的砂浆受现场条件和配制人员水平等因素影响，砂浆的质量波动较大。此外，现场配制砂浆时容易引起粉尘污染，劳动强度又大，不利于文明施工，且砂浆的品种较为单一，不能满足建筑工程的多种需要。

预拌砂浆的出现，大大改善了自行配制砂浆的不足。随着建筑市场的日趋规范及建筑质量的提高，预拌砂浆逐步走向成熟。20 世纪五十年代初，欧洲国家就开始大量生产并使用预拌砂浆，至今已有 60 多年的发展历史。目前，许多城市也在逐步禁止现场搅拌砂浆，推广使用预拌砂浆。预拌砂浆的使用不但环保、节能，而且质量相对稳定。

据资料统计，在一般工业与民用建筑中，水泥的用量费用约占总投资的 10%，其中约有 25%～40%的水泥用于配制各种砂浆。预拌砂浆的规模化生产，能够使大量、集中的砂浆供应得到保证。

6.1.1 预拌砂浆

预拌砂浆是由专业厂家生产的，用于建设工程中的各种砂浆拌和物。按产品形式不同，预拌砂浆可分为湿拌砂浆和干混砂浆两种。其中，湿拌砂浆中仅包括普通预拌砂浆，而干混砂浆按性能可分为普通预拌砂浆和特种预拌砂浆。

1. 湿拌砂浆

湿拌砂浆是将水泥、细骨料、矿物掺合料、外加剂和水等，按一定比例在搅拌站经计量、拌制后运送到工地，并在规定的时间内使用的拌合物。按用途不同，湿拌砂浆可分为湿拌砌筑砂浆（WM）、湿拌抹灰砂浆（WP）、湿拌地面砂浆（WS）和湿拌防水砂浆（WW）。

湿拌砂浆的标记为：

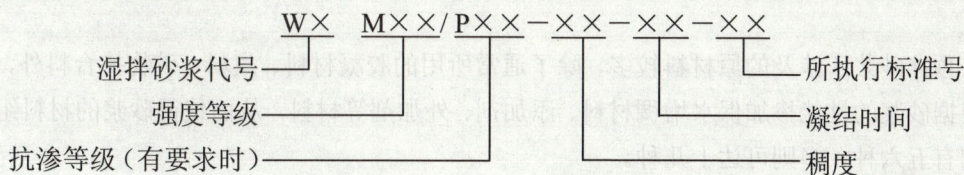

W× M××/P××－××－××－××

湿拌砂浆代号——W×
强度等级——M××
抗渗等级（有要求时）——P××
稠度——第一个××
凝结时间——第二个××
所执行标准号——第三个××

示例1：湿拌砌筑砂浆的强度为M10，稠度为70 mm，凝结时间为12 h，其标记为：

WM M10－70－12－GB/T 25181—2010

2. 干混砂浆

干混砂浆是将水泥、干燥骨料或粉料、添加剂，以及根据性能确定的其他组分，按一定比例在专业生产厂经计量、混合而成的混合物，在使用地点按规定比例加水或配套组分拌和使用。按用途不同，干混砂浆可分为普通干混砂浆和特种干混砂浆。

➢ 普通干混砂浆：按用途分为干混砌筑砂浆（DM）、干混抹灰砂浆（DP）、干混地面砂浆（DS）、干混普通防水砂浆（DM）等。

➢ 特种干混砂浆：按用途分为瓷砖黏结砂浆、耐磨地坪砂浆、界面处理砂浆（用于改善砂浆层与基面黏结性能）、聚合物水泥防水砂浆、自流平砂浆（用于地面、能流动找平）、灌浆砂浆（用于设备基础二次灌浆、地脚螺栓锚固等）、保温板黏结砂浆、保温板抹面砂浆等。

提 示

相对于湿拌砂浆，干混砂浆的成本较高，但干混砂浆具有若干优点，如：① 湿拌砂浆需在规定时间内用完，否则水泥将硬化，而干混砂浆的保质期一般在6个月左右；② 可根据施工进度和需求量现拌现用，从而避免浪费；③ 干混砂浆可根据市场需求程度生产不同品种，且供货距离不受限制，克服了湿拌砂浆在推广应用中的一些不便；④ 干混砂浆生产厂和施工单位之间不存在供料不足和保质期较短等问题。

干混砂浆的标记为：

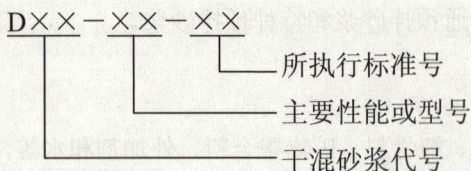

D××－××－××

所执行标准号

主要性能或型号

干混砂浆代号

示例 2：干混砌筑砂浆的强度为 M10，其标记为：DM　M10－GB/T 25181—2010。

6.1.2　预拌砂浆的原材料

预拌砂浆所涉及的原材料较多，除了通常所用的胶凝材料、集料、矿物掺合料外，还需根据砂浆的性能掺加保水增稠材料、添加剂、外加剂等材料，从而使得砂浆的材料组成少则有五六种，多则可达十几种。

预拌砂浆中，水泥宜采用硅酸盐水泥和普通水泥，如采用其他水泥时，应符合相关标准规定；细集料应符合标准（JGJ 52—2006）中的相关规定，且不应含有公称料径大于 5 mm 的颗粒；矿物掺合料可用粉煤灰、矿渣粉、沸石料、硅灰等；外加剂加入时符合相关标准规定；水选用自来水。

此外，特种干混砂浆中通常掺有一些填料，如重质碳酸钙、轻质碳酸钙、石英粉、滑石粉等，其作用主要是增加砂浆的容量，降低生产成本。这些填料通常没有活性，也不产生强度。

6.1.3　预拌砂浆的技术要求

1. 预拌砂浆的强度等级

常用湿拌砌筑砂浆、湿拌抹灰砂浆、湿拌地面砂浆和湿拌防水砂浆的性能指标如表 6-1 所示。普通干混砂浆及特种干混砂浆的各项性能指标，读者可查阅标准（JG/T 230—2007）。

表 6-1　预拌砂浆的强度等级

项　　目	湿拌砌筑砂浆	湿拌抹灰砂浆	湿拌地面砂浆	湿拌防水砂浆
强度等级	M5.0，M7.5，M10，M15，M20，M25，M30	M5.0，M10，M15，M20	M15，M20，M25	M10，M15，M20
稠度（mm）	50，70，90	70，90，110	50	50，70，90
凝结时间（h）	8，12，24	8，12，24	4、8	8，12，24
抗渗强度	—	—	—	P6，P8，P10

由表 6-1 可知，湿拌砌筑砂浆有 7 个强度等级。其中，M20 以上为高强度等级的砌筑砂浆，主要是满足混凝土小砌块配筋砌体结构的需要。湿拌抹灰砂浆的抗压强度不宜太高，否则会砂浆与基层黏结的牢固性，故强度一般在 5～20 MPa。湿拌防水砂浆具有一般的防水和防潮功能，强度较低的砂浆难以满足抗渗性能要求，因此其强度等级有 ML0，ML5 和 M20 三种。

2. 保水性

虽然砂浆与混凝土的一些主要成分相同，但它们的作用却不相同。通常混凝土都浇筑在模具中，它能保住其中的大部分水分，且混凝土本身可单独作为一个结构单元；而砂浆通常与基体共同构成一个单元，只要砂浆与基体接触，基体就会吸收砂浆中的水分，同时砂浆外表面的水分也会挥发到大气中。

此外，涂抹类砂浆通常厚度较薄、表面积较大，更容易因干缩而引起开裂。由此可见，砂浆的保水性对砂浆的性能影响较大。

为了使砂浆获得良好的保水性，通常需要掺入保水增稠材料。保水增稠材料分为有机和无机两大类，它能调整砂浆的稠度、保水性、黏聚性和触变性。相关标准规定，采用保水增稠材料时，必须有充足的技术依据，并应在使用前进行试验验证。

拓展阅读

保水性良好的砂浆，其水泥水化比较充分，水泥的强度能得到正常发挥，与基层能较好地黏结在一起。

为保护环境，国家限制使用实心黏土砖，而大力推广使用新型墙体材料，特别是采用工业废渣生产的墙体材料。与实心黏土砖相比，这些材料的吸水量和吸水速度较大，因此需要砂浆具有更好的保水性。国标规定，湿拌砂浆和普通干混砂浆的保水率均要求≥88%。

3. 凝结时间

湿拌砂浆是由搅拌站搅拌好后运到施工现场的，且运送数量较多。由于砂浆施工仍为手工操作，施工速度较慢，砂浆不能很快用完，需要在施工现场储存一段时间。一般规定湿拌砂浆设计凝结时间最长可达 24 h，以便下午送到现场的砂浆能储存到第 2 天继续使用。当用量较大时，砂浆的凝结时间可由供需双方根据砂浆品种及施工需要而定。

普通干混砂浆是在现场加水拌和的，可随用随拌，不需要储存太长时间，因此其凝结时间为 3～8 h。砂浆凝结时间的试验方法可参照标准（JGJ/T 70—2009）。

6.1.4 预拌砂浆的检验

预拌砂浆进场时，供应方应按规定批次向需求方提供质量证明文件。质量证明文件应包括产品形式检验报告和出厂检验报告等。

预拌砂浆进场时应进行外观检验，并符合：① 湿拌砂浆应外观均匀，无离析、泌水现象；② 散装干混砂浆应外观均匀、无结块、受潮现象；③ 袋装干混砂浆应包装完整，无受潮现象等要求。

不同的预拌砂浆，其检验要求不同，常见的检验项目有强度、稠度、保水性、凝结时间、抗渗等级、拉伸黏结强度、晾置时间，外观、集料含量偏差等。湿拌砂浆稠度实测值与合同规定的稠度值之差，应符合表 6-2 中的要求，其余各项指标的允许值及试验方法，读者可参照国标《预拌砂浆》（GB/T 25181—2010）。

表 6-2 湿拌砂浆稠度允许偏差

规定稠度（mm）	允许偏差（mm）
50，70，90	±10
110	-10～+5

6.2 砌筑砂浆

砌筑砂浆能把砖、石、砌块等块材经砌筑成为砌体，也用于填充墙板、楼板和构件的接缝。砌筑砂浆主要起黏结、衬垫和传力作用，以保证构件受力均匀，整体工作。目前，在一些大型工程中，砌筑砂浆多为预拌砂浆，而在一些小型工程中，砌筑砂浆常需要现场配制。

6.2.1 砌筑砂浆的组成材料

砌筑砂浆的主要组成材料有水泥、掺加料、细骨料、水和外加剂等组成。为保证建筑砂浆的质量，配制砂浆的各组成材料均应满足一定的技术要求。

1. 水泥

砌筑砂浆中的水泥，应根据工程所处的环境条件，在普通硅酸盐水泥、矿渣硅酸盐水泥、粉煤灰硅酸盐水泥、火山灰硅酸盐水泥、复合硅酸盐水泥和砌筑水泥中选用合适的水泥品种。

水泥的强度等级应根据砂浆的品种和强度等级进行选择。一般水泥砂浆中的水泥，其强度等级不宜大于 32.5；水泥混合砂浆中的水泥，其强度等级不宜大于 42.5 等级。考虑水泥强度等级的经济合理性，一般在配制砌筑砂浆时，选择水泥的强度等级一般为砂浆强度等级的 4～5 倍。同时应注意，不同品种的水泥，不得混合使用。

配制砂浆时，当选用中等强度等级的水泥就能够满足使用要求时，不要选用高强度等级的水泥。否则，水泥的强度未能充分发挥，会使砂浆价格增加的同时造成浪费。

2. 掺加料

为改善新拌砂浆的和易性、节约水泥用量，常在砂浆中掺入一些廉价的无机细颗粒工业废料，如生石灰粉、粉煤灰、石灰膏和黏土膏等，以降低水泥用量，改进砂浆的和易性。

标准《砌筑砂浆配合比设计规程》（JGJ/T 98—2010）对砌筑砂浆中的掺加料有相关规定。其中，生石灰粉、石灰膏和黏土膏必须配制成稠度为（120±5）mm 的膏状体，并用孔径不大于 3 mm×3 mm 的网过滤。生石灰粉的熟化时间不得少于 7 d。严禁使用脱水硬化的石灰膏。消石灰粉不得直接用于砌筑砂浆中。

同时，采用黏土或亚黏土制备黏土膏时，宜用搅拌机加水搅拌，使黏土膏达到所需细度，以保证其塑化效果。此外，对于加入的粉煤灰、粒化高炉矿渣粉、硅灰和天然沸石粉等掺加料应符合相关标准要求。

3. 细骨料——砂

砂是砂浆常用的细骨料之一，与混凝土用砂的技术要求相同，即技术指标应符合《普通混凝土用砂、石质量及检验方法标准》(JGJ 52—2006)中的规定，且应全部通过 4.75 mm 的筛孔。

由于砂浆层一般较薄，因此对砂子的最大粒径有所限制。通常情况下，砖砌体用砂浆宜选用中砂，并且应过筛，砂中不得含有杂质，最大粒径不大于砂浆厚度的 1/4，一般以 2.5 mm 为宜；石砌体用砂浆宜选用粗砂，砂的最大粒径应不大于砂浆厚度的 1/4～1/5，一般以 5.0 mm 为宜；光滑的抹面及勾缝的砂浆宜采用细砂，以最大粒径不大于 1.2 mm 为宜。

注 意

砂浆中砂的含泥量不宜过大，否则，不但会增加水泥用量，还可能因砂浆收缩造成强度和耐久性下降。砌筑砂浆用砂的含泥量不应超过 5%。强度等级为 M2.5 的水泥混合砂浆，砂的含泥量不应超过 10%。防水砂浆用砂的含泥量不应超过 3%。

砂浆中若采用人工砂或细砂时，应经试配确认满足要求后才能使用；在配制保温砌筑砂浆、抹面砂浆及吸声砂浆时应采用轻砂，如膨胀珍珠岩、火山渣等；配制装饰砂浆或装饰混凝土时，应采用白色或彩色砂、石屑、玻璃或陶瓷碎粒等。

4. 水

配制砂浆所用水应不含有害杂质，一般与混凝土用水要求相同，即应符合现行行业标准《混凝土用水标准》（JGJ 63—2006）中各项技术指标的规定。

5. 外加剂

为使砂浆具有良好的施工性能，可根据砂浆的用途及所需性能，掺入必要的外加剂。砌筑砂浆中掺入的外加剂，应符合国家现行有关标准的规定，并经砂浆性能试验合格后，方可使用。此外，引气型外加剂还应具有完整的检验报告。

砌筑砂浆中掺入的外加剂与混凝土中的相似。例如，为改善砂浆的和易性，提高砂浆的抗裂性、抗冻性及保温性，可掺入减水剂等外加剂；为增强砂浆的防水性和抗渗性，可掺入防水剂等；为增强砂浆的保温隔热性能，除选用轻质细骨料外，还可掺入引气剂提高砂浆的孔隙率。

6.2.2 砌筑砂浆的技术性质

为保证工程质量，新拌砂浆应具有良好的和易性，硬化后的砂浆应具有需要的强度，以及规定的与基层的黏结力、耐久性和较小的变形等。

1. 新拌砂浆的和易性

新拌砂浆的和易性是指砂浆是否易于施工并保证质量的综合性质，它是反映砂浆施工操作难易程度及质量稳定的重要技术指标。和易性良好的砂浆质量均匀，易于施工，在运输和操作时不易出现分层和泌水现象，且能使砌筑材料黏结牢固，灰缝饱满密实，从而获得较高的强度和整体性。和易性不良的砂浆难以铺成均匀密实的薄层，水分易被砖、石吸收而使砂浆很快变得干涩，灰缝难以填实，与砌筑材料难以紧密黏结。

由于砂浆的施工多为人工操作，因此与混凝土相比，砂浆的和易性对工程质量的影响更大。新拌砂浆的和易性，可根据砂浆的稠度和保水性来评定。

1）稠度

稠度是指砂浆在自重或外力作用下产生流动的性能。稠度的大小用稠度值表示。新拌砂浆的稠度用砂浆稠度仪测定，即以试锥在砂浆中下沉的深度作为新拌砂浆的稠度值，以mm计。稠度越大，砂浆流动性越大。

砂浆稠度的大小主要取决于用水量。此外，还受水泥品种、用量；细骨料的种类、粗细程度、颗粒级配、含泥量；外加剂；砌体的种类、施工条件和气候条件等。砂浆的流动性一般可根据施工经验来掌握，实际工程所用砌筑砂浆的稠度，可根据砌体种类、施工条件和气候条件等因素来决定。表6-3所示为常见砌筑砂浆的施工稠度。

表 6-3 砌筑砂浆的施工稠度（摘自 JGJ/T 98—2010）

砌 体 种 类	施工稠度（mm）
烧结普通砖砌体、粉煤灰砖砌体	70～90
混凝土砖砌体、普通混凝土小型空心砌块砌体、灰砂砖砌体	50～70
烧结多孔砖砌体、烧结空心砖砌体、轻集料混凝土小型空心砌块砌体、蒸压加气混凝土砌块砌体	60～80
石砌体	30～50

2）保水性

保水性是指新拌砂浆能够保持内部水分的能力。砂浆的保水性用保水率来表示。

保水性不好的砂浆，在运输和存放过程中容易泌水、离析，使用前必须重新搅拌；在涂抹过程中，水分容易被砖、石基底吸收，使得砂浆过于干稠，涂抹不平，同时由于砂浆失水过多而影响砂浆的正常凝结硬化，从而降低了砂浆与基底的黏结力。

要使砂浆容易涂抹，可在砂浆中掺入石灰膏、黏土、粉煤灰等，以改善其保水性。实践证明，水泥石灰砂浆的保水性比水泥砂浆的保水性好。

由于商品砂浆的使用越来越多，过去单纯用分层度来衡量砂浆的稳定性和保水能力已经不太适宜，故《建筑砂浆基本性能试验方法标准》（JGJ/T 70—2009）中新增了砂浆的保水性试验方法。在预拌砂浆中要求湿拌砂浆和普通干混砂浆的保水率≥88%。工程领域中砌筑砂浆的保水率应符合表 6-4 中的规定。

表 6-4 砌筑砂浆的保水率（摘自 JGJ/T 98—2010）

砂浆种类	保水率（%）
水泥砂浆	≥80
水泥混合砂浆	≥84
预拌砌筑砂浆	≥88

知识链接

分层度是以砂浆拌和物静置 30 min 前后稠度的变化值来表示的。测量砌筑砂浆分层度所用仪器是砂浆分层度测定仪，即用配制好的砂浆在稠度测定仪上测得其稠度值，然后将该砂浆放入砂浆分层度测定仪中，经 30 min 后去掉上面 200 mm 厚的砂浆，剩余部分砂浆重新拌和后再测定其稠度值，前后两次稠度之差（以 mm 计）就是砂浆分层度。一般情况下，建筑砂浆的分层度在 10～20 mm 之间为宜。

2. 砌筑砂浆硬化后的强度及强度等级

《建筑砂浆基本性能试验方法标准》（JGJ/T 70—2009）中规定，建筑砂浆的强度等级试验应采用 70.7 mm×70.7 mm×70.7 mm 的带底试模试件，每组试件应为 3 个，且在标准养护条件下养护至 28 d，测定出砂浆立方体抗压强度的平均值（MPa），并按具有 85% 强度保证率而确定的。

水泥砂浆及预拌砌筑砂浆的强度等级分为 M5，M7.5，M10，M15，M20，M25，M30 七个等级。水泥混合砂浆的强度等级有 M5，M7.5，M10 和 M15 共 4 个。对特别重要的砌体和有较高耐久性要求的工程，宜采用 M20 以上的砂浆。

砌筑砂浆的强度与基层材料是否吸水有关，可采用下列公式估算其抗压强度。

1）不吸水基层（致密石材）

砂浆强度的影响因素与混凝土相似，主要取决于水泥强度和水灰比。强度计算公式如下：

$$f_{m,0}=\alpha f_{ce}\left(\frac{C}{W}-\beta\right) \tag{6-1}$$

式中 $f_{m,0}$——砂浆 28 d 试配抗压强度（MPa）；

f_{ce}——水泥 28 d 实测抗压强度（MPa）；

$\frac{C}{W}$——灰水比；

α，β——经验系数，用普通水泥时，$\alpha=0.29$，$\beta=0.4$。

2）吸水基层（砖和其他多孔材料）

用于吸水基层时，由于基层能吸水，砂浆中的水会被基层材料吸收一部分。此时，砂浆中保留水分的多少主要取决于砂浆自身的保水性，与水灰比关系不大。因此，砌筑多孔吸水基层的砂浆，其强度主要决定于水泥强度及水泥用量，计算公式如下：

$$f_{m,0}=\alpha\frac{f_{ce}Q_c}{1000}+\beta \tag{6-2}$$

式中 $f_{m,0}$——砂浆 28 d 试配抗压强度（MPa）；

f_{ce}——水泥 28 d 实测抗压强度（MPa）；

Q_c——每立方米砂浆中水泥用量（kg）；

α、β——经验系数，对于水泥混合砂浆：$\alpha=3.03$，$\beta=-15.09$。

在无法取得水泥的实测强度值时，可按式（6-3）计算 f_{ce}。

$$f_{ce}=\gamma_c f_{ce,k} \tag{6-3}$$

式中 $f_{ce,k}$——水泥强度等级值；

γ_c——水泥强度等级的富余系数，该值宜按实际统计资料确定；无统计资料时可取 1.0。

提 示

各地区也可用本地区试验资料确定α，β值，统计用的试验组数不得少于30组。对于水泥砂浆，当计算的水泥用量不足200 kg/m^{3}时，应按200 kg/m^{3}采用。

3. 砌筑砂浆的黏结性

砌体中的砖、石、砌块等材料是靠砂浆粘结成一个坚固的整体并传递荷载的，因此，砂浆与基材之间应有一定的黏结强度，以便将砌体黏结成为坚固的整体。砂浆与砌体黏结得越牢固，则整个砌体的整体性、强度、耐久性及抗震性越好。一般来说，砂浆的抗压强度越高，其黏结力越强。

砌筑前，如果保持基层材料有一定的润湿程度，则有利于黏结力的提高。此外，黏结力的大小还与砖、石、砌块的表面清洁程度及养护条件等因素有关。实际上，对于砌体这个整体来说，砂浆的黏结性较其抗压强度更为重要。但是，考虑到测量的难易程度，工程上常将砂浆的抗压强度作为必检项目和配合比设计的依据。

4. 砌筑砂浆的其他性质

1）变形性

砌筑砂浆在承受荷载、温度变化或干缩过程中，会产生变形。如果变形过大或不均匀，容易使砌体的整体性下降，如产生沉陷或裂缝，从而影响到整个砌体的质量。因此，要求砂浆具有较小的变形性。影响砂浆变形性的因素很多，如胶凝材料的种类和用量、用水量，以及细骨料的种类、级配、质量和外部环境等。

2）抗冻性

有抗冻性要求的砌体工程或受冻融影响较多的建筑部位，砌筑砂浆需进行冻融试验。经冻融试验后，质量损失率不应大于5%，强度损失率不应大于25%。根据不同气候区域，其抗冻性（抗冻等级）应符合表6-5中的规范标准。

表6-5 砌筑砂浆的抗冻性

使用条件	抗冻指标	质量损失率（%）	强度损失率（%）
夏热冬暖地区	F15	≤5	≤25
夏热冬冷地区	F25		
寒冷地区	F35		
严寒地区	F50		

5. 砌筑砂浆的技术要求与应用

砌筑砂浆若为水泥砂浆，其拌和物的表观密度不宜小于1 900 kg/m^3，水泥用量不应小于 200 kg/m³；若为水泥混合砂浆，其拌和物的表观密度不宜小于 1 800 kg/m³，水泥和掺加料总量宜为 300～350 kg/m³。对于具有冻融循环次数要求的砌筑砂浆，经冻融试验后，质量损失率不得大于 5%，抗压强度损失率不得大于 25%。砌筑砂浆的稠度、保水率、试配抗压强度必须同时符合要求。

砂浆试配时应采用机械搅拌，搅拌时间应从开始加水算起。对水泥砂浆和水泥混合砂浆，其搅拌时间不得少于 120 s；对于预拌砌筑砂浆和掺用粉煤灰、外加剂、保水增稠材料等的砂浆，其搅拌时间不得少于 180 s。

水泥砂浆宜用于砌筑潮湿环境以及对强度要求较高的砌体。多层房屋的墙体一般采用强度等级为 M5 或 M2.5 的水泥石灰砂浆，砖柱、砖拱、钢筋砖过梁等一般采用强度等级为 M5，M7.5 或 M10 的水泥砂浆，砖基础一般采用强度等级不低于 M5 的水泥砂浆，低层房屋找平层可采用石灰砂浆，料石砌体多采用强度等级为 M5 的水泥砂浆或水泥石灰砂浆，简易房屋可用石灰黏土砂浆。

6.2.3 砌筑砂浆的配合比设计与确定

1. 配合比计算

砌筑砂浆可根据工程类别及砌体部位的设计要求，来确定砂浆的强度等级，然后选定其配合比。一般情况下可查阅有关手册和资料来选择配合比，但如果工程量较大、砌体部位较为重要，或掺入外加剂等非常规材料时，为保证质量和降低造价，应经过计算、试配、调整，从而确定施工用的配合比。

根据《砌筑砂浆配合比设计规程》（JGJ/T 98—2010）规定，现场配制砌筑砂浆的配合比设计步骤如下：

（1）计算砂浆试配强度 $f_{m,0}$。砂浆试配强度可用下式计算：

$$f_{m,0}=kf_2 \tag{6-4}$$

式中 $f_{m,0}$ —— 砂浆试配强度（MPa），应精确至 0.1 MPa；

f_2 —— 砂浆强度等级值（MPa），应精确至 0.1 MPa；

k —— 系数，应按表 6-6 中的施工水平取值。

表 6-6 砂浆强度标准差 σ 及 k 值

强度等级 / 施工水平	强度标准差 σ（MPa）							k
	M5	M7.5	M10	M15	M20	M25	M30	
优良	1.00	1.50	2.00	3.00	4.00	5.00	6.00	1.15
一般	1.25	1.88	2.50	3.75	5.00	6.25	7.50	1.20
较差	1.50	2.25	3.00	4.50	6.00	7.50	9.00	1.25

砂浆强度标准差的确定应符合下列规定：

① 当有统计资料时，应按下式计算：

$$\sigma=\sqrt{\frac{\sum_{i=1}^{n}f_{m,i}^{2}-n\mu_{fm}^{2}}{n-1}} \tag{6-5}$$

式中 $f_{m,i}$——统计周期内同一品种砂浆第 i 组试件的强度（MPa）；

μ_{fm}——统计周期内同一品种砂浆 n 组试件强度的平均值（MPa）；

n——统计周期内同一品种砂浆试件的总组数，$n \geqslant 25$。

② 当无统计资料时，强度标准差 σ 可按表 6-6 中砂浆的强度标准差和施工水平取值。

（2）计算水泥用量 Q_c。每立方米砂浆中的水泥用量，可按式（6-2）计算。当无法取得水泥的实测强度 f_{ce} 值时，可按下式计算：

$$f_{ce}=\gamma_c \cdot f_{ce,k} \tag{6-6}$$

式中 $f_{ce,k}$——水泥强度等级值（MPa）；

γ_c——水泥强度等级值的富余系数，宜按实际统计资料确定，无统计资料时取 1.0。

（3）计算掺加料用量 Q_D。水泥混合砂浆中掺加料的用量应按下式计算：

$$Q_D=Q_A-Q_C \tag{6-7}$$

式中 Q_D——每立方米砂浆中掺加料的用量（kg），应精确至 1 kg；石灰膏、黏土膏使用时的稠度为（120±5）mm；对于不同稠度的石灰膏，可按表 6-7 进行换算；

Q_C——每立方米砂浆的水泥用量（kg），应精确至 1 kg；

Q_A——每立方米砂浆中水泥和掺加料的总量（kg），应精确至 1 kg；宜在 300～350 kg 之间。

表 6-7 石灰膏为同稠度时的换算系数

石灰膏稠度（mm）	120	110	100	90	80	70	60	50	40	30
换算系数	1.00	0.99	0.97	0.95	0.93	0.92	0.90	0.88	0.87	0.86

（4）计算用砂量 Q_s。每立方米砂浆中的用砂，应按干燥状态（含水率小于 0.5%）的堆积密度值作为计算值，即 $Q_s=1\times\rho_{0干}$，单位为 kg。

（5）计算用水量 Q_w。每立方米砂浆中的用水，可根据砂浆稠度等要求选用 210～310 kg/m^3。值得注意的是：① 混合砂浆中的用水量，不包括石灰膏中的水；② 当采用细砂或粗砂时，用水量分别取上限或下限；③ 稠度小于 70 mm 时，用水量可小于下限；④ 施工现场气候炎热或干燥季节，可酌情增加用水量。

2. 水泥砂浆配合比选用

根据试验及工程实践，供现场试配的水泥砂浆配合比可直接按表 6-8 选用。若现场试配水泥粉煤灰砂浆时，各种材料的配合比可查阅标准《砌筑砂浆配合比设计规程》（JGJ/T 98—2010）。

表 6-8　每立方米水泥砂浆材料用量

强度等级	水泥（kg/m³）	砂（kg/m³）	用水量（kg/m³）
M5	200～230	砂的堆积密度值	270～330
M7.5	230～260		
M10	260～290		
M15	290～330		
M20	340～400		
M25	360～410		
M30	430～480		

注：① M15 及 M15 以下强度等级水泥砂浆，水泥强度等级为 32.5 级；M15 以上强度等级水泥砂浆，水泥强度为 42.5 级；
② 当采用细砂或粗砂时，用水量分别取上限或下限；
③ 稠度小于 70 mm 时，用水量可小于下限；
④ 施工现场气候炎热或干燥季节，可酌量增加用水量；
⑤ 试配强度应按式（6-4）计算。

3. 配合比试配、调整与确定

无论是计算得出的配合比，还是查表得到的配合比，都要经过试配调整，求出和易性及强度满足要求，且水泥用量最省的配合比。

（1）试配时应采用工程中实际使用的材料进行试拌，搅拌方法应采用机械搅拌，搅拌时间应从投料结束时算起，并应符合：① 对水泥砂浆和水泥混合砂浆，不得小于 120 s；② 对于掺用粉煤灰和外加剂的砂浆，不得小于 180 s。

（2）按计算或查表所得配合比进行试拌时，应测定其拌和物的稠度和保水率。当稠度和保水率不满足要求时，应调整水量或掺加料，直到符合要求为止，即确定为试配时的砂浆基准配合比。

（3）试配时至少采用 3 个不同的配合比，其中一个为基准配合比，另外两个配合比的水泥用量按基准配合比分别增加及减少 10%，在保证稠度和保水率合格的条件下，可将用水量、石灰膏、保水增稠材料或粉煤灰等用量作相应调整。

（4）对 3 个不同的配合比进行调整后，按现行行业标准《建筑砂浆基本试验方法标准》（JGJ/T 70—2009）的规定制成成型试件，测定砂浆强度，并选定符合试配强度要求且水泥用量最低的配合比作为砂浆的试配配合比。

4. 确定砂浆配合比

砌筑砂浆配合比可通过查阅有关资料或手册来选择，必要时通过计算来确定，但在使用前，必须经过试验确定其和易性和强度满足工程要求时才能应用。砂浆配合比以各种材料用量的比例形式表示为

$$水泥：掺加料：砂：水=Q_C：Q_D：Q_S：Q_W$$

提 示

在工程中，应根据工程类别、砌筑部位、使用条件等要求来合理选择适宜的砂浆种类及强度等级。对于干燥环境中使用的建筑部位，可考虑采用水泥混合砂浆；对于潮湿环境中的建筑部位，可采用水泥砂浆。

5. 砂浆配合比设计工程实例

【例 6-1】配制用于砌筑烧结多孔砖的水泥砂浆，要求砂浆的设计强度等级为 M15，稠度为 60～80 mm。现有 42.5 级矿渣水泥和稠度为 80 mm 的石灰膏，采用含水率为 3% 的中砂，其堆积密度为 1 450 kg/m^3 的中砂；该单位的施工水平一般。试计算该砂浆的配合比。

解：（1）计算砂浆的试配强度 $f_{m,0}$

由表 6-6 可知，施工水平一般的 M15 砂浆的系数 $k=1.2$，则此砂浆的试配强度为：

$$f_{m,0}=kf_2=1.2\times15=18\ (\text{MPa})$$

（2）计算水泥用量 Q_C

由式（6-2）可知，$Q_C=\dfrac{1000(f_{m,0}-\beta)}{\alpha f_{ce}}$。其中，$\alpha=3.03$，$\beta=-15.09$，则

$$Q_C=\frac{1000\times(18+15.09)}{3.03\times42.5}\approx257\ (\text{kg/m}^3)$$

（3）计算石灰膏用量 Q_D

选取 $Q_A=330$ kg，则由式（6-7）可知，$Q_D=Q_A-Q_C=330-257=73$（kg/m^3）。当砂浆中掺石灰膏或黏土膏时，其使用时的稠度为（120±5）mm；故查表 6-7 可知，稠度为 80 mm 的石灰膏换算成稠度为 120 mm 时需乘以 0.93，则应掺加石灰膏量为：

$$73\times0.93=68\ (\text{kg/m}^3)$$

（4）计算砂子用量 Q_S

含水率为 3%的中砂，其用量为

$$Q_{s湿}=Q_{s干}\times(1+0.03)=1\,450\times(1+0.03)\approx1\,494\ (\text{kg/m}^3)$$

（5）选择用水量 Q_W

根据砂浆的稠度等要求，一般可选用水量：$Q_W=300$ kg/m^3

（6）确定砂浆的设计配比

$$水泥：石灰膏：砂：水=257：68：1\,494：300$$

该砂浆的设计配合比也可表示为：

水泥：石灰膏：砂＝1：0.26：5.81，用水量为 300 kg/m^3。

（7）试验。根据计算出的砌筑砂浆配合比，按前述方法进行配合比试配、调整与确定，使其和易性和强度满足工程要求，从而确定出最终的施工配合比。

6.3 抹面砂浆

抹面砂浆又称抹灰砂浆，它以薄层形式抹于建筑物表面，既可以保护建筑物，增加建筑物的耐久性，又可使建筑物表面平整、光洁美观。与砌筑砂浆相比，抹面砂浆与底面和空气的接触面更大，所以失去水分更快。

抹面砂浆的组成材料与砌筑砂浆基本相同。为了防止砂浆层收缩开裂，有时需要加入一些纤维材料（如麻刀，纸筋，玻璃纤维等），以增强其抗拉强度，减少干缩和开裂；有时需要加入有机聚合物，以便在提高砂浆与基层黏结力的同时，增加硬化砂浆的柔韧性，减少开裂，避免空鼓或脱落。此外，为了使砂浆具有某些特殊功能，有时还需要选用特殊骨料或掺加料（陶砂，膨胀珍珠岩等）。

与砌筑砂浆不同，对抹面砂浆的主要技术要求不是抗压强度，而是和易性及与基底材料的黏结强度。与砌筑砂浆相比，抹面砂浆的抹面层不承受荷载，但需具有良好的和易性，使其更容易被抹成均匀平整的薄层，方便施工。与此同时，抹面砂浆还要有足够的黏结强度，使其在施工中或在长期自重和环境作用下不脱落、不开裂。

根据抹面砂浆的功能不同，一般可将抹面砂浆分为普通抹面砂浆、防水砂浆和装饰砂浆等。

6.3.1 普通抹面砂浆

普通抹面砂浆对建筑物和墙体起到保护作用，它可以抵抗风、雨、雪等自然环境对建筑物的侵蚀，提高建筑物的耐久性，同时可使建筑物达到表面平整、光洁和美观的效果。常用的普通抹面砂浆有水泥砂浆、石灰砂浆、水泥石灰混合砂浆、麻刀石灰砂浆（简称麻刀灰）、纸筋石灰砂浆（简称纸筋灰）等。抹面砂浆应与基面牢固地黏合，因此要求砂浆应具有良好的和易性及较高的黏结力。

为了使建筑物表面的砂浆平整、均匀、耐久性好，抹面砂浆常分两层或三层进行施工。由于各层抹面的作用和要求不同，每层所选用的砂浆也不同。此外，基底材料的特性和工程部位不同，对砂浆的技术性能要求也不同。水泥砂浆宜用于潮湿或对强度要求较高的部位；混合砂浆多用于室内底层、中层或面层抹灰；石灰砂浆、麻刀灰、纸筋灰多用于室内中层或面层抹灰。对混凝土基面多用水泥石灰混合砂浆。对于木板条基底及面层，多用纤维材料增加其抗拉强度，以防止开裂。

抹面砂浆一般可分为底层灰、中层灰和面层灰 3 层。

- 底层灰：主要起初步找平和与基层黏结作用，因此应有良好的保水性，这样水分才不至于完全被基层材料吸收而影响砂浆的流动性和黏结力。砖墙的底层灰多用石灰砂浆，有防水、防潮要求时的底层灰用水泥砂浆。混凝土基层的底层灰，多采用水泥混合砂浆。
- 中层灰：主要起找平作用。有时可省去不作中层灰。中层灰多为水泥混合砂浆和石灰砂浆。
- 面层灰：主要起装饰作用，它能使面层获得平整美观的表面效果。面层灰多用水泥混合砂浆，但水泥混合砂浆不得涂抹在石灰砂浆层上，否则容易造成砂浆脱落现象。

确定抹灰砂浆组成材料和配合比的主要依据是工程使用部位及基层材料的性质。对于地面水泥砂浆面层，其灰砂比一般不大于 1∶2，水灰比应为 0.30～0.50，稠度应大于 40 mm。普通抹灰砂浆配合比，可参考表 6-9 选用。

表 6-9 普通抹灰砂浆配合比

材　料	体积配合比	材　料	体积配合比
水泥∶砂	1∶2～1∶3	石灰∶石膏∶砂	1∶0.4∶2～1∶2∶4
石灰∶砂	1∶2～1∶4	石灰∶黏土∶砂	1∶1∶4～1∶1∶8
水泥∶石灰∶砂	1∶1∶6～1∶2∶9	石灰膏∶麻刀（质量比）	100∶1.3～100∶2.5

6.3.2 防水砂浆

制作防水层的砂浆称为防水砂浆，主要用于抗渗防水的工程部位。砂浆防水层又称为刚性防水层，适用于不受震动和具有一定刚度的混凝土或砖石砌体的表面，作为地下室、水塔、水池、储液罐等的防水工程。

防水砂浆可用普通水泥砂浆做防水层，也可在水泥砂浆中掺入防水剂，或用膨胀水泥和无收缩水泥配制防水砂浆。

1）掺加防水剂的防水砂浆

在普通水泥中掺入一定量的防水剂而制成的防水砂浆，是目前应用最广泛的一种防水砂浆。防水剂有无机化合物类、有机化合物类和复合类 3 种，常用的防水剂有硅酸钠类、金属皂类、氯化物金属盐及有机硅类等。

利用防水剂配制防水砂浆的方法与配制防水混凝土类似，主要是通过掺入少量能改善抗渗性的有机、无机或复合类外加剂，从而达到防水的目的。常用的防水砂浆主要有引气剂防水砂浆、减水剂防水砂浆、三乙醇胺防水砂浆和三氯化铁防水砂浆等。

2）膨胀水泥和膨胀剂配制防水砂浆

膨胀防水砂浆就是利用膨胀水泥或在砂浆中掺加膨胀剂，使其在凝结硬化过程中产生一定的体积膨胀，来补偿由于干燥失水和温差造成的砂浆收缩，从而提高砂浆的密实性和抗渗性。膨胀剂种类繁多，由于膨胀源不用，在水化过程中发生的物理和化学变化也不同，因此，补偿收缩的效果也各不相同。

6.3.3 装饰砂浆

涂抹在建筑物内、外墙表面，以增加建筑物美观效果的砂浆称为装饰砂浆。装饰砂浆具有特殊的表面形式，或表面呈现出各种色彩、线条和花纹等装饰效果。装饰砂浆所采用的胶凝材料有普通水泥、矿渣水泥、火山灰水泥、白水泥和彩色水泥，以及石灰、石膏等，集料常用大理石、花岗石等带颜色的细石渣或玻璃、陶瓷碎粒等。

装饰砂浆饰面方式有灰浆类饰面和石碴类饰面两大类。

1）灰浆类饰面

主要通过水泥砂浆的着色或对水泥砂浆表面进行艺术加工，从而获得具有特殊色彩、线条、纹理等质感的饰面。灰浆类饰面的主要优点是材料来源广泛，施工操作简便，造价低廉，而且通过不同的工艺可以创造不同的装饰效果。常用的灰浆类饰面有拉毛灰、甩毛灰，搓毛灰、扫毛灰、拉条抹灰、假面砖、假大理石等。

2）石碴类饰面

石碴类饰面是用水泥（普通水泥、白水泥或彩色水泥）、石碴（天然的大理石、花岗石，以及其他天然石材经破碎而成）、水拌成石碴浆，同时采用不同的加工手段除去表面水泥浆皮，使石碴呈现不同的外露形式，并且利用水泥浆与石碴的色泽对比，构成不同的装饰效果。常用的石碴类饰面包括水刷石、干粘石、斩假（剁斧）石、拉假石、水磨石等。

6.4 其他品种砂浆

除了上述所讲的普通抹面砂浆、防水砂浆和装饰砂浆外，对于一些对辐射、声音、温度、腐蚀性等有特殊要求的建筑物，其所用砂浆应具有这些特殊功能。常见的有防辐射砂浆、保温砂浆、吸声砂浆、耐腐蚀砂浆和抗裂砂浆等。

1. 防辐射砂浆

防辐射砂浆是在砂浆中加入重晶石粉、砂等重质骨料配制而成的，具有防 X 射线辐射的能力，其配合比约为水泥：重晶石粉：重晶石：砂 = 1：0.25：（4～5）。若在水泥砂浆中掺入硼砂或硼酸，可配制有抗中子辐射能力的砂浆。防辐射砂浆可应用于射线防护工程中。

2. 保温砂浆

保温砂浆是以水泥、石灰、石膏等胶凝材料与膨胀珍珠岩、膨胀蛭石、火山渣或浮石砂、陶砂等轻质多孔骨料，按一定比例配制成的砂浆，具有轻质和良好的保温性能，其导热系数为 0.07～0.1 W/（m·K）。

保温砂浆可用于屋顶保温层、顶棚、内墙抹灰及供热管道的保温防护。

3. 吸声砂浆

与保温砂浆类似，吸声砂浆是由轻质多孔骨料配制而成的，此外，还可以在吸声砂浆中掺入锯末、玻璃纤维、矿物棉等材料拌。由于吸声砂浆的骨料内部孔隙率大，因此具有良好的吸声性能，主要用于室内吸声墙面和顶面。

4. 耐腐蚀砂浆

（1）水玻璃类耐酸砂浆。一般由水玻璃作为胶凝材料，常掺入氟硅酸钠作为促硬剂拌制而成的，主要作为衬砌材料、耐酸地面或内壁防护层等。

（2）耐碱砂浆。使用 42.5 强度等级以上的普通硅酸盐水泥（水泥熟料中铝酸三钙含量应小于 9%），细骨料可采用耐碱且密实的石灰岩类（石灰岩、白云岩、大理岩等）、火成岩类（辉绿岩、花岗岩等）制成的砂和粉料，也可采用石英质的普通砂。耐碱砂浆具有抵抗一定温度和浓度下的氢氧化钠和铝酸钠溶液的腐蚀能力，以及抵抗任何浓度的氨水、碳酸钠、碱性气体和粉尘等的腐蚀能力。

（3）硫磺砂浆。硫磺砂浆以硫磺为胶凝料，加入填料和增韧剂，经加热熬制而成的砂浆。硫磺砂浆具有良好的耐腐蚀性能，几乎能耐大部分有机酸、无机酸，以及中性和酸性盐的腐蚀，对乳酸也有很强的耐腐蚀能力。

5. 抗裂砂浆

随着对节约能源与保护环境要求的不断提高，外墙保温技术逐渐被人们所重视，与之配套的外墙保温抹面抗裂砂浆也成为人们的研究重点。由于外墙所处的环境温度和湿度变化较大，如果施工方法不当，易造成外墙保温层空鼓、开裂、脱落等现象，从而引起墙体渗漏、透风、剥落，影响保温效果。

外保温抹面抗裂砂浆的抗裂性能是评价外墙外保温体系技术性能的主要依据之一。这是因为如果砂浆保护层产生裂缝，就会降低保温体系的保温、耐水、抗冻等整体性能和耐久性能。因此，加强保温墙体的抗裂性能，是提高外墙保温体系耐久性能的基础和前提。

为防止砂浆保护层产生裂缝，抗裂砂浆应满足如下质量要求：

1）柔韧性

由于保温层一般密度小、强度低，容易受温度和湿度变形影响造成的外形尺寸不稳定，这就要求与之配套的抹面层必须有效的适应这种变化。抗裂砂浆层的柔韧性，是指能消除、释放、平衡来自于体系动态应力的应变能力。

双组分抗裂砂浆中掺有大量的弹性乳液和纤维等，具有极高的柔韧性及适应性，其优异性能获得了大家的一致认可。单组分抗裂砂浆，其柔韧抗裂性主要依靠砂的合理级配、能够提供丰富均匀孔隙的纤维素醚，以及填充各种孔隙和在水泥石周边起桥联作用的可再分散胶粉等，柔韧性比双组分要差一些。

此外，砂浆的柔韧性还与很多因素有关，如网格布的质量、抗裂层的厚度等。其中，抗裂层的厚度尤为重要。一般干拌抗裂砂浆施工厚度控制在2～4 mm或3～5 mm，而且网格布要尽量往外靠，似露非露效果最佳。实验室中一般通过考察产品 28 d 抗压强度、抗折强度及压折比等来评价砂浆的柔韧性。

2）抗冲击性

抗裂层是保温材料的保护层，必须具备抵御外界风吹雨打及意外破坏的能力。实验要求：饰面层的抗冲击要大于 3 J。抗冲击性除了与砂浆材料的柔韧性有关外，如果抗裂层较厚及网格布太靠里，也会导致其抗冲击性能和柔韧性下降。

3）防水透气性

从表面防护角度来说，抗裂砂浆的吸水性越小越好，而透气性越大越好，这是因为体系的保温效果与体系的含水量有很大关系。如果防护抗裂层的防水透气性良好，可有效平衡体系的含湿量，从而获得良好的热工性能（即保温与含水量）。通过调整原料中纤维素醚、可再分散胶粉、憎水性助剂等的配合比，可使产品获得较好的耐水性，通过测试其黏结强度、体系的透水性、吸水量等来调整其耐水性。

4）黏结性

保温材料一般为有机轻质材料或复合的轻质材料，对界面黏结性一般要求较高。因此，原料中必须掺有适量的可再分散胶粉、纤维素醚等，才能与有机界面良好地黏结，从而避免粘结失败引起的空鼓、开裂等问题。

5）易施工性

施工性涵盖可涂抹性、保水性、可操作时间等。施工性的好坏，一般根据材料的和易性、防结皮时间、干燥时间及使用时间等来综合评定。

由于抗裂砂浆具有很好的柔韧性和弹性模量，从而有效地抑制了砂浆细微裂缝的产生和发展，极大地提高了砂浆抵抗自身干缩应力和外界温湿应力的能力，同时砂浆的抗裂性能、外墙外保温体系的耐久性及保温效果也得到了提高。

习 题

6—1 与现场配制砂浆相比，预拌砂浆的优点有哪些?

6—2 与湿拌砂浆，干混砂浆的优点主要有哪些?

6—3 砌筑砂浆的强度与基层材料是否吸水有关，试写出用于不吸水基层和吸水基层时，砂浆的强度计算公式。

6—4 写出砌筑砂浆的标准养护条件是什么?

6—5 防水砂浆可用哪几种砂浆做防水层?

6—6 某工程用砌筑砂浆设计强度等级为M10，稠度为70～90 mm的水泥石灰砂浆。现有水泥的强度等级为32.5 MPa，石灰膏的稠度为100 mm，细集料为含水率为4%、堆积密度为1 430 kg/m^{3}的中砂，该施工单位的施工水平一般。计算该砌筑砂浆的配合比。

第7章 墙体材料

本章导读

墙体在建筑中起承重、围护、分割、保温、隔热、隔声等作用。墙体材料是我国建材工业的重要组成部分，其产值接近建材工业总产值的三分之一。传统的墙体材料主要是烧结黏土砖，其应用历史较长。但烧结黏土砖的生产会消耗大量能源，并且污染环境。因此，从可持续发展、建筑节能、保护环境的角度出发，我国于 2005 年在全国范围内取缔烧结黏土砖，大力发展具有节能、利废、环保、高强、空心、大块等特点的新型墙体材料。

通过学习本章，应熟悉各种烧结砖、非烧结砖、建筑砌块，以及墙体板材的性能和特点，并了解其使用场合。

本章要点

- 烧结砖与非烧结砖
- 建筑砌块
- 水泥类、石膏类和复合类墙体板材

7.1 砌墙砖

砌墙砖是以黏土、工业废料及其他地方资源为主要原料，按不同工艺制成的，在建筑上用来砌筑墙体的砖。砌墙砖按生产工艺可分为烧结砖和非烧结砖，按孔洞率可分为实心砖和空心砖，按原材料可分为黏土砖、页岩砖、煤矸石砖、粉煤灰砖和灰砂砖等。

7.1.1 烧结砖

目前，在墙体材料中使用最多的是以黏土为原料的烧结普通砖、烧结多孔砖、烧结空心砖及空心砌块。为了节约黏土和充分利用工业废渣，近年来大力推广使用煤矸石、页岩、粉煤灰等作为烧砖原料，代替或部分代替黏土生产各种烧结砖，如页岩砖、煤矸石砖和粉煤灰砖。

1. 烧结普通砖

烧结普通砖是以黏土、页岩、粉煤灰、煤矸石等为主要原料，经成型、焙烧而成的实心或孔洞率不大于15%的砖，如图7-1所示。

按主要原料，烧结普通砖可分为烧结黏土砖（N）、烧结页岩砖（Y）、烧结煤矸石砖（M）和烧结粉煤灰砖（F）。烧结普通砖有红砖和青砖两种，当砖坯在氧化气氛中焙烧时，因高价氧化铁的存在而呈红色；在还原气氛中焙烧时，因低价氧化铁的存在而呈青色。

图7-1　烧结普通砖

1）烧结普通砖的主要技术要求

烧结普通砖的外形为直角六面体，其公称尺寸为240 mm×115 mm×53 mm，常用配砖和装饰砖的规格为175 mm×115 mm×53 mm。《烧结普通砖》（GB 5101—2003）对砖的技术要求主要有以下几点：

（1）尺寸偏差。烧结普通砖的尺寸允许偏差应符合表7-1中的规定。

表7-1　烧结普通砖的尺寸允许偏差　（mm）

公称尺寸	优等品		一等品		合格品	
	样本平均偏差	样本极差	样本平均偏差	样本极差	样本平均偏差	样本极差
240	±2.0	≤6	±2.5	≤7	±3.0	≤8
115	±1.5	≤5	±2.0	≤6	±2.5	≤7
53	±1.5	≤4	±1.6	≤5	±2.0	≤6

提 示

配砖是砖与砖错缝搭接不可缺少的一种砖配件，装饰砖是指经烧结而成用于清水墙或带有装饰面的砖。

（2）外观质量。烧结普通砖的外观质量应符合表 7-2 中的规定。

表 7-2 烧结普通砖的外观质量

项 目		优等品	一等品	合格品
两条面高度差（mm）		≤2	≤3	≤4
弯曲（mm）		≤2	≤3	≤4
杂质凸出高度（mm）		≤2	≤3	≤4
缺棱掉角的三个破坏尺寸不得同时大于（mm）		5	20	30
裂纹长度（mm）	大面上宽度方向及其延伸至条面的长度	≤30	≤60	≤80
	大面上长度方向及其延伸至顶面的长度或条顶面上水平裂纹的长度	≤50	≤80	≤100
完整面不得少于		二条面和二顶面	一条面和一顶面	—
颜色		基本一致	—	—

注：① 为装饰而施加的色差、凹凸纹、拉毛、压花等不算作缺陷。
② 凡有下列缺陷之一者，不得称为完整面：
a）缺损在条面或顶面上造成的破坏面尺寸同时大于 10 mm × 10 mm；
b）条面或顶面上裂纹宽度大于 1 mm，其长度超过 30 mm；
c）压陷、粘底、焦花在条面或顶面上的凹陷或凸出超过 2 mm，区域尺寸同时大于 10 mm × 10 mm。

（3）抗风化性能。抗风化性能是指烧结普通砖在风吹日晒、温度变化、干湿变化、冻融变化等物理因素作用下，抵抗破坏的能力，它是一项重要的综合性能，可以反映砖的耐久性。通常用抗冻性、吸水率与饱和系数来评定。其中，饱和系数是指砖在常温下浸水 24 h 后的吸水率与 5 h 沸煮后的吸水率之比。

我国不同地区的风化破坏程度不同，故有严重风化区和非严重风化区之分。我国东北、西北、内蒙古、山西、河北、北京市、天津市等 13 个省市为严重风化区。其中，东北三省、内蒙古和新疆地区的烧结普通砖使用时必须进行冻融试验，其他地区的烧结普通砖的抗风化性能符合表 7-3 规定时可不做冻融试验，否则，必须进行冻融试验。冻融试验后，每块砖样不允许出现裂纹、分层、掉皮、缺棱、掉角等冻坏现象，且质量损失不得大于 2%。

表 7-3　烧结普通砖的抗风化性能

种　类	严重风化区				非严重风化区			
	5 h 沸煮吸水率（%）		饱和系数		5 h 沸煮吸水率（%）		饱和系数	
	平均值	单块最大值	平均值	单块最大值	平均值	单块最大值	平均值	单块最大值
黏土砖	18	20	0.85	0.87	19	20	0.88	0.90
粉煤灰砖	21	23			23	25		
页岩砖	16	18	0.74	0.77	18	20	0.78	0.80
煤矸石砖								

注：粉煤灰掺入量（体积比）小于 30%时，按黏土砖规定判定。

（4）强度等级。烧结普通砖按抗压强度分为 MU30、MU25、MU20、MU15、MU10 五个强度等级。测定砖的抗压强度时，试样数量为 10 块，试验后按下式分别计算出 10 块试样的抗压强度平均值 $\overline{f}$、10 块试样的抗压强度标准差 S、强度标准值 f_k 和强度变异系数 δ。

$$\overline{f}=\frac{1}{10}\sum_{i=1}^{10}f_i \tag{7-1}$$

$$S=\sqrt{\frac{1}{9}\sum_{i=1}^{10}\left(f_i-\overline{f}\right)^2} \tag{7-2}$$

$$f_k=\overline{f}-1.8S \tag{7-3}$$

$$\delta=\frac{S}{\overline{f}} \tag{7-4}$$

式中　f_i—— 单块试样的抗压强度测定值（MPa），精确至 0.01。

当变异系数 $\delta \leqslant 0.21$ 时，按表 7-4 中抗压强度平均值和强度标准值 f_k 评定砖的强度等级；当变异系数 $\delta > 0.21$ 时，按表 7-4 中抗压强度平均值和单块最小抗压强度值 f_{min} 评定砖的强度等级。

表 7-4　烧结普通砖的强度等级　（MPa）

强度等级	抗压强度平均值 $\overline{f}$	变异系数 $\delta \leqslant 0.21$	变异系数 $\delta > 0.21$
		抗压强度标准值 f_k	单块最小抗压强度值 f_{min}
MU30	30.0	≥22.0	≥25.0
MU25	25.0	≥18.0	≥22.0
MU20	20.0	≥14.0	≥16.0
MU15	15.0	≥10.0	≥12.0
MU10	10.0	≥6.5	≥7.5

（5）泛霜。泛霜是指可溶性盐类在砖的表面析出的现象，一般呈白色粉状附着物，影

响建筑物的美观。如果溶盐为硫酸盐，当水分蒸发呈晶体析出时产生膨胀，会使砖的表面出现疏松、剥落。标准《烧结普通砖》规定：优等品无泛霜，一等品不允许出现中等泛霜，合格品不允许出现严重泛霜。

（6）石灰爆裂。石灰爆裂是指制作烧结普通砖坯体时，所用的砂质黏土原料中夹杂着石灰石，焙烧时分解成为生石灰，砖吸水后，由于生石灰逐渐熟化膨胀而产生的爆裂现象。这种爆裂现象影响砖的质量，使其强度和耐久性降低。

标准规定：① 优等品不允许出现最大破坏尺寸大于2 mm的爆裂区域；② 一等品的爆裂区域中，最大破坏尺寸＞2 mm且≤10 mm，每组砖样不得多于15处；③ 合格品的爆裂区域中，最大破坏尺寸＞2 mm且≤15 mm，每组砖样不得多于15处，其中大于10 mm的不得多于7处。

2）烧结普通砖的特点及应用

烧结普通砖具有较高的强度、耐久性，以及良好的保温、隔热、隔声和吸声性能，主要用于砌筑建筑物的墙体、柱、拱、烟囱等。

根据尺寸偏差、外观质量、泛霜和石灰爆裂等，可将烧结普通砖分为优等品（A）、一等品（B）、合格品（C）3个质量等级。其中，优等品适用于清水墙和装饰墙，一等品和合格品可用于混水墙。中等泛霜的砖不能用于潮湿部位。

提　示

烧结普通砖中的粘土砖由于生产时破坏土地、能耗大、污染环境、施工效率低、抗震性能差等缺点，现已被烧结多孔砖、烧结空心砖、烧结页岩砖、烧结煤矸石砖、烧结粉煤灰砖，以及其他新型墙体材料所取缔。

2. 烧结多孔砖

烧结多孔砖为大面有竖直孔的直角六面体，其孔洞率大于15%，孔多而小。使用时，孔洞方向平行于受力方向。烧结多孔砖长、宽、高的公称尺寸有：290 mm、240 mm、190 mm、180 mm、140mm、115 mm、90 mm，其外形如图7-2所示。

图7-2　烧结多孔砖示意图

按主要原料不同，烧结多孔砖分为黏土砖（N）、页岩砖（Y）、煤矸石砖（M）和粉煤灰砖（F）等。

1）烧结多孔砖的技术要求

国标《烧结多孔砖和多孔砌块》（GB 13544—2011）规定，烧结多孔砖的强度等级有MU30、MU25、MU20、MU15、MU10共五个等级，其尺寸偏差、外观质量、密度等级、孔洞、泛霜等技术要求，读者可查阅该标准了解这些技术要求的具体内容。值得注意的是，烧结多孔砖的强度等级，以及各个强度等级的抗压强度平均值和强度标准值，与表7-4所示的烧结普通砖的完全相同。

2）烧结多孔砖的特点及应用

与烧结黏土砖比，烧结多孔砖可以节约黏土、降低能耗、减轻自重、提高工效、降低成本，还可以改善墙体的热工性能。在砖混结构，烧结多孔砖一般中用于±0.000 mm以上6层建筑物的承重墙体。

知识链接

与烧结普通砖相比，多孔砖具有一定的孔洞率，使砖受压时有效受压面积减少。但因制坯时在较大的压力作用下，多孔砖的孔壁致密程度提高，且对原材料要求也较高，这就补偿了因有效面积减少而造成的强度损失，故烧结多孔砖的强度仍较高。

3. 烧结空心砖

烧结空心砖简称空心砖，为顶面有孔洞的直角六面体，其孔洞平行于大面和条面，孔形多为矩形条孔。此外，在与砂浆的结合面上应有增加黏结力的凹陷槽。使用时，孔洞方向垂直于受力方向。空心砖的外形如图7-3所示。

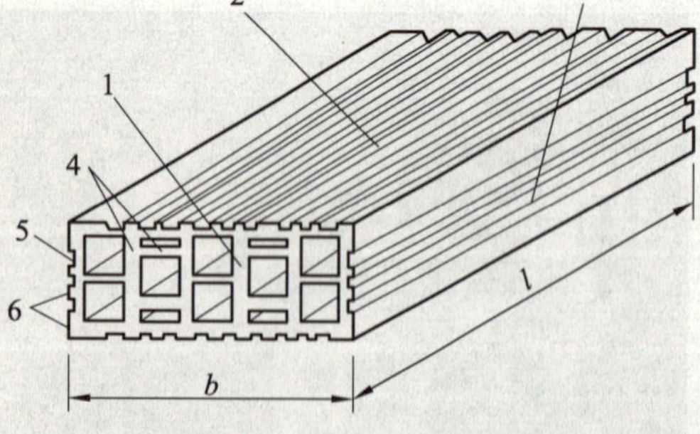

1—顶面　2—大面　3—条面　4—肋　5—凹线槽　6—外壁　l—长度　b—宽度　h—高度

图7-3　烧结空心砖示意图

《烧结空心砖和空心砌块》（GB 13545—2014）规定，烧结空心砖的壁厚应不小于10 mm，肋厚应不小于7 mm，其长、宽、高尺寸（以mm计）应符合下列要求：

长度规格尺寸：390，290，240，190，180（175），140；

宽度规格尺寸：190，180（175），140，115；

高度规格尺寸：180（175），140，115，90。

烧结空心砖按抗压强度分为 MU10.0，MU7.5，MU5.0，MU3.5 四个强度等级，其密度等级、孔洞排列及其结构、泛霜等技术要求，读者可查阅国标（GB 13545—2014）。

烧结空心砖的孔洞率在 40%以上，具有烧结多孔砖的一系列优点，如节约黏土、降低能耗、减轻自重、提高工效、降低成本，以及具有良好的保温隔热功能等，但强度不高，主要用于非承重的填充墙和隔断墙。

4. 烧结页岩砖

烧结页岩砖作为一种新型建筑节能墙体材料，既可用于砌筑承重墙，又具有良好的热工性能，符合施工建筑模数。与普通烧结多孔砖相比，烧结页岩砖的孔洞率达到35%以上，具有保温、隔热、轻质、高强和施工高效等特点。

页岩砖的表观密度大于普通黏土砖，一般制成空心烧结页岩砖以减轻自重。页岩砖的颜色和烧结普通砖相似，抗压强度为 7.5～15 MPa，吸水率为 20%左右。页岩砖质量标准检验方法以及应用范围和烧结黏土砖相同。

5. 烧结煤矸石砖

烧结煤矸石砖的主要成分是煤矸石。煤矸石是采煤过程和洗煤过程中排放的固体废物，其主要成分是 Al_2O_3、SiO_2。煤矸石砖的生产成本较普通黏土砖低，利用煤矸石制砖不仅可以节约土地，还消耗了矿山的废料，它是一项有利于环保的低碳建筑材料。

烧结煤矸石砖的表观密度一般为 1 500 kg/m^3 左右，抗压强度一般为 10～20 MPa，吸水率为 15%左右。煤矸石砖可制成实心砖、空心砖和多孔砖。其中，实心砖和多孔砖多用于承重结构墙体，空心砖多用于非承重结构墙体。

6. 烧结粉煤灰砖

粉煤灰砖的主要原材料是粉煤灰、石灰、石膏、电石渣、电石泥等工业废弃固态物，其表观密度约为 1 400 kg/m^3 左右，抗压强度为 10～15 MPa，吸水率为 20%左右，可用于工业与民用建筑的墙体和基础。

注 意

> 当粉煤灰砖用于基础或用于易受冻融和干湿交替作用的建筑部位时，必须使用一等品或优等品砖。同时，粉煤灰砖不得用于长期受热、受急冷急热或有酸性介质侵蚀的部位。

7.1.2 非烧结砖

以含二氧化硅为主要成分的天然材料（如砂）或工业废料，配以少量石灰、石膏，经拌制、成型、蒸压或蒸养而成的砖，称为非烧结砖。非烧结砖不经焙烧，因此也叫免烧砖。

1. 蒸压（养）粉煤灰砖

蒸压粉煤灰砖又称粉煤灰砖，是以粉煤灰、石灰为主要原料，掺加适量石膏、外加剂、颜料和集料等，经坯料制备、压制成型、高压或常压蒸汽养护而制成的实心砖。粉煤灰砖有彩色和本色两种颜色。

标准《粉煤灰砖》（JC 239—2001）规定，粉煤灰砖的规格与烧结普通砖相同，其强度等级分为 MU30，MU25，MU20，MU15，MU10，各等级强度值如表 7-5 所示；质量等级根据尺寸偏差、外观质量、强度等级、干燥收缩分为优等品（A）、一等品（B）和合格品（C）。

表 7-5 蒸压（养）粉煤灰砖强度等级 （MPa）

强度等级	抗压强度		抗折强度	
	10 块平均值	单块值	10 块平均值	单块值
MU30	≥30.0	≥24.0	≥6.2	≥5.0
MU25	≥25.0	≥20.0	≥5.0	≥4.0
MU20	≥20.0	≥16.0	≥4.0	≥3.2
MU15	≥15.0	≥12.0	≥3.3	≥2.6
MU10	≥10.0	≥8.0	≥2.5	≥2.0

粉煤灰砖的标记，按产品名称（FB）、颜色、强度等级、质量等级、标准编号的顺序编写。例如：强度等级为 MU20，优等品的彩色粉煤灰砖标记为：FB Co 20 A JC239—2001。

粉煤灰砖可用于工业与民用建筑的墙体和基础，但用于基础或用于易受冻融和干湿交替作用的建筑部位必须使用 MU15 及以上强度等级的砖。粉煤灰砖不能用于长期受热（200℃以上）、受急冷急热和有酸性介质侵蚀的建筑部位。

2. 蒸压灰砂砖

蒸压灰砂砖简称灰砂砖，是以石灰和砂子为主要原料，经磨细、计量配料、搅拌混合、压制成形、蒸压养护而制成的空心砖或实心砖。灰砂砖有彩色（Co）和本色（N）两种颜色，其规格和烧结普通砖相同。

国标《蒸压灰砂砖》（GB 11945—1999）规定，灰砂砖按抗压强度和抗折强度分为 MU25，MU20，MU15，MU10 四个强度等级，各等级强度值如表 7-6 所示；根据尺寸偏差、外观质量、强度及抗冻性分为优等品（A）、一等品（B）、合格品（C）三个质量等级。

表 7-6　蒸压灰砂砖的强度等级　（MPa）

强度等级	抗压强度		抗折强度	
	平均值	单块值	平均值	单块值
MU25	≥25.0	≥20.0	≥5.0	≥4.0
MU20	≥20.0	≥16.0	≥4.0	≥3.2
MU15	≥15.0	≥12.0	≥3.3	≥2.6
MU10	≥10.0	≥8.0	≥2.5	≥2.0

灰砂砖的标记按产品名称（LSB）、颜色、强度等级、产品等级、标准编号的顺序编写。例如：强度等级为MU20，优等品的彩色灰砂砖标记为：LSB　Co　20　A　GB11945。

灰砂砖具有强度较高、大气稳定性好、干缩率小、尺寸偏差小、外形光滑平整等特点，主要用于工业与民用建筑的基础和墙体。其中 MU25，MU20，MU15 的灰砂砖可用于基础和其他建筑，MU10 的灰砂砖仅可用于防潮层以上的建筑。灰砂砖不得用于长期受热（200℃以上）、受急冷急热和有酸性介质侵蚀的建筑部位，也不适用于有流水冲刷的建筑部位。

3. 炉渣砖

炉渣砖是以煤燃烧后的残渣为主要原料，掺入适量的石灰和石膏，经加水搅拌混合、压制成型、蒸养或蒸压养护而成的实心砖，其颜色为灰黑色。《炉渣砖》（JC/T 525—2007）规定，炉渣砖的规格和烧结普通砖相同，其按抗压强度分为 MU25，MU20，MU1 三个强度等级。

炉渣砖可用于一般工程的内墙和非承重外墙。当用于基础、易受冻融、干湿交替、长期受热（200℃以上）、受急冷急热和有酸性介质侵蚀的建筑部位时，其使用要点与粉煤灰砖和灰砂砖相同。

7.2 建筑砌块

砌块是一种比砌墙砖大的新型墙体材料。砌块具有良好的保温隔热效果，尺寸大、砌筑效率高、生产周期短、工艺简单，生产过程中可以充分利用工业废渣和地方资源，而不破坏耕地，有利于环保。因此，近年来在建筑领域砌块的应用越来越广。

砌块的外形一般为直角六面体，也有异形的，其分类如表 7-7 所示。

表 7-7 砌块的分类

<table>
<tr><th>按尺寸（mm）分类</th><th colspan="2">按密实情况分类</th><th>按主要原材料分类</th></tr>
<tr><td rowspan="2">大型砌块（主规格高度＞980）</td><td colspan="2">实心砌块</td><td>普通混凝土砌块</td></tr>
<tr><td rowspan="2">空心砌块</td><td>空心率＜25%</td><td>轻集料混凝土砌块</td></tr>
<tr><td>中型砌块（主规格高度为 380～980）</td><td>空心率为 25%～40%</td><td>粉煤灰硅酸盐砌块</td></tr>
<tr><td rowspan="2">小型砌块（主规格高度为 115～380）</td><td colspan="2" rowspan="2">多孔砌块（表观密度 300～900 kg/m^3）</td><td>煤矸石砌块</td></tr>
<tr><td>蒸压加气混凝土砌块</td></tr>
</table>

7.2.1 混凝土小型砌块

混凝土小型砌块是以水泥、矿物掺合料、砂、石、水等为原材料，经搅拌、振动成型、养护等工艺制成的小型砌块，有空心砌块和实心砌块两种。其中，空心砌块的空心率为 25%～50%。

1. 普通混凝土小型空心砌块

普通混凝土小型空心砌块的规格尺寸以 mm 计，其长度尺寸为 390，宽度尺寸有 90，120，140，190，240 和 290，高度尺寸有 90，140 和 190，其他规格尺寸可由供需双方协商，砌块各部位名称如图 7-4 所示。

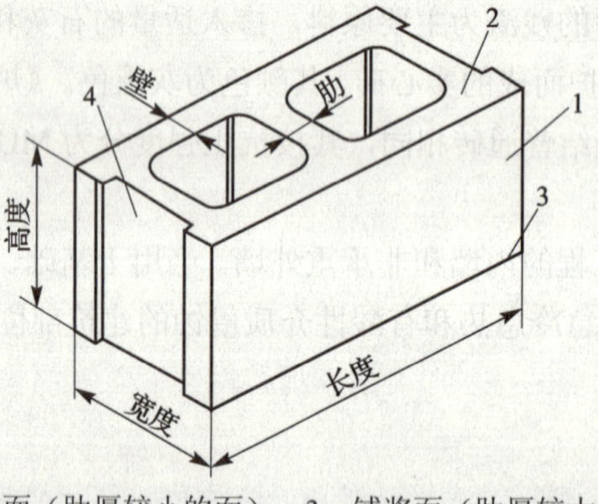

1—条面 2—坐浆面（肋厚较小的面） 3—铺浆面（肋厚较大的面） 4—顶面

图 7-4 混凝土小型空心砌块示意图

国标《普通混凝土小型砌块》（GB/T 8239—2014）规定，空心砌块和实心砌块的强度等级如表 7-8 所示，各强度等级的具体抗压强度指标读者可查阅该标准。

表 7-8 砌块的强度等级

砌块种类	承重砌块（L）	非承重砌块（N）
空心砌块（H）	MU7.5，MU10，MU15，MU20，MU25	MU5.0，MU7.5，MU10
实心砌块（S）	MU15，MU20，MU25，MU30，MU35，MU40	MU10，MU15，MU20

普通混凝土小型空心砌块的标记按砌块种类、规格尺寸、强度等级和标准代号的顺序编写。例如：规格尺寸为390 mm×190 mm×190 mm、强度等级为MU7.5、承重结构用的实心砌块，其标记为：LS 390×190×190 MU7.5 GB/T 8239—2014。

普通混凝土小型空心砌块的抗冻性，应符合表7-9中的规定。

表7-9 普通混凝土小型空心砌块的抗冻性

使用条件	抗冻指标	质量损失率	强度损失率
夏热冬暖地区	D15	平均值≤5% 单块最大值≤10%	平均值≤5% 单块最大值≤10%
夏热冬冷地区	D25		
寒冷地区	D35		
严寒地区	D50		

普通混凝土小型空心砌块具有质量轻、生产简便、施工速度快、适用性强、造价低等优点，适用于一般工业与民用低层和中层建筑的内外墙。这种砌块在砌筑时一般不宜浇水，但在气候特别干燥炎热时，可在砌筑前稍喷水湿润即可。

2. 轻集料混凝土小型空心砌块

轻集料混凝土小型空心砌块是由陶粒、浮石、膨胀珍珠岩、煤渣、火山渣等各种轻粗细集料、掺合料、外加剂、水泥等按一定比例混合，经搅拌、成型、养护而成的。轻集料混凝土小型空心砌块的孔的排数有：单排孔（1）、双排孔（2）、三排孔（3）和四排孔（4），其空心率大于25%。

《轻集料混凝土小型空心砌块》（GB/T 15229—2011）规定，轻集料混凝土小型空心砌块的主规格为390 mm×190 mm×190 mm，其强度等级有MU2.5，MU3.5，MU5.0，MU7.5和MU10.0共5个等级，其密度等级分为八级，即500，600，700，800，900，1 000，1 200和1 400。

轻集料混凝土小型空心砌块（LB）的按产品代号、类别（孔的排数）、密度等级、强度等级和标准编号的顺序进行标记。例如：密度等级为700级、强度等级为2.5级、四排孔的轻骨料混凝土小型空心砌块，其标记为：LB 2 700 MU2.5 GB/T 15229—2011。

轻集料混凝土小型空心砌块的不同抗冻性等级，其适用环境与表7-9中的相同，只是无论在哪种环境中，轻集料混凝土小型空心砌块的质量损失率均不大于5%，强度损失率均不大于25%。

与普通混凝土小型空心砌块相比，轻集料混凝土小型空心砌块具有质量轻、绝热和隔声性能好、抗震性能好等优点，在工业与民用建筑的各种墙体中得到广泛应用。

7.2.2 粉煤灰砌块

粉煤灰砌块也称为粉煤灰硅酸盐砌块，是以粉煤灰、石灰、石膏和骨料为原料，按一定比例经加水搅拌、振动成型、蒸汽养护而制成的密实砌块，各部分名称如图 7-5 所示。

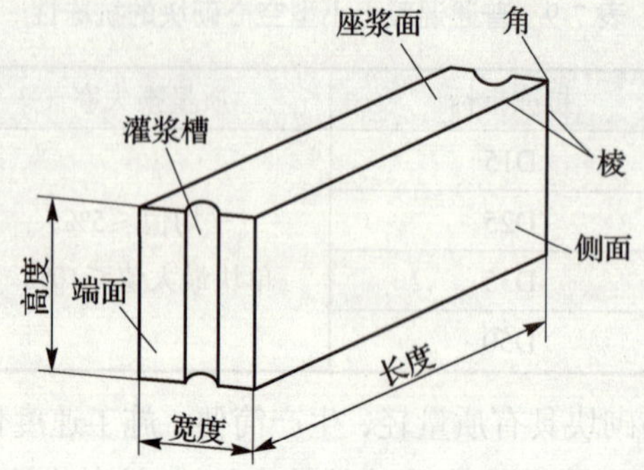

图 7-5 粉煤灰砌块示意图

《粉煤灰砌块》（JC 238—1996）规定，粉煤灰砌块的主规格外形尺寸为 880 mm×380 mm×240 mm 和 880 mm×430 mm×240 mm，按其立方体的抗压强度分为 MU10 和 MU13 两个强度等级，按其尺寸偏差、外观质量、干缩性能分为一等品（B）和合格品（C）两个质量等级。

粉煤灰砌块适用于一般工业和民用建筑的墙体和基础，但不宜用于有酸性介质侵蚀的、对密封性要求高的、易受较大振动的建筑物，也不宜用于经常处于高温或经常受潮湿的承重墙。在常温施工时，砌块应提前浇水润湿，冬季施工时则不需润湿。

7.2.3 蒸压加气混凝土砌块

蒸压加气混凝土砌块是用钙质材料（如水泥、石灰）和硅质材料（如砂子、粉煤灰、矿渣）为原料，并加入铝粉作加气剂，经加水搅拌、浇注成型、发气膨胀、预养切割，再经高压蒸汽养护而成的多孔轻质块体材料，如图 7-6 所示。

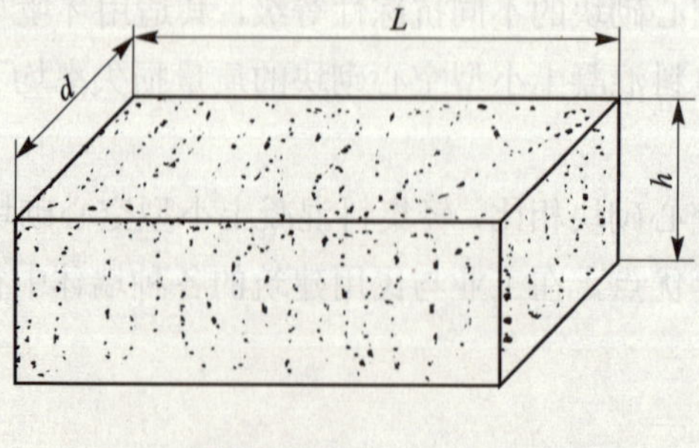

图 7-6 蒸压加气混凝土砌块示意图

《蒸压加气混凝土砌块》（GB 11968—2006）规定，砌块的规格尺寸以 mm 计，其长度尺寸为 600，宽度尺寸有 100，120，125，150，180，200，240，250，300 共 9 种，高度尺寸有 200，240，250 和 300 共 4 种规格。

砌块的质量按其尺寸偏差、外观质量、干密度、抗压强度和抗冻性可分为优等品（A）、合格品（B）两个质量等级，其强度按抗压强度分为七个级别，各级别的抗压强度值应符合表 7-10 中的规定，按干燥状态下的密度分为 B03，B04，B05，B06，B07，B08 共 6 个级别。

表 7-10　蒸压加气混凝土砌块的抗压强度　（MPa）

强度等级	A1.0	A2.0	A2.5	A3.5	A5.0	A7.5	A10.0
立方体抗压强度平均值	≥1.0	≥2.0	≥2.5	≥3.5	≥5.0	≥7.5	≥10.0
立方体抗压强度最小值	≥0.8	≥1.6	≥2.0	≥2.8	≥4.0	≥6.0	≥8.0

蒸压加气混凝土砌块采用产品代号（ACB）、强度级别、干密度级别、规格尺寸、质量等级、标准编号的顺序进行标记。例如：强度级别为 A2.5、干表观密度级别为 B04、优等品、规格尺寸为 600 mm × 200 mm × 250 mm 的蒸压加气混凝土砌块，其标记为：ACB A2.5 B04　600 mm × 200 mm × 250 mmA　GB11968。

蒸压加气混凝土砌块的表观密度小，且具有较高的强度、抗冻性及较低的导热系数，是良好的墙体材料及隔热保温材料。这种材料适用于多层和高层建筑的非承重墙、隔断墙、填充墙及工业建筑的围护墙，也适用于低层建筑的承重墙，是当前重点推广的节能建筑墙体材料之一。在无可靠的防护措施时，蒸压加气混凝土砌块不能用于建筑物基础和处于浸水、高温和有化学侵蚀的环境，也不能用于表面温度高于 80℃的承重结构部位。

7.3 墙体板材

建筑墙体板材具有轻质、高强和多功能等特点，其种类较多，拆装方便，且施工效率高。此外，建筑墙体板材的自重小，厚度一般比较薄，这不仅可以减轻建筑物对基础的承重要求，降低工程造价，还可以提高室内的使用面积。因此，大力发展轻质板材是墙体材料改革趋势。

7.3.1 水泥类墙体板材

水泥类墙体板材具有良好的力学性能和耐久性，其生产技术成熟，产品质量可靠，可用于承重墙和非承重墙。但水泥类板材的抗拉强度较低，表观密度较大，多采用空心化来减轻自重。

1. GRC轻质多孔条板

玻璃纤维增强水泥（简称 GRC）轻质多孔条板是以硫铝酸盐水泥轻质砂浆为基材，以耐碱玻璃纤维或其网格布作为增强材料，并加入发泡剂和防水剂等制成的具有若干个圆孔的条形板，如图 7-7 所示。

图 7-7　GRC 轻质多孔条板

GRC 轻质多孔条板的性能应符合《玻璃纤维增强水泥轻质多孔隔墙条板》（JC 666—1997）的规定，其端部应设有榫头和榫槽，厚度有 60 mm、90 mm 和 120 mm 三种，长度尺寸有 2 500～2 800 mm，2 500～3 000 mm 和 2 500～3 500 mm 三种，其宽度均为 600 mm。

GRC 轻质多孔条板具有密度小、韧性好、耐水、不燃、易加工等特点，主要用于非承重的内隔墙和复合墙体的外墙面。

2. 纤维增强硅酸钙复合实心轻质隔墙条板

纤维增强硅酸钙复合实心轻质隔墙条板，简称硅酸钙复合实心墙板，是采用两块纤维增强硅酸钙薄板作为面板材料，中间为水泥基聚苯乙烯泡珠轻质混合料芯体，通过对芯体各种原材料的优化组合，利用水泥的胶结性能和面板的亲和力将面板与芯体牢固结合而制成的板材。

硅酸钙复合实心墙板具有质轻、强度高，湿胀率小，抗冲击性好、吊挂力大、防火、防水、隔声、隔热、易切割、可任意开槽、无须抹灰、干法作业等优点。其中

- 防水性能好：硅酸钙复合实心墙板优良的防渗水性和实心芯体，使其具有较好的防水性，适用于厨房、卫生间等对防水要求较高的墙体。
- 防火性能好：硅酸钙复合实心墙板采用 A 级不燃的硅酸钙板作面板替代 UAC 木质纤维水泥板后，大大提高了防火性能。
- 导热系数小：硅酸钙复合实心墙板具备了新型墙体材料体薄而导热系数小、热阻大的优点，是寒冷地区供暖节能和炎热地区空调节能的优选墙体板材。

由此可见，硅酸钙复合实心墙板在建筑使用上能达到增加建筑使用面积、减轻结构负荷、降低建筑物使用中的能耗和降低综合造价的效果，可作为公用与民用建筑的隔墙与吊顶。

3. 纤维增强水泥平板

纤维增强水泥平板以纤维和水泥为主要原料，经制浆、成坯、养护等工序而制成的板材。其中，采用混合纤维和低碱度硫铝酸盐水泥制成的纤维增强低碱度水泥平板称为TK板；采用抗碱玻璃与低碱度硫铝酸盐水泥制成的纤维增强低碱度水泥平板称为NTK板。

纤维增强水泥平板具有良好的可加工性能和抗折、抗冲击荷载性能，以及质轻、防水、防潮、防蛀、防霉、不容易变形等优点，其常用规格：长度为1 000～1 200 mm，宽度为800～900 mm，厚度为4 mm，5 mm，6 mm和8 mm。

7.3.2 石膏类墙体板材

石膏板的原材料丰富、制作简单、表面平整、光滑细腻、可装饰性好，且能够调节室内的温度和湿度，是一种典型的新型墙体材料，广泛应用于工业和民用建筑的非承重内隔墙。石膏类墙体板材的种类较多，目前使用最多的有纸面石膏板、石膏空心条板和石膏纤维板。

1. 纸面石膏板

纸面石膏板是以建筑石膏为主要原料，掺入适量外加剂和纤维作为芯材，以特制的护面纸作为面层的一种轻质板材，如图7-8所示。

纸面石膏板按用途可分为普通纸面石膏板（P）、耐火纸面石膏板（H）、耐水纸面石膏板（S），常用的规格尺寸：长度有1 800 mm，2 100 mm，2 400 mm，2 700 mm，3 000 mm和3 600 mm；宽度有900 mm，1 200 mm；厚度有9.5 mm，12 mm，15 mm，18 mm，21 mm和25 mm。纸面石膏板主要用于吊顶、隔墙、内墙贴面、吸声板等。

图7-8 纸面石膏板

2. 石膏空心条板

石膏空心条板是以建筑石膏为胶凝材料，加入适量无机轻骨料（如膨胀珍珠岩、膨胀蛭石）、无机纤维增强材料，经拌和、浇注、振动成型、抽芯、脱模干燥而制成的空心条板。

石膏空心条板按原材料可分为石膏粉煤灰硅酸盐空心条板、石膏珍珠岩空心条板、石膏空心条板，按强度可分为普通型空心条板、增强型空心条板。常用的规格尺寸：长度为2 400～3 000 mm，宽度为600 mm，厚度为60 mm，主要用于工业与民用建筑的非承重内墙，其相关性能应符合《石膏空心条板》（JC/T 829—2010）的相关规定。

3. 石膏纤维板

石膏纤维板是由建筑石膏、纤维材料（木纤维、废纸纤维、有机纤维），以及多种添加剂和水而制成的石膏板，它具有较好的尺寸稳定性和防火、防潮、隔声性能，可钉、可锯、可装饰性好。常用的规格尺寸与纸面石膏板基本相同。石膏纤维板主要用于工业与民用建筑的吊顶、隔墙等。

7.3.3 复合墙体板材

由单一材料制成的板材，常因材料本身的局限性而使其应用范围受到限制，有时不能满足墙体的多功能要求，但由不同材料组成的复合墙体板材能够弥补这一不足。复合墙体板材是将墙体结构材料和保温材料合二为一，具有轻质、高强、保温、隔音、防火等特点。常见的复合墙体板材有金属面夹芯板、丝网架水泥夹芯板和 GRC 复合外墙板等。

1. 金属面夹芯板

金属面夹芯板是指上下两层为金属薄板，芯材为有一定刚度的保温材料（如岩棉、硬质泡沫塑料等），在专用的自动化生产线上复合而成的具有承载力的结构板材，也称“三明治”板，是近年来随着轻钢结构的广泛使用而产生的一种复合墙体板材，如图 7-9 所示。

金属面夹芯板具有质轻、强度高、外形美观、施工速度快、可多次拆装使用等特点，主要用于房屋的非承重维护结构，如工业厂房、超市、活动房、展览场馆等。

2. 钢丝网架水泥夹芯板

钢丝网架水泥夹芯板是由三维空间焊接钢丝网架，内填泡沫塑料板或半硬质岩棉板构成的网架芯板，表面经施工现场喷抹水泥砂浆后形成的复合板材，如图 7-10 所示。常用的品种有 3D 板、泰柏板、舒乐舍板和英派克板。

图 7-9　金属面夹芯板

图 7-10　钢丝网架水泥夹芯板

钢丝网架水泥夹芯板具有质轻、保温隔热效果好、安全方便、布置灵活、防震、防水、防潮等特点，主要用于房屋的内隔墙、保温复合外墙、围护外墙、楼面、屋面等。

3. GRC复合外墙板

GRC 复合外墙板是以低碱度水泥砂浆为基材，以耐碱玻璃纤维做增强材料制成板材面层，内置钢筋混凝土肋，并填充绝热材料内芯的新型轻质复合墙板，具有规格尺寸大、自重轻、面层造型丰富、施工方便等特点，特别适用于框架结构建筑，尤在高层框架建筑中作为非承重外墙挂板使用。

习 题

7—1 以黏土为原料的烧结砖有哪几种？可用哪些砖代替以黏土为原料的烧结砖？

7—2 烧结粘土砖为什么能一直沿用下来？

7—3 烧结多孔砖和烧结空心砖有哪些区别？

7—4 建筑砌块有哪些特点？

7—5 近年来，什么要大力发展轻质板材？

7—6 简述石膏类墙体板材中，纸面石膏板和石膏空心条板分别适用于哪些场合。

7—7 简述复合墙体板材中，金属面夹芯板与钢丝网架水泥夹芯板分别适用于哪些场合。

第 8 章

建筑钢材

本章导读

建筑钢材有钢结构用的型钢（如圆钢、角钢、工字钢）、钢板和钢管，以及钢筋混凝土用的钢筋和钢丝。钢材在建筑结构中主要承受拉力、压力、弯曲、冲击等外力作用，施工中还经常对钢材进行冷弯或焊接等，是重要的建筑工程材料之一。

通过学习本章，应熟悉建筑钢材的分类方式、主要力学性能和工艺性能，了解不同化学成分对钢材性能的影响，掌握建筑钢材的标准与选用，以及其锈蚀与防止措施。

本章要点

- 建筑钢材的几种常见分类方式
- 建筑钢材的力学性能和工艺性能
- 化学成分对钢材性能的影响
- 建筑钢材的标准与选用
- 建筑钢材的锈蚀与防止

近些年来，高层和大跨度结构的迅速发展，使得钢材在建筑工程中的应用越来越多。钢铁作为国民经济发展的重要材料之一，被广泛应用在工业、农业、国防与建筑工程中。

钢材具有强度高、塑性好、质量均匀、性能可靠、机械性能良好等优点，可焊接、铆接和螺栓连接。用各种型钢组成的钢结构安全性高、自重轻，适用于重型工业厂房、大跨度结构、可移动结构，以及高耸结构和高层建筑等。建筑钢材应用实例如图 8-1 所示。

（a）吉隆坡国家石油双塔大厦

（b）日本明石海峡大桥

（c）钢桥

图 8-1　钢材应用实例

知识链接

现代大、中型水工建筑物，主要是由混凝土、钢筋混凝土及各种钢结构组成的。钢材的生产条件严格，质量均匀，性能可靠，对工程结构的安全起着决定性作用。

建筑钢材存在易锈蚀、维护费大、耐火性差等缺点。因此，在工程中合理地使用钢材，严格检验其质量，对保证工程质量具有重要意义。

8.1 建筑钢材概述

钢铁，又称铁碳合金，其主要化学成分是铁和碳，此外还有少量的硅、锰、硫、磷、氧和氮等。其中，含碳量为 2%～6%的钢铁称为生铁或铸铁；含碳量小于 2%的钢铁称为钢。

钢是由铁冶炼而成的，其冶炼是把生铁中的杂质氧化，把含碳量降低到 2%以下，使硫、磷等其他杂质减少到某一程度的过程。炼钢过程中采用的熔炼设备和方法不同，所得钢材的质量差别也很大，它们在土木工程中的用途也不同。

1）按化学成分分类

《钢分类》（GB/T 13304.1—2008）规定，钢按化学成分分为非合金钢、低合金钢和合金钢 3 大类，钢中的合金元素（如 Al，B，Mn，Si，Mo，V 等）应分别处于该标准所规定的界限范围内。

2）按含碳量分类

通常将钢按含碳量的多少，分为低碳钢（C＜0.25%）、中碳钢（0.25≤C＜0.60%）和高碳钢（C＞0.60%）。

提 示

合金钢是在钢材冶炼过程中，为改善钢性能或使其获得某些特殊性能，加入不同含量的合金元素（如硅、锰、钛、铝、铌等）而制得的钢种。

通常所说的碳素钢一般统称为非合金钢。碳素钢根据其中 S，P 等杂质的含量不同，又可分为普通碳素钢、优质碳素钢、高级优质碳素钢和特优质碳素钢。

3）按主要用途分类

钢按主要用途分为结构钢、工具钢和特殊性能钢。其中

- 结构钢：按照其用途又可分为工程结构钢（建筑工程、桥梁、船舶、车辆等）和机械制造用结构钢（轴、齿轮、各种联接件等）。
- 工具钢：主要用于制造刀具、模具等各种工具，其含碳量一般较高。
- 特殊性能钢：具有某种特殊物理或化学性能的钢种，包括不锈钢、耐热钢、耐磨钢等。

知识链接

结构钢包括碳素结构钢、优质碳素结构钢、低合金高强度结构钢及合金结构钢等。碳素结构钢和低合金高强度结构钢是建筑工程用的主要钢种，大多数型钢、钢板、钢筋等都是用这种钢轧制的。

4）按脱氧程度分类

钢按按脱氧程度可分为沸腾钢、镇静钢、半镇静钢和特殊镇静钢 4 种。

- **沸腾钢**：仅加入锰铁进行脱氧，脱氧不完全，脱氧后钢液中还有大量的 CO 气体逸出，钢液呈沸腾状态，故称沸腾钢，代号为“F”。这种钢材内部无缩孔、轧制性能好、易于加工，其成本较低。但其内部组织不够致密、成分不均匀、易偏析，故其耐蚀性、抗冲击韧性和可焊性较差，尤其在低温时其冲击韧性显著下降。
- **镇静钢**：采用锰铁、硅铁和铝锭作为脱氧剂，脱氧完全。这种钢当钢液浇铸后在铸锭内呈静止状态，故称镇静钢，代号为“Z”。镇静钢组织致密、成分均匀、偏析程度小，机械性能稳定，多用于承受冲击荷载及其他重要工程结构中。
- **半镇静钢**：脱氧程度介于沸腾钢和镇静钢之间的钢，并兼有两者的优点，代号为“B”。
- **特殊镇静钢**：比镇静钢脱氧程度更充分的钢，代号为“TZ”。特殊镇静钢的质量优良，适用于特别重要的结构工程中。

8.2 建筑钢材的主要技术性能

建筑钢材的性能主要有力学性能、工艺性能和化学性能。其中，力学性能和工艺性能的主要技术指标如图 8-2 所示。钢材的力学性能和工艺性能既是设计和施工人员选用钢材的主要依据，也是生产钢材和控制材质的重要参数。

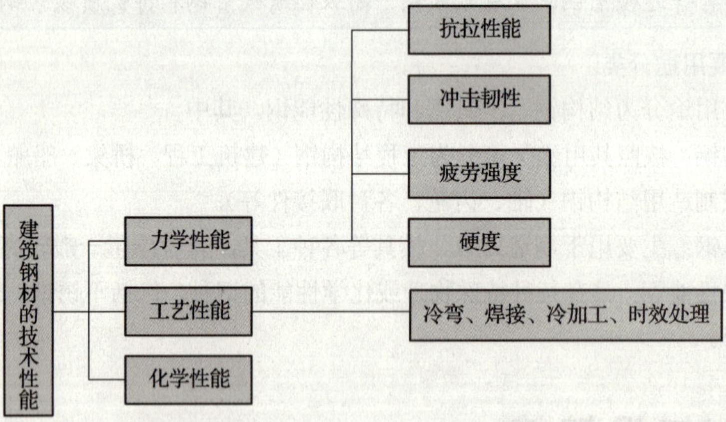

图 8-2 建筑钢材的主要技术性能

材料的力学性能指材料在外力作用下表现出变形和破坏方面的特性，而钢材的力学性能，是衡量钢材性能好坏的重要指标之一。

8.2.1 力学性能

1. 抗拉性能

拉伸是建筑钢材的主要受力形式，所以拉伸性能是建筑工程中选用钢材的重要指标。现以低碳钢为例，通过在试验机上进行拉伸试验，并根据拉伸试验得到的数据，绘制出图8-3所示的钢材应力（R）－延伸率（e）曲线。

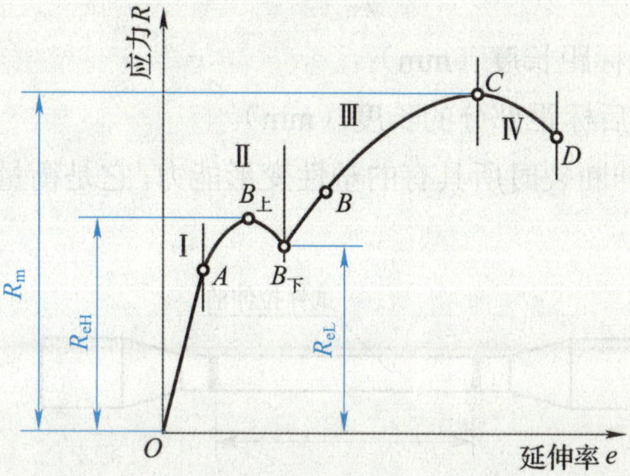

图8-3 低碳钢受拉时的应力－应变曲线

从图8-3中可以看出，低碳钢的拉伸过程分为如下4个阶段：

（1）弹性阶段（Ⅰ）。试样在受力时发生变形，卸除拉伸力后变形能完全恢复，该过程为弹性变形阶段。图8-3中，OA段的图形是一条通过原点的直线，应力与应变成正比，与A点对应的应力为弹性极限强度，以R_{pH}表示，低碳钢$R_{pH}=200$ MPa。处于弹性阶段时，计算的指标为弹性模量$E=R/e=\tan\alpha$。

弹性模量E反映钢材抵抗弹性变形的能力强弱，是衡量材料刚度的重要指标。在拉伸应力一定的条件下，弹性模量值越大，则材料产生的弹性变形就越小，即

$$R=Ee \tag{8-1}$$

（2）屈服阶段（Ⅱ）。AB段的图形是一条波动的曲线，应力基本不变，但变形增加较快，试件表面可观察到45°滑移线，开始出现塑性变形。塑性变形过程中，曲线呈现摆动，摆动的最大应力和最小应力分别称为屈服上限和屈服下限。由于屈服下限数值较为稳定，将其定义为材料屈服极限R_{eL}。

屈服强度是弹性变形转变为塑性变形的转折点，当外力超过屈服点时，产生不可恢复的变形，钢材不能正常使用。由此可见，屈服强度是设计中钢材强度取值的依据，也是工程结构计算中非常重要的一个参数。

（3）强化阶段（Ⅲ）。BC段是一段上升的曲线。这是因为当载荷卸到零时，钢材抵抗塑性变形的能力重新得到提高，称为强化阶段。钢材受拉力时所能承受的最大应力值称

为抗拉强度 R_m。屈服极限和抗拉强度之比称为屈强比（R_{eL}/R_m），它能反映钢材的利用率和结构安全可靠程度。屈强比越小，其结构的安全可靠程度越高。如果屈强比过小，则说明钢材强度的利用率偏低，造成钢材浪费。建筑结构合理的屈强比一般为 0.60～0.75。

（4）颈缩阶段（Ⅳ）。*CD* 段是一段下降的曲线。随着变形的不断发展，在有杂质或缺陷处，试件的断面急剧缩小即颈缩（如图 8-4 所示），直到 *D* 点发生试件的破坏。计算的指标为断后伸长率 *A*，即试件拉长后，标距长度的增量与原标距长度之比，用下式计算

$$A=\frac{L_1-L_0}{L_0}\times 100\% \tag{8-2}$$

式中　L_0—— 试件原始标距长度（mm）；

　　　L_1—— 试件拉断后标距部分的长度（mm）。

伸长率反映钢材拉伸断裂时所具有的塑性变形能力，它是衡量钢材塑性性能的重要技术指标。

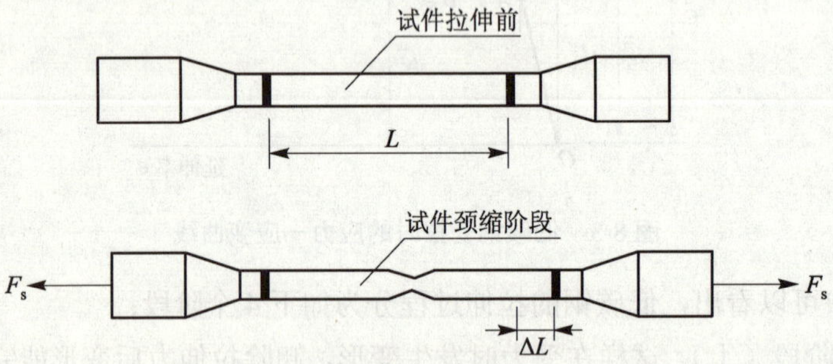

图 8-4　钢材拉伸试件

注　意

对于圆柱形拉伸试样，当原始标距与试件的直径之比愈大，则颈缩处伸长段的比例愈小，因而计算的伸长率会小些。通常以 A_5 和 A_{10} 分别表示 $L_0=5d_0$ 和 $L_0=10d_0$（d_0 为试件直径）时的伸长率。对同一种钢材，A_5 应大于 A_{10}。

中碳钢与高碳钢（又称硬钢）的拉伸曲线与低碳钢不同，它们的屈服现象不明显，难以测定屈服点。一般将受拉时，试件长度为原标距长度的 0.2%时所对应的应力值，作为硬钢的屈服强度，也称条件屈服点，用 $R_{0.2}$ 表示，如图 8-5 所示。

钢材受拉时，其颈缩及塑性变形情况除了可用断后伸长率 *A* 表示外，还可用断面收缩率 *Z* 来表示。断面收缩率是指试件拉断后，缩颈处横截面积的最大缩减量与原始横截面积的百分比，即

$$Z=\frac{S_0-S_u}{S_0}\times 100\% \tag{8-3}$$

式中 S_0—— 试件原始横截面积（mm^2）；

S_u—— 缩颈处最小横截面积（mm^2）。

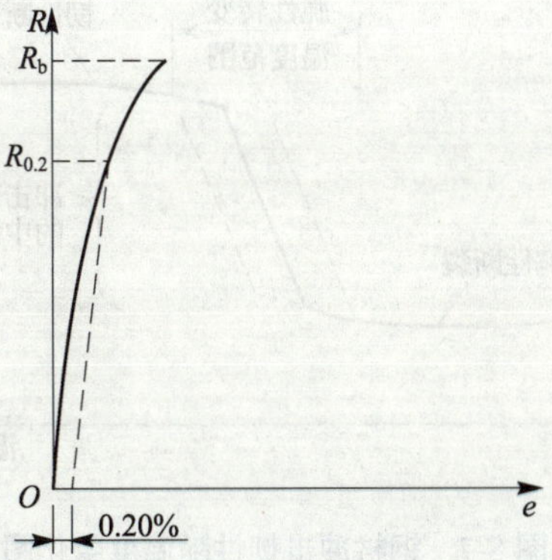

图 8-5 中碳钢、高碳钢的应力—应变曲线

2. 冲击韧性

冲击韧性是指钢材在冲击载荷作用下抵抗塑性变形和断裂的能力，用冲击韧性指标 α_k 来表示。建筑钢材的冲击韧性利用冲击试验来测定，如图 8-6 所示，即用带有 V 形缺口的标准试件，在摆锤试验机上进行冲击弯曲试验，测量在冲击负荷作用下缺口处单位截面积上所消耗的功，即

$$\alpha_k = \frac{W}{A} \tag{8-4}$$

式中 α_k—— 冲击韧性值（J/cm^2）；

W—— 冲断试件时消耗的功（J）；

A—— 试件槽口处横截面面积（cm^2）。

韧性指标 α_k 越大，表示试件被冲断时所吸收的功越大，钢材的韧性越好。

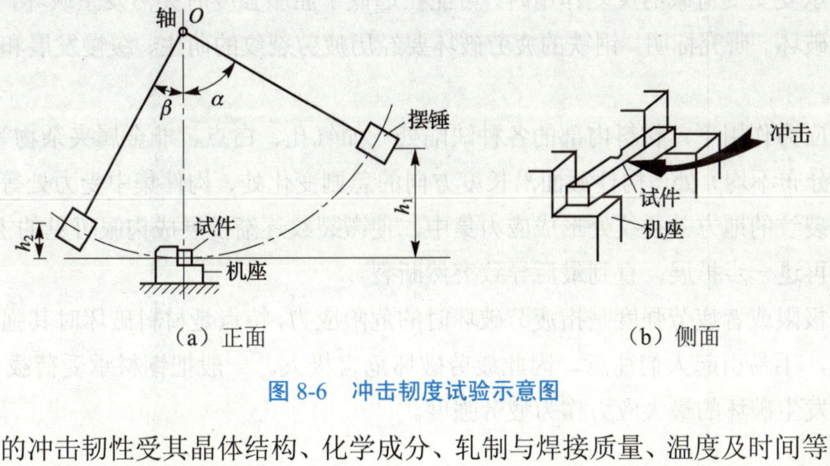

图 8-6 冲击韧度试验示意图

钢材的冲击韧性受其晶体结构、化学成分、轧制与焊接质量、温度及时间等因素的影

响。试验表明，同一种钢材的冲击韧性随温度的降低而下降，其变化曲线如图 8-7 所示。

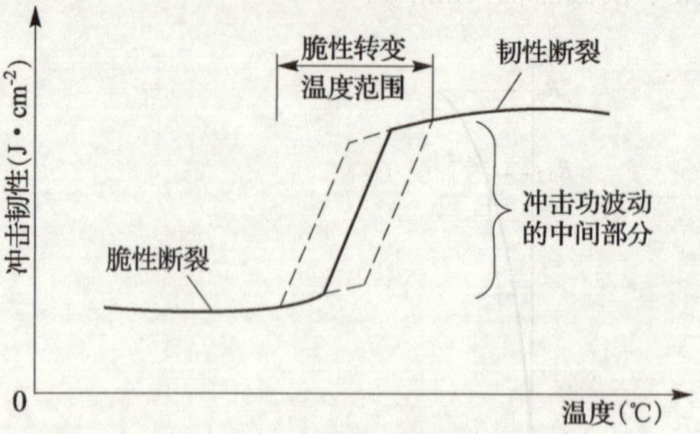

图 8-7 钢材冲击韧性随温度变化图

由图 8-7 可知，在较高温度环境下，α_k 值随温度下降缓慢降低，破坏时呈韧性断裂。当温度降至一定范围内，随温度降低时 α_k 值开始大幅度降低，钢材开始发生脆性断裂，这种性质称为钢材的冷脆性。发生冷脆时的温度范围，称为脆性转变温度范围。随着时间的延长，钢材的强度和硬度升高，塑性和韧性降低的现象称为时效。时效是降低钢材冲击韧性的重要因素之一。

提　示

脆性转变温度越低，表明其低温冲击性能越好。在严寒地区使用的钢材，设计时必须考虑其冷脆性。由于脆性临界温度的测定较复杂，通常根据气温条件在 -20℃ 或 -40℃ 时测定 α_k 值，以此来推断其脆性临界温度范围。

3. 疲劳强度

钢材承受交变荷载的反复作用时，可能在远低于屈服强度时突然发生破坏，这种破坏称为疲劳破坏。研究标明，钢铁的疲劳破坏要经历疲劳裂纹的萌生、缓慢发展和迅速断裂 3 个过程。

交变应力作用下，材料内部的各种缺陷处（如气孔、白点、非金属夹杂物等）、成分偏析（即分布不均）处、构件截面沿长度方向的急剧变化处、构件集中受力处等，都是容易产生微裂纹的地方，裂纹处形成应力集中，使微裂纹逐渐扩展成肉眼可见的宏观裂纹，宏观裂纹再进一步扩展，直到最后导致突然断裂。

疲劳极限或者疲劳强度是指疲劳破坏时的危险应力，特点是材料破坏时其强度远低于抗拉强度，不易引起人们注意，因此疲劳破坏危害极大。一般把钢材承受荷载 10^6～10^7 次时，不发生破坏的最大应力作为疲劳强度。

4. 硬度

硬度是指钢材抵抗硬物压入时产生局部变形的能力。钢材的硬度常用压痕单位面积上所受压力或压痕的深度作为衡量指标，常用的测定方法有布氏法和洛氏法。

1）布氏法

利用布氏法可测得钢材的布氏硬度，其测量原理是用一定直径的钢球或硬质合金球，在规定的试验压力作用下压入试样表面。经规定的保持时间（钢材的保持时间一般为10～15 s）后，测量试样表面的压痕直径，试验压力除以压痕球形表面积所得之商，即为布氏硬度。

布氏硬度的表示符号：当压头为淬火钢球时，其符号为 HBS（适用于布氏硬度值在450以下的钢材）；当压头为硬质合金球时，其符号为HBW（适用于布氏硬度值为450～650的材料）。

2）洛氏法

洛氏硬度以测量压痕深度表示材料的硬度值。按照荷载和压头类型不同，常用的洛氏硬度值可分为 HRA，HRB 和 HRC 三种。洛氏硬度操作简便、压痕较小，可用于成品检验。但若材料中有偏析及组织不均匀等缺陷，则所测硬度值重复性差。

提　示

硬度的大小，既可以判断钢材的软硬，又可以近似地估计钢材的抗拉强度，还可以检验热处理的效果。一般来说，硬度高，耐磨性较好，但脆性也大。

8.2.2 工艺性能

建筑钢材不仅应具有优良的力学性能，还应有良好的工艺性能，以满足施工工艺的要求。良好的工艺性能，可以保证钢材能够顺利通过各种处理而不损坏其质量。

1. 冷弯性能

冷弯性能是指钢材在常温下受弯曲变形的能力。钢材的冷弯性能指标，常用弯曲的角度α、弯心直径d与试件的直径（或厚度）a的比值来表示。α角越大，d/a越小，表明试件冷弯性能越好，如图8-8所示。

钢材的技术指标中，对不同钢材的冷弯指标均有具体规定。当按规定的弯曲角度α和d/a值对试件进行冷弯时，试件受弯处不发生裂缝、断裂或起层，即认为冷弯性能合格。

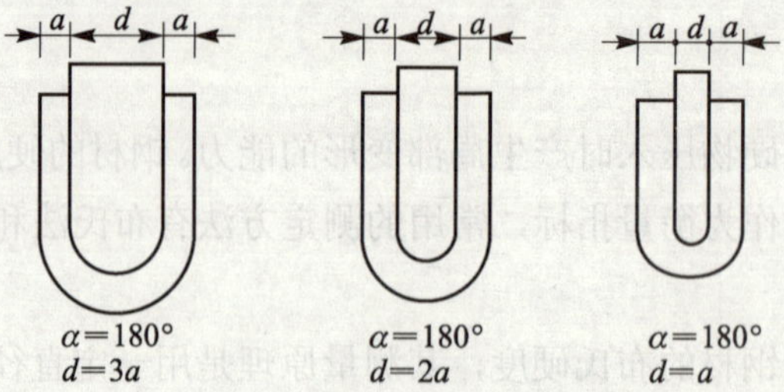

图 8-8 钢材冷弯示意图

图 8-9 所示为钢材冷弯试验示意图。钢材的冷弯性能和伸长率均可反映钢材的塑性变形能力。其中，伸长率反映试件均匀变形，而冷弯性能可揭示钢材内部组织是否均匀，以及是否存在内应力和夹杂物等缺陷。此外，工程中还经常用冷弯试验来检验建筑钢材的焊接质量。

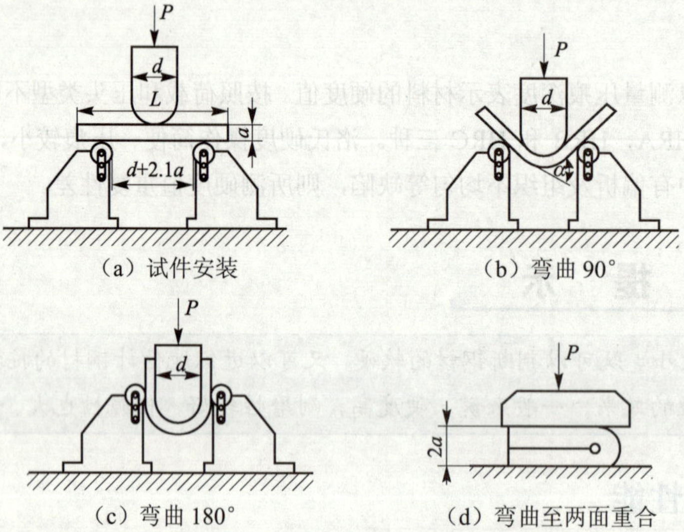

图 8-9 钢筋冷弯试验示意图

2. 焊接性能

建筑工程中，焊接连接是钢结构的主要连接方式。此外，焊接连接还广泛应用于钢筋骨架、钢筋接头、钢筋网、连接件和预埋件。因此，钢材应具有良好的可焊性。可焊性是指在一定焊接工艺条件下，在焊缝及其附近过热区是否产生裂缝及脆硬影响，焊接后接头处的强度是否与母体相近。

钢材的焊接主要采用电弧焊和接触对焊。钢材的化学成分和冶炼质量对焊接性能有很大影响。例如，钢材中的锰、硅、钒等杂质均会降低其可焊性，尤其是其中的硫成分，它能使焊缝处产生热裂纹并硬脆，这种现象称为热脆性。

一般情况下，对焊接结构用钢，宜选用含碳量低、杂质含量少的镇静钢。对于高碳钢和合金钢，为改善焊接后的硬脆性，焊接时一般要采用焊前预热和焊后热处理等措施。此外，选用合理的焊接工艺，也是提高焊接质量的重要措施之一。

3. 冷加工性能及时效处理

1）冷加工强化处理

将钢材在常温下进行冷拉、冷拔或冷轧，使之产生塑性变形，从而提高其屈服强度的过程，称为冷加工强化处理。钢材经冷加工后的屈服强度，可作为结构设计的强度取值依据。

注　意

钢材经过冷加工后强度的提高，是以牺牲钢材的延性即塑性和冲击韧性为代价的。所以冷加工之后的钢材，脆硬性增加，塑性和韧性降低，一般不用于抗震结构、承受动荷载的结构。

2）时效

钢材经冷加工后，在常温下存放 15～20 d 或加热至 100～200℃保持 2 h 左右，其屈服强度、抗拉强度及硬度进一步提高，而塑性及韧性继续降低，这种现象称为时效。值得注意的是，时效处理增加的强度只作为材料的强度储备，以增加结构的安全性，不作为结构设计依据。

在建筑工地和混凝土预制厂，经常对强度偏低和塑性偏大的钢筋或低碳盘条钢筋进行冷拉或冷拔并时效处理，以提高屈服强度和材料利用率，节省钢材，同时还兼有调质、除锈的作用。但对于受动荷载或经常处于中温条件工作的钢结构，如桥梁、钢轨、锅炉等，为避免过大脆性，出现突然断裂，要求采用时效敏感性低的钢材。

8.3 化学成分对钢材性能的影响

1. 碳（C）

碳是决定钢材性能的重要元素，它对钢的机械性能影响如图 8-10 所示。由该图可知，当含碳量小于 0.8%时，随着含碳量的增加，钢的伸长率、断面收缩率和冲击韧性逐渐下降，但硬度增大，抗拉强度在含碳量小于 0.8%时随着含碳量的增加逐渐提高，当含碳量大于 0.8%则逐渐下降。

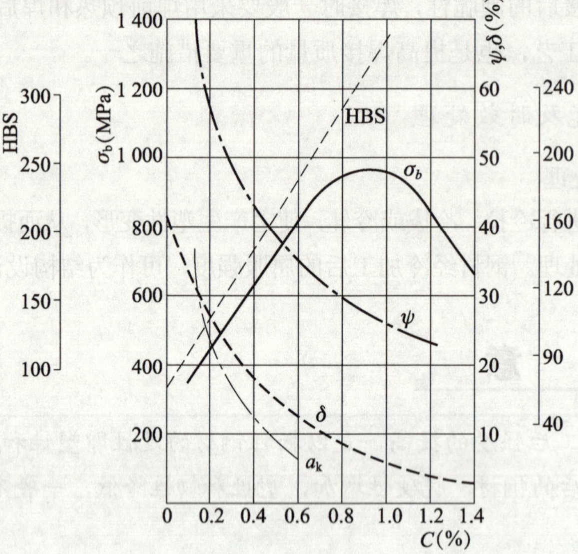

σ_b—抗拉强度　α_k—冲击韧性　HBS—硬度　δ—抗拉强度　ψ—断面收缩率

图 8-10　含碳量对钢机械性能的影响

此外，随着含碳量的增加，钢材的焊接性能、冷弯性能和抗大气锈蚀性能下降（含碳量大于 0.3%时，钢材的可焊性显著下降）。一般工程所用碳素钢均为低碳钢，其含碳量小于 0.25%。

2. 硫（S）和磷（P）

硫和磷是钢中的有害元素，分别以 FeS 和 Fe_3P 的形式存在。FeS 熔点低，钢材热加工或焊接时，易使其内部产生裂纹，引起钢材断裂，这一现象称为热脆性。热脆性严重降低了钢的可焊性、热加工性、冲击韧性、耐疲劳性、抗腐蚀性等性能。工程中规定，硫的含量一般不得超过 0.055%。

一般认为，磷的偏析富集，会使钢材在低温时变脆而引发裂纹，显著降低了钢材的可焊性。但是磷可提高钢的强度、耐磨性和耐蚀性，尤其在与铜等合金元素共存时效果更为明显。工程中规定，磷含量一般不得超过 0.045%。

3. 氧（O）和氮（N）

氧和氮是钢中的有害元素，均是在炼钢过程中带入的，在钢中大部分以非金属化合物的形式存在，如 FeO 等。这些非金属化合物降低了钢的各种机械性能，尤其使其塑性和韧性显著降低。氧元素使钢的热脆性增加，其含量不得超过 0.05%；氮元素使钢的冷脆性及时效敏感性增加，其含量不得超过 0.035%。若在钢中加入少量铝、钒、钛等元素，并使其变为氮化物，可减少氮的不利影响，得到强度较高的细晶粒结构钢。

4. 硅（Si）和锰（Mn）

硅和锰是在钢的精炼过程中为了脱氧去硫而加入的元素。当硅含量小于 1%时，可提高钢的强度，但对钢的塑性和韧性无明显影响。当硅含量大于 1%时，会使钢变脆，降低其可焊性和耐锈蚀性能。

锰能消减硫和氧所引起的热脆性，使钢材的热加工性能改善。锰溶于铁素体中可使钢的强度提高。但当含量过高时，将会显著降低钢的焊接性能。

5. 铝（Al）、钛（Ti）、钒（V）和铌（Nb）

铝、钛、钒、铌均是炼钢时的强脱氧剂。适量加入钢内，可改善钢的组织，细化晶粒，显著提高钢的强度，改善其韧性。

8.4 建筑钢材的标准与选用

用于建筑工程中的钢材可分为钢结构用钢和混凝土用钢两大类，其母材主要是碳素结构钢和低合金高强度结构钢。钢结构常用钢材包括角钢、工字钢、槽钢和钢管、钢板等；钢筋混凝土结构用钢主要有钢筋、钢丝和钢绞线等。

8.4.1 钢结构用钢

1. 碳素结构钢

（1）牌号及其表示方法。根据国标《碳素结构钢》（GB/T 700—2006）中规定，钢的牌号由代表屈服强度的字母、屈服强度数值、质量等级符号、脱氧方法符号等 4 部分按顺序组成，如 Q235AF。其中：

① Q 表示屈服强度。碳素结构钢按照其屈服强度分为 4 个牌号，即 Q195，Q215，Q235 和 Q275。碳素结构钢的牌号越大，含碳量越高，其强度和硬度也越高，但塑性和韧性降低。

② 235 表示钢的屈服点为 235 MPa。

③ A 表示钢的质量等级。钢的质量等级按硫、磷等杂质的含量由多到少可分为 A，B，C，D 共 4 个质量等级。

④ F 表示沸腾钢。按脱氧程度分为沸腾钢（F）、镇静钢（Z）、半镇静钢（B）和特殊镇静钢（TZ）4 种。其中，镇静钢和特殊镇静钢在钢牌号中 Z 和 TZ 可以省略。

（2）碳素结构钢的选用。碳素结构钢牌号由 Q195 至 Q275，其含碳量逐渐增多，强度提高，塑性降低，冷弯及可焊性下降。结构材料应尽量选用普通碳素结构钢，因为它成本低。

- Q195 和 Q215：含碳量小于 0.15%，强度不高，但具有较大的伸长率，塑性、韧性和冷弯性能较好，易于冷弯加工，常用作钢钉、铆钉、螺栓及铁丝等。
- Q235：含碳量 0.17%～0.22%，具有较高的强度、塑性、韧性及可焊性，其综合性能好，成本较低，能够较好地满足一般钢结构和混凝土结构的用钢要求，是建筑工程中应用最广泛的碳素结构钢。钢结构中，用 Q235 钢大量轧制成各种型钢、钢板、钢管等；钢筋混凝土中，使用最多的 HPB300 级钢筋也是由 Q235 钢轧制而成的。
- Q275 钢：强度高，但塑性和韧性较差，可轧制成带肋钢筋用于混凝土配筋，也可制作钢结构构件和机械零件，适用于制作耐磨构件、机械零件和工具。

2. 低合金高强度结构钢

低合金高强度结构钢是在碳素结构钢的基础上，添加一种或几种合金元素（总量小于 5%）而形成的结构钢。常用合金元素主要有硅、锰、钛、钒、铬、镍、铜及稀土。

（1）牌号及其表示方法。国标《低合金高强度结构钢》（GB/T 1591—2008）规定，低合金高强度结构钢的牌号由屈服点字母 Q、屈服点数值和质量等级（A，B，C，D，E 五个等级）3 部分组成，其牌号共有 8 个，依次分别是 Q345，Q390，Q420，Q460，Q500，Q550，Q620 和 Q690。

（2）低合金高强度结构钢的性能及选用。低合金结构钢的含碳量较低，均不高于 0.2%，多为镇静钢，P 和 S 等有害杂质含量少，强度高，具有良好的塑性、韧性、可焊性、耐磨性和耐蚀性，是综合性能更为理想的建筑钢材。采用低合金结构钢可以减轻结构自重，适用于大跨度结构、高层建筑和桥梁工程等承受动荷载的结构中。其中

- Q345 和 Q390：综合力学性能好，焊接性能、冷热加工性能和耐蚀性能均好，且 C，D，E 级钢具有良好的低温韧性，主要用于承受较高荷载的焊接结构。
- Q420 和 Q460：强度高，特别是在热处理后有较高的综合力学性能，主要用于大型工程结构及要求强度高、荷载大的轻型结构。例如，国家体育场——鸟巢的主体结构就是用 Q460E 钢材建筑的，如图 8-11 所示。

知识链接

> 一般建筑工程钢结构，主要选用碳素结构钢 Q235A，Q235B 及低合金高强度结构钢 Q345A，Q345B 等。有特殊要求时，应选用专门用途钢，如承受动荷载时用桥梁钢或 C，D 质量等级的低合金高强度结构钢；严寒地区应选用低温压力容器用钢。

图 8-11 国家体育场——鸟巢

8.4.2 钢筋混凝土结构用钢

钢筋混凝土结构用的钢筋和钢丝主要由碳素结构钢和低合金机构钢轧制而成。一般把直径为 3～5 mm 的称为钢丝，直径为 6～20 mm 的称为钢筋，直径大于 12 mm 的称为粗钢筋。

按生产方式不同，钢筋混凝土结构用钢可分为热轧钢筋、冷拉热轧钢筋、冷轧带肋钢筋、热处理钢筋、冷拔低碳钢丝、预应力混凝土钢丝及钢绞线等。

1. 热轧钢筋

热轧钢筋是钢筋混凝土和预应力钢筋混凝土的主要组成材料之一，不仅要求有较高的强度，而且应有良好的塑性、韧性和可焊性。热轧钢筋主要有 Q235 轧制的光圆钢筋和由合金钢轧制的带肋钢筋两类，如图 8-12 所示。

（a）光圆钢筋 （b）带肋钢筋

图 8-12 热轧钢筋

国标《钢筋混凝土用钢》（GB 1499.1—2008）和（GB 1499.2—2007）分别对热轧光

圆钢筋和热轧带肋钢筋的牌号、屈服强度、抗拉强度及断后伸长率及冷弯等做了具体规定，如表 8-1 所示。其中，HRB500 介于Ⅱ级和Ⅲ级之间。

表 8-1 热轧钢筋的力学性能

名 称	钢筋级别	强度代号或牌号	公称直径（mm）	屈服强度（MPa）	抗拉强度（MPa）	断后伸长率（%）	冷弯	
							角度	弯心直径
热轧光圆钢筋	Ⅰ	HPB 235	6～22	≥235	≥370	≥25	180℃	$d=a$
		HPB 300		≥300	≥420			
热轧带肋钢筋	Ⅱ	HRB 335	6～25	≥335	≥455	≥17		$d=3a$
			28～40					$d=4a$
			＞40～50					$d=5a$
	Ⅲ	HRB 400	6～25	≥400	≥540	≥16		$d=4a$
			28～40					$d=5a$
			＞40～50					$d=6a$
		HRB 500	6～25	≥500	≥630	≥15		$d=6a$
			28～40					$d=7a$
			＞40～50					$d=8a$

注：表中 D 为弯心直径，a 为钢筋公称直径。

Ⅰ、Ⅱ、Ⅲ级钢筋，适用于普通钢筋混凝土结构用钢筋。其中，Ⅰ级钢筋的强度较低，塑性及可焊性好，主要用于一般钢筋混凝土结构的受力筋及各种混凝土结构的构造筋；Ⅱ、Ⅲ级钢筋的强度较高，塑性及可焊性也较好，适用于大、中型钢筋混凝土结构的受力筋，以及有抗震要求的结构；HRB 500 带肋钢筋的强度高但塑性较差，适用于预应力钢筋混凝土结构中施加预应力的钢筋。

2. 冷轧带肋钢筋

冷轧带肋钢筋是由普通低碳钢、优质碳素钢或低合金钢热轧圆盘条为母材，经冷轧减径后，在其表面冷轧成具有三面或两面月牙形横肋的钢筋。

根据《冷轧带肋钢筋》（GB 13788—2008）的规定，冷轧带肋钢筋的牌号由 CRB 和抗拉强度最小值构成，共有 CRB550，CRB650，CRB800，CRB970 四个牌号。其中，CRB550 为普通钢筋混凝土用钢筋，其他牌号为预应力混凝土用钢筋，各牌号钢筋的力学性能如表 8-2 所示。

冷轧带肋钢筋具有强度高、塑性好、综合力学性能优良及握裹力强等优点，既可节约钢材，又可提高钢结构的整体强度和抗震能力。

3. 冷拔低碳钢丝

冷拔低碳钢丝是用直径为 6.5～7 mm 的碳素结构钢 Q235 或 Q215 盘条，经一次或多次强力拔制而成的以盘卷供货的钢丝，其直径有 3 mm，4 mm，5 mm 和 6 mm 四种，如图 8-13 所示。

表 8-2　冷轧带肋钢筋的力学性能

牌号	屈服强度（MPa）	抗拉强度（MPa）	伸长率（%）		弯曲试验 180°	反复弯曲次数	初始应力应相当于公称抗拉强度 70%
			$A_{11.3}$	A_{100}			1 000 h 松弛率（%）
CRB550	≥500	≥550	≥8.0	—	$D=3d$	—	—
CRB650	≥585	≥650	—	≥4.0	—	3	≤8
CRB700	≥720	≥800	—	≥4.0	—	3	≤8
CRB970	≥872	≥970	—	≥4.0	—	3	≤8

注：表中 D 为弯心直径，d 为钢筋公称直径。

图 8-13　冷拔低碳钢丝

国标《混凝土制品用冷拔低碳钢丝》（JC/T 540—2006）规定，冷拔低碳钢丝按力学强度分为甲、乙两级，甲级为预应力钢丝，乙级为非预应力钢丝。当混凝土工厂自行冷拔时，应对钢丝的质量严格控制，对其外观要求分批抽样，表面不准有锈蚀、油污、伤痕、皂渍、裂纹等，逐盘检查其力学和工艺性质。冷拔低碳钢丝的力学性能如表 8-3 所示。

表 8-3　冷拔低碳钢丝的力学性能

级别	公称直径 d（mm）	抗拉强度 R_a（MPa）	断后伸长率 A_{100}（%）	反复弯曲次数（次/180）
甲级	5.0	650	≥3.0	≥4
		600		
	4.0	700	≥2.5	
		650		
乙级	3.0，4.0，5.0，6.0	550	≥2.0	

注：甲级冷拔低碳钢丝作预应力筋用时，如经机械调直，则抗拉强度标准值应降低 50 MPa。

冷拔低碳钢丝主要用于小型预应力混凝土构件，如梁、空心楼板、小型电杆，以及农村建筑中的檩条和门框、窗框等。

4. 预应力混凝土用钢丝及钢绞线

大型预应力混凝土构件，由于受力很大，常采用高强度钢丝或钢绞线作为主要受力钢筋。预应力高强度钢丝是用优质碳素结构钢盘条，经酸洗、冷拉或再经回火处理等工艺制成。

国标《预应力混凝土用钢绞线》（GB/T 5224—2003）中规定，钢绞线按结构分为 5 类，分别是用两根钢丝捻制的钢绞线（1×2），用 3 根钢丝捻制的钢绞线（1×3），用 3 根刻痕钢丝捻制的钢绞线（1×3 I），用 7 根钢丝捻制的标准型钢绞线（1×7），用 7 根钢丝捻制又经模拔的钢绞线（1×7）C。

预应力钢丝和钢绞线特点：强度高、柔韧性较好，质量稳定，施工简便等，使用时可根据要求的长度切断，主要适用于大荷载、大跨度、曲线配筋的预应力钢筋混凝土结构钢筋。

8.5 建筑钢材的锈蚀与防止

钢材的锈蚀是指其表面与周围介质发生化学作用或电化学作用而遭到破坏的现象。锈蚀不仅会使钢材的有效截面积减少，承载能力降低，还会因局部腐蚀易造成应力集中，从而导致结构破坏。若钢材受到冲击荷载或反复荷载作用，将产生锈蚀疲劳，使疲劳强度大大降低，甚至出现脆性断裂。

1. 钢材的锈蚀原因

根据钢材表面与周围介质的作用不同，锈蚀可分为化学锈蚀和电化学锈蚀两类。

- 化学锈蚀：是指钢材直接与周围介质发生化学反应而产生的锈蚀。这种锈蚀通常为氧化作用，使钢材表面被氧化成疏松的氧化物。常温下，干燥环境中的钢材锈蚀速度缓慢，但在温度或湿度较高的环境中，锈蚀速度较快。因此，保持钢材表面干燥是控制其表面锈蚀的有效手段。
- 电化学锈蚀：是指钢材与电解质溶液接触形成微电池而产生的锈蚀。暴露在潮湿空气或土壤中的钢材，表面覆盖一层水膜，当水膜中溶入 CO_2 ；SO_2 等气体后，就形成了电解质溶液。由于钢材表面化学成分不均匀而形成电极电位差，使其表面形成许多微电池。在阳极，铁易失去电子成为 Fe^{2+} 进入水膜；在阴极，水中的氧气易被还原成 OH^- ，Fe^{2+} 与 OH^- 结合成为 $Fe(OH)_2$ ，并进一步被氧化成疏松的红色铁锈 $Fe(OH)_3$ ，易使钢材发生锈蚀。

2. 防止钢材锈蚀的措施

1）加入合金元素

在钢中加入适量的铬（Cr）、镍（Ni）、锑（Ti）等元素，可提高铁素体的电极电位，从而提高其耐蚀性。此外，Cr 还能促使钢的表面形成致密的氧化膜，将金属表面与腐蚀介质隔开，从而阻止其进一步腐蚀。

此外，如果在钢中加入合金元素铜（Cu），则有利于在钢的表面形成致密的氧化膜，与此同时，铜元素溶入铁素体后还可以提高其电极电位，有利于提高钢的耐蚀性。Cu 的加入量常在 0.25%左右，若大于 0.50%时，将导致热脆。在钢中加入磷（P）元素也可以提高其耐蚀性，当 P 与 Cu 共存时，效果更好。但由于 P 可增加钢的冷脆性，所以对其用量应加以限制。

2）表面处理

采用传统的表面处理方法，如热喷涂、电镀、激光、离子注入等表面处理技术，均可提高钢材的表面耐蚀性，还可以在钢材表面涂以防锈油漆或塑料涂层，使之与周围介质隔离，防止钢材锈蚀。

油漆防锈是建筑上常用的一种方法，简单易行，但不耐久，需经常维修。油漆防锈的效果主要取决于防锈漆的质量。

3）设置阳极或阴极保护

对于不易涂覆保护层的钢结构，如地下管道、港口结构等，可采取阳极保护或阴极保护措施。阳极保护是在钢结构附近埋设废钢铁，外加直流电源，将阴极接在被保护的钢结构上，阳极接在废钢铁上，通电后废钢铁成为阳极而被腐蚀，钢结构成为阴极而被保护。

阴极保护是在被保护的钢结构上，连接一块比钢铁更活泼的金属（如锌、镁等），使其成为阳极而被腐蚀，钢结构成为阴极而被保护。

习　题

8—1　钢材有哪几种常见的分类方法？

8—2　低碳钢受拉时的应力－应变图中，分为哪几个阶段，请简述低碳钢分别处于这几个阶段时的特点。

8—3　建筑钢材的主要力学性能包括哪些？

8—4　钢材中的碳、硫、磷、氧、氮、硅、锰，以及铝、钛、钒、铌等化学成分，对钢材的性能分别有哪些影响？

8—5　请简述 Q235C 中，Q，235 和 C 各代表的含义。

8—6　钢材的锈蚀原因及防腐措施有哪些？

第9章 防水材料

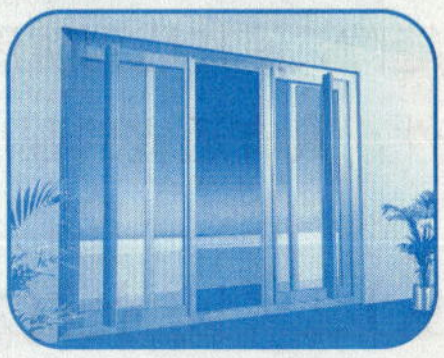

本章导读

防水材料是能够防止建筑物遭受雨水、地下水，以及环境水浸入或透过的材料。在房屋建筑中，需要进行防水处理的部位主要有屋面、墙面、地面和地下室；在水利工程中，堤坝、电站厂房、渠涵等建筑物的重要部位，都需要进行防水处理。由此可见，防水材料是建筑工程中不可缺少的主要建筑材料之一。

通过本章的学习，应了解常见防水材料的特点与用途，熟悉沥青的分类、组成、技术性质和选用原则，以及改性沥青的特点和作用，掌握常用防水卷材、防水涂料和防水密封材料的种类、性能和用途，了解其验收、存储与运输要求。

本章要点

- 防水材料的种类及其发展趋势
- 石油沥青的组分、技术性质、用途和选用原则，以及煤沥青和改性沥青的组成和特点
- 各种常用防水卷材和建筑涂料的性能、特点和使用场合
- 几种常见建筑防水密封材料的性能、特点和使用场合

9.1 概　述

建筑物的渗漏是当前工程中较为普遍存在的质量问题之一。在房屋建设中，屋面、地下室、厨房、卫生间等的防水工程质量，将直接影响房屋的使用功能和寿命；在水利工程中，堤坝、电站厂房、渠涵等建筑物，直接或间接地承受着有压或无压水的渗透及浸泡，其防水止水结构是保证建筑物正常运行的重要条件。此外，防水材料也广泛应用于道路、桥梁等工程中。

防水材料的主要特点是自身致密、孔隙率很小，或具憎水性，或能够填塞、封闭建筑缝隙，使其达到防渗止水目的。建筑工程寻防水材料的主要要求是具有较高抗渗性及耐水性，具有适宜的强度及耐久性，对柔性防水材料还要求具有较好的塑性。

9.1.1 防水材料的种类

我国防水材料通常分为6大类，即：高聚物改性沥青防水卷材、合成高分子防水卷材、建筑防水涂料、建筑密封材料、刚性防水及堵漏止水材料和特种防水材料。

（1）高聚物改性沥青防水卷材。它是以合成高分子聚合物改性沥青为涂盖层，纤维织物或纤维毡为胎体，粉状、粒状、片状或薄膜材料为覆面材料制成可卷曲的片状材料，其厚度一般为3～5 mm。与普通沥青卷材相比，高聚物改性沥青防水卷材的延伸率、抗拉强度均有一定提高，且随温度变化时，其性能基本不受影响，具有较好的不透水性和抗腐蚀性。

拓展阅读

沥青是一种胶凝材料，具有良好的憎水性、黏滞性和塑性，可防水、防潮。我国从20世纪50年代开始使用沥青油毛毡卷材以来，沥青防水材料一直成为我国建筑防水材料的主导产品，无论品种、质量还是产量都得到迅速发展。就目前我国新型防水材料总体结构比例上看，沥青基防水材料仍是主要的防水材料，但是以改性沥青为主。

普通石油沥青材料在低温条件下容易变硬发脆、裂缝，夏季高温时易软化，以致热解流淌，反复的热胀冷缩可引起沥青内应力的变化。在沥青中添加一定量的高聚物改性剂，可使沥青自身固有的低温易脆裂、高温易流淌的劣性得以改善，改性后的沥青不但具有良好的高低温性能，而且还具有良好的弹塑性，憎水性和黏结性等。

（2）高分子防水卷材。高分子防水卷材是以合成橡胶、合成树脂或二者的共混体为基料，加入适量的化学助剂和填充剂等，采用密炼、挤出或压延等橡胶或塑料的加工工艺所制成的可卷曲片状防水材料，具有抗拉和抗撕裂强度高，耐热性、匀质性和低温柔性好等优点，但其黏结性差，对施工技术要求较高。

我国的高分子防水卷材主要有三元乙丙、氯化聚乙烯、聚氯乙烯、聚乙烯、氯化聚乙烯——橡胶共混、三元乙丁、再生胶、土工膜防渗卷材、聚乙烯丙纶等防水卷材。其中，点推广三元乙丙防水卷材和聚氯乙烯防水卷材，再生胶防水卷材已经基本被淘汰。聚烯烃防水卷材（TPO）防水卷材，近几年在欧美流行，我国也初步掌握了其生产技术。

（3）建筑防水涂料。防水涂料在常温下呈无固定形状的黏稠状液态高分子合成物。高分子防水涂料是我国使用最多的防水涂料，常见的有煤焦油聚氨酯、纯聚氨酯、丙烯酸乳液、硅橡胶防等；硅橡胶防水涂料产量很小。

改性沥青防水涂料主要有氯丁乳胶沥青防水涂料、SBS 改性沥青防水涂料、水乳再生沥青防水涂料、水性 PVC 防水涂料、桥面（路面）防水涂料、以路桥专用防水涂料使用最为普遍。

（4）建筑密封材料。建筑密封材料是嵌入建筑物缝隙、门窗四周、玻璃镶嵌部位，以及由于开裂产生的裂缝处，既能承受位移，又能达到气密、水密目的的材料，又称嵌缝材料。建筑密封材料有溶剂型、乳液型和反应型 3 种，主要有塑料油膏、沥青油膏、聚硫、硅酮、聚氨酯、丙烯酸、氯丁胶，以及丁基密封腻子和氯磺化聚乙烯等碳塑性密封材料。

（5）刚性防水及堵漏止水材料。刚性防水材料是指以水泥、砂石为原材料，掺入少量外加剂、高分子聚合物等材料，通过调整配合比配制成的具有一定抗渗透能力的水泥砂浆混凝土类防水材料，主要有外加剂防水混凝土、聚合物砂浆、膨胀水泥防水混凝土等。

我国使用的堵漏材料包括无机防水堵漏防水材料、水泥基渗透结晶型防水材料、无机注浆材料、水溶性及油溶性聚氨酯、氰凝、丙凝、橡胶止水带和遇水膨胀橡胶等。

（6）特种防水材料。特种防水材料包括喷涂聚氨酯硬泡体防水保温材料、膨润土防水材料、金属防水、沸石硅质密实剂等无机防水材料。

9.1.2 防水材料发展趋势

建筑防水卷材是建筑防水材料的重要组成部分，是建筑防水的主导产品，广泛应用与建筑物地上、地下及特殊构筑物的防水，是一种应用广泛且使用面积最大的防水材料。新型建筑防水卷材按材料类型分为高聚物改性沥青防水卷材和高聚物防水卷材。

- 高聚物改性沥青防水卷材：已从屋面和地下发展到了道路、桥梁和水利等工程领域，对标准化的要求也越来越高。高聚物改性沥青防水卷材主要有 SBS 改性沥青防水卷材、APP 改性沥青防水卷材，以及其他橡胶和再生橡胶改性的沥青防水卷材。

➢ 高聚物防水卷材：又称高分子防水片材，是新型防水卷材的主要组成部分，在我国防水材料工业中仍处于发展和上升阶段。由于高聚物防水卷材具有拉伸性能好、耐老化、施工方便、机械化程度高等优点，已被广泛用于建筑各领域，使用量逐年均有较大幅度提高。

虽然大面积的防水一般提倡使用防水卷材，但是防水涂料在某些方面的作用是其他防水材料不可替代的，如屋面修补、不规则屋面基底下的建筑防水，或者管道较多、面积较小的厕浴间防水，屋面节点部位的处理，以及具有装饰功能的外墙防水等，使得防水涂料的应用与发展得到了较快发展。

目前，我国建筑防水涂料存在的缺陷有：① 防水材料产品的使用局限性大（如只能用于室内和非暴露屋面）；② 对基层面防水的要求和施工工艺要求高，厚薄难以控制，易被破坏；③ 材料延伸率、抗拉性、耐老化性等性能不高，许多材料不符合环保要求；④ 生产厂家过多、品牌杂乱、质量参差不齐，较难选择。

建筑防水涂料的发展趋势：① 大力开发高性能、高耐候防水涂料；② 发展环保型防水涂料；③ 发展多功能防水涂料；④ 积极开发应用纳米防水涂料；⑤ 研制与推广新型施工机具，促使涂料施工机械化。

9.2 沥　青

沥青是一种有机胶凝材料，其内部组成由一些十分复杂的高分子碳氢化合物及其非金属（氧、硫）衍生物所组成的混合物。沥青在常温下一般呈固态或半固态，也有少数品种的沥青呈黏性液体状态，可溶于二硫化碳、四氯化碳、三氯甲烷和苯等有机溶剂，颜色为黑褐色或褐色，如图 9-1 所示。在交通、建筑、水利等工程中，广泛用作路面、防水、防潮和防护材料。

图 9-1　沥青

9.2.1　沥青的分类

按照来源的不同，沥青可分为地沥青和焦油沥青两大类。地沥青是由天然产状或者石油精制加工得到的沥青材料，按其产源又可分为天然沥青和石油沥青。

➢ 天然沥青：石油在自然条件下，长时间经受地球物理因素作用而形成的产物。

➢ 石油沥青：是由石油原油分馏出各种产品后的残渣加工而得到的。

焦油沥青是各种有机物（煤、泥炭、木材等）干馏加工得到的焦油，经再加工而得到的产品。按干馏原料的不同，焦油沥青可分为煤沥青、页岩沥青、木沥青和泥炭沥青。工程上常用的焦油沥青为煤沥青。

9.2.2 石油沥青

从油井开采出来的石油，一般简称原油。石油沥青是原油加工过程中的一种产品，在常温下呈黑色或黑褐色的粘稠液体、半固体或固体，主要含有可溶于三氯乙烯的烃类及非烃类衍生物，其性质和组成随原油来源和生产方法的不同而不同。

石油沥青按原油的成分，可分为石蜡基沥青、沥青基沥青和混合基沥青；按原油的加工方法，可分为残留沥青、蒸馏沥青、氧化沥青、裂解沥青和调和沥青；按用途可分为道路石油沥青、建筑石油沥青和普通石油沥青。

1. 石油沥青的组分

石油沥青的化学成分非常复杂。在研究沥青时，常将其中化学成分相近，且物理性质相似的成分归类分析，即“组分”。将沥青分为不同组分的化学分析方法称为组分分析法。石油沥青的化学组分有很多种，常见的分析方法有三组分分析法、四组分分析法、五组分分析法等。石油沥青分离为油分、树脂和沥青质3个组分，各组分的主要特征及作用如表9-1所示。

表9-1　石油沥青的组分及作用

组　分	状　态	颜　色	密　度	含量(质量分数,%)	作　　用
油分	黏性液体	淡黄色至红褐色	小于1	40～60	使沥青具有流动性，但含量多时，沥青的温度稳定性差
树脂	黏稠固体	红褐色至黑褐色	略大于1	15～30	提高沥青与矿物的黏结性
地沥青质	粉末颗粒	深褐色至黑褐色	大于1	10～30	提高沥青的黏附性和耐热性；含量提高，塑性降低

提　示

我国生产的普通石油沥青一般为多蜡沥青。石油沥青中的蜡会降低石油沥青的黏结性和低温塑性，增大对温度的敏感性（即温度稳定性差），因此，蜡是石油沥青中的有害成分。

石油沥青中的油分和树脂可以互溶，树脂可以浸润地沥青质。以地沥青质为核心，在其周围吸附部分树脂和油分，构成胶团。胶团内被吸附的树脂和油分按分子量自大至小逐渐向外扩散分成。根据沥青组分含量及化学结构不同，沥青胶体的结构可分为溶胶结构、溶—凝胶结构和凝胶结构3种类型。

石油沥青的状态随温度的不同也会改变。当温度升高时，固体沥青中的易熔成分逐渐变为液体，使沥青的流动性增强；当温度降低时，沥青又恢复到原来的状态。石油沥青中各组分的稳定性，会随环境中阳光、空气、水等因素的变化而变化，当油分和树脂减少，地沥青质增多时，这一过程称为“老化”。这时，沥青层的塑性降低，脆性增加，石油沥青变硬，出现脆裂，从而失去防水和防腐蚀作用。

2. 石油沥青的技术性质

1）黏滞性

黏滞性是反映沥青材料在外力作用下，其内部抵抗使其产生相对流动的能力。液态石油沥青的黏滞性用黏度表示，半固体或固体沥青的黏性用针入度表示。黏度和针入度是划分沥青牌号的主要指标。

- **黏度**：是指一定温度（25℃或 60℃）的液体沥青，经规定孔径（3.5 mm 或 10 mm）流出 50 mL 所经历的时间（s），其测定示意图如图 9-2 所示。黏度常以符号 $C_{T,d}$ 表示，其中，T 为试验时沥青的温度（℃），d 为孔径（mm）。在相同温度和相同流孔条件下，流出时间愈长，表示沥青的黏度愈大。
- **针入度**：是指在温度为 25℃的条件下，以质量 100 g 的标准针，经 5 s 沉入沥青中的深度（0.1 mm 称 1 度）来表示，其测定示意图如图 9-3 所示。针入度值愈大，说明沥青的流动性愈大，黏性愈差。针入度范围在 5～200 度之间。

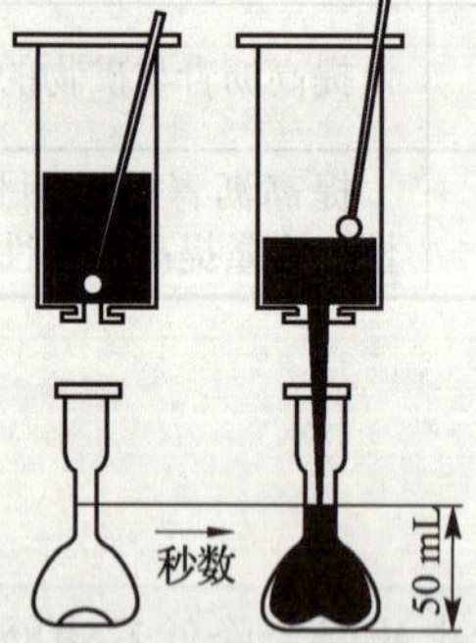

图 9-2　黏度测定示意图

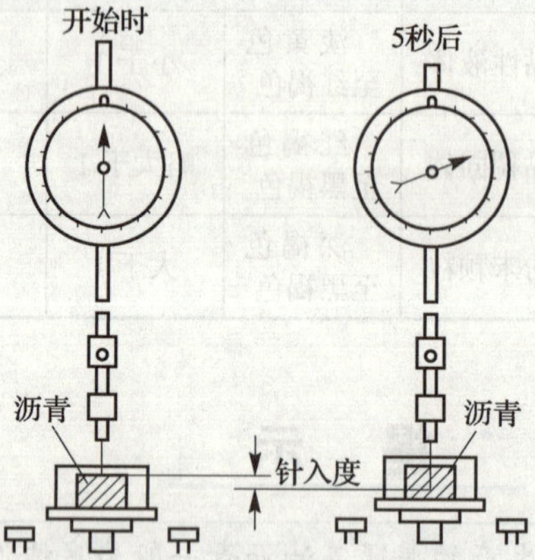

图 9-3　针入度测定示意图

我国液体沥青是采用黏度来划分技术等级的，黏稠石油沥青技术标准中，针入度是划分沥青技术等级的主要指标。

2）塑性

塑性是指沥青在外力作用下产生变形而不破坏，去除外力后仍能保持变形后形状的性质，可用延伸度（简称延度）表示。延度试验示意图如图 9-4 所示，将一定温度（一般为 25℃）的沥青标准试件（外形呈“8”字，试件中间最狭处断面积为 1 cm^2），以规定速度

（5 cm/min）在延伸仪上进行拉伸，试件拉细而断裂时的长度即为延度，以 cm 计。延度越大，表示沥青的塑性越好。

3）温度敏感性

温度敏感性是指石油沥青的黏滞性和塑性随温度升降而变化的性能。温度敏感性差的沥青，对温度变化的反应敏感，较小的温度变化可使沥青黏度出现较大变化。工程中使用的沥青，应具有一定的温度稳定性，以免当气温变化时沥青黏度出现过大变化，给工程应用造成不利影响。

温度敏感性常用软化点来表示，软化点是沥青材料由固体状态转变为具有一定流动性的膏体时的温度。软化点可采用图 9-5 所示的环球法软化点仪来测定，即将沥青试样装入规定尺寸的铜环 *B* 中，上置规定尺寸和质量的钢球 *A*，再将置球的铜环放在有水或甘油的烧杯中，以 5℃/min 的速率加热至沥青软化并下垂达 25 mm 时的温度，即为沥青软化点。

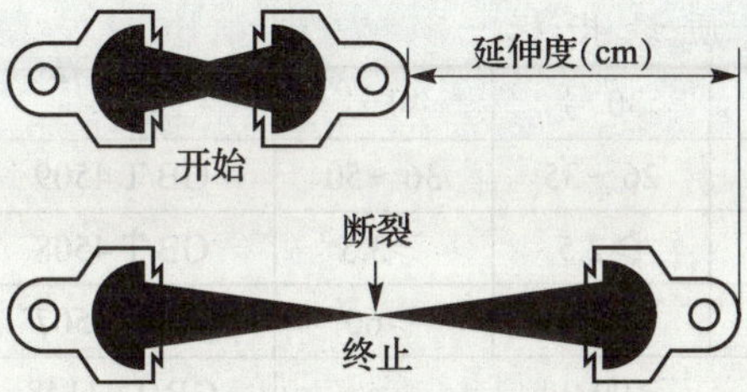

图 9-4 延伸度测定示意图

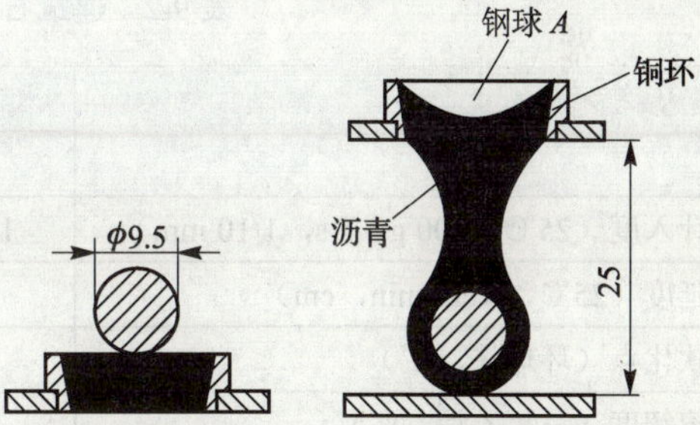

图 9-5 软化点测定示意图

软化点愈高，说明沥青的耐热性能愈好，即温度稳定性愈好。软化点低的沥青，夏季易产生变形，甚至流淌。

4）大气稳定性

沥青材料在施工过程中长时间高温加热，在使用条件下受到空气、阳光、气温和风雨冰冻等气候因素的综合作用，其内部产生复杂的物理化学变化，使其塑性降低、脆性增加，性能不断恶化而逐步丧失使用功能的过程，称为沥青的老化。沥青材料的耐久性常称抗老化性，或大气稳定性、耐候性。

大气稳定性可用沥青的蒸发损失率和针入度比来评定，即试样在 160℃温度加热蒸发 5 h 后的质量损失百分率，以及蒸发前、后的针入度比来表示。如果蒸发损失率越小，针入度比越大，则表示沥青的大气稳定性越好。

5）其他技术指标

石油沥青除了黏滞性、塑性、温度敏感性和耐久性外，还具有脆点、溶解度、闪点和燃点等技术技术。

- **脆点**：是指在温度下降过程中，沥青材料由塑性状态转变为弹脆性状态的温度。脆点是沥青发性脆性破坏的温度界限，是表征低温特性的指标。

➢ 闪点和燃点：沥青加热时，邻近沥青表面的混合气体遇火后发生闪火时的沥青温度即为闪点。若温度继续升高，遇火后沥青将开始燃烧，燃点是火焰能延续燃烧不小于 5 s 时的沥青温度。

3. 石油沥青的技术标准

我国石油沥青产品有道路沥青类、建筑沥青类、普通沥青及专用沥青类。专用沥青是用于特殊工业的沥青，如油漆沥青、绝缘沥青、电缆沥青等。水利及土建工程中应用的主要是其他三类沥青产品，这三类沥青的牌号，均按针入度指标来划分，每个牌号还应保证相应的延度、软化点，以及溶解度、蒸发损失率、蒸发后针入度比和闪点等。

国标《建筑石油沥青》（GB/T 494—2010）中，建筑石油沥青按针入度不同，分为 10 号、30 号和 40 号 3 个牌号，各牌号的技术性能指标如表 9-2 所示。

表 9-2 建筑石油沥青的技术标准

项目	质量指标			试验方法
	10 号	30 号	40 号	
针入度（25℃，100 g，5 s，1/10 mm）	10～25	26～35	36～50	GB/T 4509
延度（25℃，5 cm/min，cm）	≥1.5	≥2.5	≥3.5	GB/T 4508
软化点（环球法，℃）	≥95	≥75	≥60	GB/T 4507
溶解度（三氯乙烷，%）	≥99.0			GB/T 11148
蒸发后质量变化（163℃，5 h，%）	≤1			GB/T 11964
蒸发后 25℃针入度比（%）	≥65			GB/T 4509
闪点（开口杯法，℃）	≥230			GB/T 267

注：测定蒸发损失后样品的 25℃针入度与原 25℃针入度之比乘以 100 后所得的百分比，称为蒸发后针入度比。

此外，按针入度不同，道路石油沥青有 7 个牌号，即 A-200、A-180、A-140、A-100 甲、A-100 乙、A-60 甲、A-60 乙；普通石油沥青有 75、65 和 55 三个牌号。其中，牌号越高，黏聚性越小（即针入度越大），塑性越好（即延度越大），温度敏感性大（即软化点越低）。

4. 石油沥青的用途及选用原则

1）道路石油沥青

道路石油沥青的黏性、耐热性和温度稳定性较差，容易浸透和乳化，但塑性好，主要用于道路路面或车间地面等工程，一般拌成沥青混凝土或沥青砂浆等混合料使用。此外，还可作密封材料、黏结剂和防水材料等，此时，一般选用黏性较大和软化点较高的道路石油沥青，如 A-60 甲。

2）建筑石油沥青

建筑石油沥青具有良好的防水性、黏结性、耐热性及温度稳定性，由于其黏结度大，故延伸变形性能较差，主要用作制造油纸、油毡、防水卷材、防水涂料和沥青嵌缝油膏等，这些纸毡类卷材、涂料及油膏中绝大部分用于屋面及地下防水、沟槽防水及管道防腐等工程。

使用建筑石油沥青制造的卷材较厚，同时黑色沥青又极易吸热，高温时易流淌。因此，同一地区的沥青屋面的表面温度比其他材料的表面温度都高。为避免夏季高温流淌，一般屋面用沥青材料的软化点应比本地区屋面可能的最高温度高 20℃以上。但软化点不宜过高，否则冬季环境下易硬脆甚至开裂。

3）普通石油沥青

普通石油沥青中含有较多蜡，因此温度敏感性较大，在建筑工程上不宜直接使用，但可以采用吹气氧化法改善其性能。普通石油沥青可作为建筑石油沥青的掺配材料。

综上所述，石油沥青在选用时，应根据工程性质、气候条件、使用部位等选用沥青的品种和牌号。对一般温暖地区、受日晒或经常受热部位，为防止受热软化，应选用牌号较小的沥青；在寒冷地区、夏季暴晒、冬季受冻的部位，不仅要考虑受热软化，还要考虑低温脆裂，应选用中等牌号沥青；对一些不受温度影响的部位，可选用较大牌号的沥青。当缺乏所需牌号的沥青时，可用不同牌号的沥青进行掺配。

知识链接

当单独使用一种牌号的沥青不能满足工程的耐热性要求时，可用两种或者 3 种沥青掺配，其掺配量可用下式计算：

$$\text{较软沥青掺量}（\%）=\frac{\text{较硬沥青的软化点}-\text{要求沥青的软化点}}{\text{较硬沥青的软化点}-\text{较软沥青的软化点}}\times 100$$

$$\text{较硬沥青掺量}（\%）=100-\text{较软沥青掺量}$$

其中，当用 3 种沥青进行掺配时，可先计算出其中两种沥青的掺量，再测定掺配后的软化点，最后再与第 3 种沥青进行掺配。

在施工现场，应掌握沥青的质量和牌号的鉴别方法，以便正确使用，如表 9-3 所示。

表 9-3 石油沥青的外观及牌号鉴别

项目		鉴别方法
沥青形态	固态	敲碎，检查其断口，色黑而发亮的质量好，暗淡的质量差
	半固态	即膏状体，取少许，拉成细丝，丝愈长，其质量愈好
	液态	黏性强、有光泽、没有沉淀和杂质的较好。此外，也可用一小木条插入液体中，轻轻搅动几下后提起，丝愈长，其质量愈好

续表 9-3

项目		鉴别方法
沥青牌号	140～100 号	质软
	40 号	用铁锤敲，不碎，表面出现凹型而变型
	30 号	用铁锤敲，变成较大的碎块
	10 号	用铁锤敲，变成较小的碎块，表面色黑有光

9.2.3 煤沥青

煤沥青是烟煤炼焦或生产煤气的副产品。在烟煤炼焦或制造煤气时，从烟煤干馏所挥发的物质中冷凝得到的黑色黏稠物质称为煤焦油，煤焦油再经分馏提取各种油品后的残渣，即为煤沥青。与石油沥青相比，煤沥青具有表 9-4 所示特点。

表 9-4 石油沥青与煤沥青的主要区别

性质	石油沥青	煤沥青
密度（g/cm^3）	接近 1.0	1.25～1.28
锤击	韧性较好	韧性差，较脆
颜色	灰亮褐色	浓黑色
溶解	易溶于汽油、煤油中，呈棕黑色	难溶于汽油、煤油中，呈黄绿色
温度敏感性	较好	较差
燃烧	烟少无色，有松香味	烟多，黄色，臭味大，有毒
防水性	好	较差
大气稳定型	较好	较差
抗腐蚀性	差	较好

煤沥青具有很好的抗腐蚀能力和良好的黏结力(由于煤沥青中含有较多的表面活性物质)，因此，可用于配制防腐涂料、胶黏剂、防水涂料、油膏以及制作油毡等，但煤沥青中含有有毒物质酚。

若将煤沥青和石油沥青按适当比例混合，可形成一种稳定胶体，称为混合沥青。混合沥青综合了这两种沥青的优点，使得其黏性、温度稳定性、塑性均有显著改善，特点适用于铺筑路面、停车场等。

9.2.4 改性沥青

现代高等沥青路面的交通特点是交通密度大，车辆轴载重，荷载作用间歇时间短。由于这些特点造成沥青路面在高温时出现车辙，低温时产生裂缝，抗滑性很快衰降，使用年限不长时便出现坑槽、松散、局部龟裂等损坏。为进一步提高沥青路面的使用性能，必须对沥青加以改性，即提高沥青的流变性能，改善沥青与集料的黏附性，延长其耐久性。

对沥青进行氧化、乳化、催化，或者掺入橡胶、树脂和矿物填料等物质，使得沥青的性质发生不同程度的改善，即为改性沥青。

1）橡胶类改性沥青

橡胶是沥青的重要改性材料，它和沥青有较好的混溶性，并能使沥青具有橡胶的很多优点，如高温变形小，低温柔性好。橡胶的品种和掺入方法不同，所得到的橡胶改性沥青的性能也不同，常见的掺入橡胶有氯丁橡胶、丁基橡胶和再生橡胶。

- 氯丁橡胶沥青：沥青中掺入氯丁橡胶后，其气密性、低温柔性、耐化学腐蚀性、耐光、耐臭氧性、耐气候性和耐燃烧性等都有大大改善，常用的掺入方法有溶剂法和水乳法。
- 丁基橡胶沥青：具有优异的耐分解性，并有较好的低温抗裂性能和耐热性能，多用于道路路面工程、制作密封材料和涂料，其配制方法与氯丁橡胶沥青类似。
- 再生橡胶沥青：沥青中掺入再生橡胶后，同样可以大大提高沥青的气密性、低温柔性、耐光、耐热、耐臭氧性和耐气候性。制备再生橡胶沥青时，可先将废旧橡胶加工成 1.5 mm 以下的颗粒，然后与沥青混合，再经加热搅拌脱硫即可。废旧橡胶的掺量视需要而定，一般为 3%～5%。

2）合成树脂类改性沥青

掺入合成树脂，可改善沥青的防水性、黏结性和低温性能，尤其对耐热性和温度稳定性的改善效果更为明显。石油沥青与树脂的相溶性一般较差，但煤沥青与树脂的相溶性较好，故树脂肪是煤沥青的重要改性材料。

若在沥青中同时加入橡胶和树脂，可使沥青同时具备橡胶和树脂的特性，主要用于制作片材、卷材、密封材料和防水涂料。

3）矿物质填充料改性沥青

矿物填充料是由矿物材料经粉碎加工而成的细微颗粒，按化学成分不同分为硅化合物类和碳酸盐类等，常用的有滑石粉、石灰石粉、云母粉和石棉粉等。

- 滑石粉：亲油性好，易被沥青浸润，可提高沥青的机械强度和抗老化性能。
- 石灰石粉：亲水性较弱，但与沥青有较强的物理吸附和化学吸附性，是较好的矿物填充料。
- 云母粉：具有优良的耐热性、耐酸、耐碱性和电绝缘性，多覆于沥青材料表面，用于屋面防护层时有反射作用，可降低表面温度，反射紫外线，以防老化。
- 石棉粉：具有耐酸、耐碱和耐热性，是热和电的不良导体。掺入沥青后可提高其抗拉强度和温度稳定性，但使用过程中应注意环保问题。

9.3 防水卷材

防水卷材是一种可卷曲的片状制品，其尺寸大，施工效率高，防水效果好，耐用年限长。要求产品应具有良好的延伸性、耐高温性，以及较高的抗拉强度和抗撕裂能力。按组成材料分为沥青防水卷材、高聚物改性沥青防水卷材和合成高分子防水卷材3大类。

9.3.1 沥青防水卷材

沥青防水卷材是在基胎（原纸或者纤维织物等）上浸涂沥青后，在其表面撒布粉状或片状隔离材料而制成的可卷曲的一种防水材料。沥青防水卷材有石油沥青纸胎油毡和油纸、石油沥青玻璃纤维（或玻璃布）胎油毡、沥青复合胎防水卷材、铝箔面油毡等品种。其中，纸胎和油毡是限制使用和即将淘汰的产品。

1. 石油沥青纸胎油毡和油纸

纸胎油毡是采用低软化点石油沥青浸渍原纸，并用高软化点涂盖油纸的两面，再撒以隔离材料而制成的一种纸胎油毡。

《石油沥青纸胎油毡》（GB 326—2007）规定：① 油毡的幅宽为1 000 mm，其他规格可由供需双方商定；② 每卷油毡的总面积为（20±0.3）m^2；③ 按油毡卷重和物理性能分为Ⅰ型、Ⅱ型和Ⅲ型。其中，Ⅰ、Ⅱ型油毡适用于辅助防水、保护隔离层、临时性建筑防水、防潮及包装等，Ⅲ型油毡适用于屋面工程的多层防水。油毡的卷重及其他物理性能如表9-5所示。

表9-5 石油沥青纸胎油毡的卷重及物理性能（摘自GB 326—2007）

项目		指标		
		Ⅰ型	Ⅱ型	Ⅲ型
卷重（kg/卷）		≥17.5	≥22.5	≥28.5
单位面积浸涂材料总量（g/m^2）		≥600	≥750	≥1 000
不透水性	压力（MPa）	≥0.02	≥0.02	≥0.10
	保持时间（min）	≥20	≥30	≥30
吸水率（%）		≤3.0	≤2.0	≤1.0
耐热度		（85±2）℃，2 h涂盖层无滑动、流淌和集中性气泡		
拉力（纵向，N/50 mm）		≥240	≥270	≥340
柔度		（18±2）℃，绕 20 mm棒或弯板无裂纹		

注：本标准Ⅲ型产品物理性能要求为强制性的，其余为推荐性的。

2. 石油沥青玻璃纤维（或玻璃布）胎油毡

石油沥青玻璃纤维胎油毡简称玻纤胎油毡，是以玻纤毡为胎基，浸涂石油沥青，两面覆以隔离材料制成的防水卷材。

1）卷材的规格及性能

玻纤胎油毡按单位面积质量，可分为 15 号和 25 号；按力学性能分为 Ⅰ、Ⅱ型；按上表面材料，可分为 PE 膜和砂面，也可按生产厂要求采用其他类型的上表面材料。玻纤胎油毡卷材的公称宽度为 1 m，公称面积为 10 m^2 和 20 m^2，其相关性能如表 9-6 所示。

表 9-6 石油沥青玻璃纤维胎防水卷材的材料性能（摘自 GB/T 14686—2008）

序号	项目		指标 Ⅰ型	指标 Ⅱ型
1	可溶物含量（g/m^2）	15 号	≥700	
		25 号	≥1 200	
		试验现象	胎基不燃	
2	拉力（N/50 mm）	纵向	≥350	≥500
		横向	≥250	≥400
3	耐热性		85℃	
			无滑动、流淌和滴落	
4	低温柔性		10℃	5℃
			无裂缝	
5	不透水性		0.1 MPa，30 min 不透水	
6	钉杆撕裂强度（N）		≥40	≥50
7	热老化	外观	无裂纹、无起泡	
		拉力保持率（%）	≥85	
		质量损失率（%）	≤2.0	
		低温柔性	15℃	10℃
			无裂缝	

石油沥青玻璃布胎油毡是采用玻璃布为胎基，浸涂石油沥青并在两面撒隔离材料所制成的防水材料，适用于铺设地下防水、防腐层及层面防水层，还可作于金属管道（热管道除外）的防腐保护层。

提 示

玻纤胎油毡质地柔软，十分适用于建筑物表面不平整部位（如屋面阴阳角部位）的防水处理，其边角服帖，不易翘曲、易与基材黏结牢固。与纸胎油毡相比，玻纤胎油毡和玻璃布胎油毡的耐腐蚀性强，低温柔性好，耐久性比纸胎油毡高 1 倍以上。

2）卷材的验收、存储与运输

抽样检验时，以同一类型、同一规格 10 000 m^2（不足 10 000 m^2 也可作为一批）的卷材为一批，在该批产品中随机抽取 5 卷进行尺寸偏差、外观和单位面积质量检查。若尺寸偏差、外观和单位面积质量检查均符合国标（GB/T 14686—2008）)，可认为该批产品的尺寸偏差、外观和单位面积质量合格。若不合格，应从这批产品中随机另抽 5 卷重新检验，若尺寸偏差、外观和单位面积质量全部符合标准，可认为该批产品的合格；若仍不符合要求，则认为该批产品不合格。

运输与贮存玻纤胎油毡时，不同类型、规格的产品应分别存放，不应混杂。远离火源，避免日晒雨淋，注意通风。贮存温度不应高于 45℃，卷材应立放贮存，其高度不应超过两层。运输时防止倾斜或侧压，必要时加盖苫布；人工搬运要轻拿轻放，避免出现不必要的损伤。在正常运输、贮存条件下，贮存其自生产之日起为一年。

3. 沥青复合胎柔性防水卷材

沥青复合胎柔性防水卷材是以涤棉无纺布－玻纤网格复合毡为胎基，浸涂胶粉改性沥青后，以聚乙烯膜（PE）、细砂（S）、矿物粒（片）料（M）为覆面材料制成的用于一般建筑防水工程的防水卷材。其中，细砂粒径为不超过 0.6 mm 的矿物颗粒。

沥青复合胎柔性防水卷材的规格尺寸：厚度为 3 mm，4 mm，幅宽为 1 000 m，面积为 10 m^2 和 7.5 m^2，按物理性能分为 I 、II 型，其他性能指标，读者可查阅标准《沥青复合胎柔性防水卷材》(JC/T 690—2008)。

4. 铝箔面油毡

铝箔面油毡是用玻璃纤维毡为胎基，浸涂氧化沥青，并在其上表面用压纹铝箔贴面，底面撒以细颗粒矿物料或覆盖以聚乙烯（PE）膜所制成的一种防水卷材。铝箔面油毡具有装饰功能，能反射热量和紫外线，从而降低屋面及室内温度，阻隔蒸汽的渗透。

《铝箔面油毡》(JC 504—1992) 规定，30 号铝箔面油毡适用于多层防水工程的面层，40 号铝箔面油毡适用于单层或多层防水工程的面层。

9.3.2 高聚物改性沥青防水卷材

高聚物改性沥青防水卷材是以合成高分子聚合改性沥青为涂盖层，纤维织物或纤维毡为基胎，粉状、粒状、片状或薄膜材料为防黏隔离层制成的一种防水卷材，具有高温不流淌，低温不脆裂，拉伸强度高，延伸率较大等优异性能，是目前重点发展的一类中档产品。

常用的高聚物改性沥青防水卷材有：弹性体改性沥青防水卷材、塑性体改性沥青防水卷材、胶粉改性沥青聚酯毡与玻纤网格布增强防水卷材、改性沥青聚乙烯胎防水卷材和自粘橡胶改性沥青防水卷材等。

1. 弹性体改性沥青防水卷材及塑性体改性沥青防水卷材

弹性体改性沥青防水卷材，简称 SBS 防水卷材，是以聚酯毡、玻纤毡、玻纤增强聚酯毡为胎基，以苯乙烯－丁二烯－苯乙烯（SBS）热塑性弹性体作石油沥青改性剂，两面覆以隔离材料所制成的防水卷材。

塑性体改性沥青防水卷材，简称 APP 防水卷材，是以聚酯毡、玻纤毡、玻纤增强聚酯毡为胎基，以无规聚丙烯（APP）或聚烯烃类聚合物（APAO，APO 等）作石油沥青改性剂，两面覆以隔离材料所制成的防水卷材。

国标《弹性体改性沥青防水卷材》（GB 18242—2008）和《塑性体改性沥青防水卷材》（GB 18243—2008）规定，这两种卷材按胎基分为聚酯毡（PY）、玻纤毡（G）和玻纤增强聚酯毡（PYG）；按上表面隔离材料分为聚乙烯膜（PE）、细砂（S）和矿物粒料（M）；下表面隔离材料分为细砂（S）和聚乙烯膜（PE）；按材料性能分为Ⅰ、Ⅱ两个型号。SBS 和 APP 防水卷材的材料性能如表 9-7 所示。

表 9-7　SBS 和 APP 防水卷材的材料性能（摘自 GB 18242—2008 和 GB18243—2008）

卷材类别		弹性体改性沥青防水卷材					塑性体改性沥青防水卷材				
型　号		Ⅰ		Ⅱ			Ⅰ		Ⅱ		
胎　基		PY	G	PY	G	PYG	PY	G	PY	G	PYG
可溶物含量（g/m^2）	3 mm	≥2 100				—	≥2 100				—
	4 mm	≥2 900				—	≥2 900				—
	5 mm	≥3 500					≥3 500				
耐热性（无滑动、流淌、滴落）	℃	90		105			110		130		
	mm	≤2					≤2				
低温柔性（℃）		−20		−25			−7		−15		
		无裂缝					无裂缝				
不透水性 30 min		0.3 MPa	0.2 MPa	0.3 MPa			0.3 MPa	0.2 MPa	0.3 MPa		
最大峰拉力（N/50 min）		≥500	≥350	≥800	≥500	≥900	≥500	≥350	≥800	≥500	≥900
最大拉力时延伸率（%）		30	—	40	—		25	—	40	—	
浸水后质量增加（%）	PE、S	≤1.0					≤1.0				
	M	≤2.0					≤2.0				
热老化	拉力保持率（%）	≥90					≥90				
	低温柔性（℃）	−15		−20			−2		−10		
		无裂缝					无裂缝				
	尺寸变化率（%）	≤0.7	—	≤0.7	—	≤0.3	≤0.7	—	≤0.7	—	≤0.3
	质量损失率（%）	≤1.0					≤1.0				

弹性体及塑性体改性沥青防水卷材具有抗拉强度高、柔性好、延伸率大、耐老化等特点，适用于工业与民用建筑的屋面和地下防水工程。其中，玻纤增强聚酯毡卷材可用于机械固定单层防水，但需通过抗风荷载试验；玻纤毡卷材适用于多层防水中的底层防水；外露使用时，需采用上表面隔离材料为不透明的矿物粒料的防水卷材；地下工程防水时，采用表面隔离材料为细砂的防水卷材。

2. 胶粉改性沥青聚酯毡与玻纤网格布增强防水卷材

胶粉改性沥青聚酯毡与玻纤网格布增强防水卷材是以聚酯毡－玻纤网格布复合毡（PYK）为胎基，浸涂胶粉等聚合物改性沥青，以细砂、聚乙烯膜，矿物粒（片）料等为覆面材料所制成的防水卷材。

《胶粉改性沥青聚酯毡与玻纤网格布增强防水卷材》（JC/T 1078—2008）规定，该防水卷材按物理性能分为Ⅰ、Ⅱ型；按上表面材料可分为聚乙烯膜（PE）、细砂（S）、矿物粒（片）料（M），其幅宽为 1 000 mm，厚度为 3 mm 和 4 mm 两种，其可溶物含量、耐热性、不透水性、延伸率等物理性能，及其验收、贮存和运输，读者可查阅该标准。

胶粉改性沥青聚酯毡与玻纤网格布增强防水卷材适用于工业与民用建筑的屋面、地下室、卫生间等的防水防潮，以及桥梁、停车场、游泳池、隧道、蓄水池等建筑物的防水，尤其适用于严寒地区和结构变形频繁的建筑物防水，有效期可达 20 年左右。

3. 改性沥青聚乙烯胎防水卷材

改性沥青聚乙烯胎防水卷材是以高密度聚乙烯膜为胎基，上下两面为添加改性剂的沥青或自粘沥青，表面覆盖隔离材料制成的防水卷材。

《改性沥青聚乙烯胎防水卷材》（GB 18967—2009）规定，该防水卷材按改性剂的成分，可分为改性氧化沥青防水卷材、丁苯橡胶改性氧化沥青防水卷材、高聚物改性沥青防水卷材和高聚物改性沥青耐根穿刺防水卷材 4 类；按施工工艺，可分为热熔型（T）和自粘型（S）两种。其中，热熔型卷材上下表面隔离材料为聚乙烯膜，自粘型卷材上下表面隔离材料为防粘材料。改性沥青聚乙烯胎防水卷材的规格尺寸、标记，以及不透水性、耐热性、拉伸性能等，读者可查阅该标准。

改性沥青聚乙烯胎防水卷材综合了沥青和聚乙烯塑料薄膜的防水功能，具有不透水性强、抗拉等特点，并可热熔黏接施工。它既可作单层防水，也可用多层防水，适用于多种防水等级的工程。其中，上表面覆盖聚乙烯膜的卷材，适用于非外露防水工程；上表面覆盖铝箔的卷材，适用于外露防水工程。

4. 自粘橡胶改性沥青防水卷材

自粘橡胶改性沥青防水卷材，简称自粘卷材，它是用 SBS 和 SBR 等弹性体和沥青为基料，并掺入增塑增粘材料和填充材料，采用聚乙烯膜或铝箔为表面材料或无膜（双面自粘）的防水材料。《自粘橡胶改性沥青卷材》（JC 840—1999）中规定，该自粘卷材按表面材料不同，可分为聚乙烯膜（PE）、铝箔（AL）和无膜（N）3 种。

自粘卷材具有良好的柔韧性、延展性、防水、热反射和耐高温性。以聚乙烯膜为表面材料的自粘卷材，适用于非外露的防水工程；以铝箔为表面材料的自粘卷材，适用于外露的防水工程；无膜双面自粘卷材适用于辅助防水工程。

知识链接

不同沥青防水卷材在施工时，所采用的施工方法也可能不同。表 9-8 所示为沥青防水卷材最常用的几种施工方法，以供读者参考。

表 9-8　沥青防水卷材的施工方法和适用范围

施工方法			操作方法	适用范围
热施工法	热玛蹄脂粘贴法		先熬制玛蹄脂，趁热浇洒在基层或已铺好的卷材上，立即在其上铺一层防水卷材	为传统施工方法，主要用于沥青卷材施工
热施工法	热熔法		采用火焰加热器熔化热熔型卷材底层的热熔胶，从而使卷材黏结	用于 SBS 和 APP 改性沥青热熔卷材的施工
热施工法	热风焊法		采用热空气焊枪加热防水卷材搭接缝，并进行搭接缝黏粘	一般用于热塑性高分子防水卷材（如 PVC）搭接缝焊接
冷施工法	冷粘法	冷玛蹄脂粘贴法	直接喷涂冷玛蹄脂进行卷材与基层、卷材与卷材的粘贴，不需加热施工	用于沥青卷材和高聚物改性沥青防水卷材的施工
冷施工法	冷粘法	冷胶粘剂粘贴法	涂刷胶黏剂进行卷材与基层、卷材与卷材的粘贴，不需加热	用于合成高分子卷材、高聚物改性沥青防水卷材的施工
冷施工法	自粘法		采用带有自粘胶的防水卷材，不用热施工和涂刷胶结材料，施工时撕去卷材底面的隔离纸，依靠其底面的自粘胶直接粘贴该卷材，或辅以热风加热器加热搭接部位	适合用于各种自粘型卷材的施工

9.3.3 合成高分子防水卷材

合成高分子防水卷材是以合成树脂、合成橡胶或橡胶－塑料共混物为基料，加入适量化学助剂或添加剂，以压延法或挤出法生产的可卷曲片状防水材料，属于高档防水材料。常用的有三元乙丙橡胶卷材、聚氯乙烯防水卷材、氯化聚乙烯－橡胶共混防水卷材等。

1. 三元乙丙橡胶防水卷材

三元乙丙橡胶防水卷材（EPDM）是高分子防水材料中，目前世界上公认的性能最优越的一种高弹性防水材料，也是发达国家最常用的一种防水材料，有硫化型（JL）和非硫化型（JF）两类，其幅宽有 1 000 mm，1 100 mm 和 1 200 mm，厚度有 1.2 mm，1.5 mm 和 2.0 mm，长度均为 20 mm。

三元乙丙橡胶防水卷材具有：① 很好的耐老化性、耐酸碱和抗腐蚀性，使用寿命长达 35 年；② 拉伸性能好，延伸率大，能够较好适应基层伸缩或开裂变形的需要；③ 耐高低温性能好，低温可达 -40℃，高温可达 160℃，能在恶劣环境长期使用；④ 质量轻，减少屋顶负载等特点，适用于防水等级为Ⅰ、Ⅱ级的屋面防水工程、地下室防水工程、桥涵及蓄水池等防水工程及大中型水利工程的防水。

注　意

三元乙丙橡胶防水卷材在施工时，需使用黏结剂进行冷施工操作，但在雨、雪、雾、大风天气及基面潮湿的情况下，不能铺贴卷材。铺设防水卷材时，施工温度应在 5～35℃，相对湿度应小于 80%。

2. 聚氯乙烯防水卷材

聚氯乙烯防水卷材是以聚氯乙烯树脂为主要原料制成的防水卷材，属于非硫化型高档弹塑性防水材料，其代号为 PVC 卷材。PVC 卷材按有无复合层，分为 N 类（无复合层）、L 类（纤维单面复合层）和 W 类（织物内增强）；按理化性能，分为Ⅰ型、Ⅱ型，具体性能要求应符合《聚氯乙烯防水卷材》（GB 12952—2011）中的规定。

PVC 卷材适用于：① 工业与民用建筑的各种屋面防水，包括种植屋面、平屋面和坡屋面；② 建筑物地下防水，包括水库、堤坝、水渠，以及地下室等各种部位的防水防渗工程；③ 隧道、高速公路、高架桥梁、粮库、垃圾填埋场、人工湖等工程。

3. 氯化聚乙烯 - 橡胶共混防水卷材

氯化聚乙烯 - 橡胶共混防水卷材，简称共混卷材，是以氯化聚乙烯树脂和丁苯橡胶的混合体为基料，加入各种添加剂加工而成的，属于硫化型高档防水材料。该共混卷材的厚度有 1.0 mm，1.2 mm，1.5 mm 和 2.0 mm，幅宽有 1 000 mm，1 100 mm 和 1 200 mm，长度为 20 m，其物理性能应符合《氯化聚乙烯 - 橡胶共混防水卷材》（JC/T 684—1997）中的规定。

共混卷材具有氯化聚乙烯优异的力学性能、耐老化性能和橡胶的高弹性。除尺寸稳定性（加热收缩率）不如三元乙丙防水卷材外，其他材性指标均与三元乙丙防水卷材相当，适用于屋面的外露和非外露防水工程、地下室防水工程、水池、土木建筑的防水工程等。

9.4 建筑防水涂料

防水涂料是以沥青、合成高分子材料等为主体，涂敷在构筑物表面上后，通过其中的溶剂挥发或反应固化后能形成坚韧防水膜的材料的总称。防水涂料施工简便，防水效果好，特别适用于外形或结构复杂的防水施工，通常被广泛应用于受侵蚀性介质或有振动作用的地下工程主体和施工缝、后浇缝、变形缝等的结构表面涂膜防水层。

防水涂料按主要成膜物质，可分为沥青类、高聚物改性沥青类、合成高分子类和聚合物水泥基类；按涂料的形态，可分为溶剂型、水乳型和反应型 3 种；按涂料的组分，可分为单组分和双组分两种。

9.4.1 沥青类防水涂料

沥青类防水涂料的主要成膜物质是沥青，包括溶剂型和水乳型两种，主要品种有冷底子油、沥青胶、水乳型沥青基防水涂料。

1）冷底子油

冷底子油是将未改性的石油沥青（30 号、10 号和 60 号）加入汽油、柴油中，或将煤沥青（软化点 50～70℃）加入苯中，溶合而成的沥青溶液。一般现用现配，并用密闭容器储存，以防溶剂挥发。

冷底子通常作为打底材料与沥青胶配合使用，以增加沥青胶与基层的黏结力，基本上不单独使用。常用配合比为：① 石油沥青：汽油＝30：70；② 石油沥青：煤油或柴油＝40：60。

2）沥青胶（玛蹄脂）

为了提高沥青的耐热性，降低沥青层的低温脆性，在沥青中加入粉状或纤维状填料而制成的液体，即为沥青胶。其中，粉状填料有石灰石粉、白云石粉、滑石粉、膨润土等，纤维状填料有木质纤维、石棉屑等。沥青胶的耐热性、柔韧性和黏结力必须符合表 9-9 中的规定。

表 9-9 石油沥青胶的技术指标

<table>
<tr><th rowspan="2">项 目</th><th colspan="6">标 号</th></tr>
<tr><th>S-60</th><th>S-65</th><th>S-70</th><th>S-75</th><th>S-80</th><th>S-85</th></tr>
<tr><td rowspan="2">耐热度</td><td colspan="6">用 2 mm 厚沥青胶黏和两张沥青油纸，在不低于下列温度下，在 45° 的坡度上停放 5 h 后，沥青胶结料不应流出，油纸不应滑动</td></tr>
<tr><td>60℃</td><td>65℃</td><td>70℃</td><td>75℃</td><td>80℃</td><td>85℃</td></tr>
<tr><td>黏结力</td><td colspan="6">将两张用沥青胶粘贴在一起的油纸揭开时，若被撕开的面积超过粘贴面积的一半，则认为其黏结力不合格；否则，认为其黏结力合格</td></tr>
<tr><td rowspan="2">柔韧性</td><td colspan="6">涂在沥青油纸上的厚沥青胶层，在（18±2）℃时围绕下列直径的圆棒以 5 s 时间均速弯曲成半周，沥青胶粘料不应有开裂</td></tr>
<tr><td>10 mm</td><td>15 mm</td><td>15 mm</td><td>20 mm</td><td>25 mm</td><td>30 mm</td></tr>
</table>

沥青与填充料应均匀混合，不得有粉团、草根、树叶、砂土等杂质。沥青胶的标号，

应根据屋面的历年最高温度及屋面坡度，并参照表 9-10 来选择，其施工方法有冷用和热用两种。热用比冷用的防水效果好，但冷用施工方便，且耗费溶剂。沥青胶主要用于沥青或改性沥青类卷材的黏结、沥青防水涂层和沥青砂浆层的底层。

表 9-10　石油沥青胶的标号选择

屋面坡度	历年最高室外温度（℃）	沥青胶标号	屋面坡度	历年最高室外温度（℃）	沥青胶标号
1°～3°	低于 38	S-60	3°～15°	41～45	S-75
	38～41	S-65	15°～25°	低于 38	S-75
	41～45	S-70		38～41	S-80
3°～15°	低于 38	S-65		41～45	S-85
	38～41	S-70			

3）水乳型沥青防水涂料

水乳型沥青防水涂料主要指采用沥青为主要原料，以水为分散介质，采用化学乳化剂或矿物乳化剂乳化的防水涂料。水乳型沥青防水涂料的固体含量、耐热度、不透水性、黏结强度等，读者可查阅标准《水乳型沥青防水涂料》(JC 408—2005)。

目前使用的水乳型沥青防水涂料主要有石棉乳化沥青防水涂料、膨润土乳化沥青防水涂料、氯丁橡胶乳化沥青防水涂料、SBS 改性乳化沥青防水涂料、APP 改性乳化沥青防水涂料、丁苯橡胶乳化沥青防水涂料、再生胶乳化沥青防水涂料、丙烯酸乳化沥青防水涂料等。

水乳型沥青防水涂料属于低档防水涂料，这类涂料具有耐候、耐温性能好，能在潮湿基面上施工，与基层黏结性能好，无毒，无污染，施工简单方便等优点，被广泛使用于地下室、卫生间、厨房和屋面工程，特别是近几年来被广泛应用于公路、桥梁等防水工程。

9.4.2　高聚物改性沥青防水涂料

采用橡胶、树脂等高聚物对沥青进行改性处理，可提高沥青的低温柔性、延伸率、耐老化性及弹性等。高聚物改性沥青防水涂料一般是采用再生橡胶、合成橡胶或 SBS 聚合物对沥青改性，制成水乳型或溶剂型防水材料。

目前，我国生产的高聚物改性沥青防水涂料主要有再生胶改性沥青防水涂料、水乳型氯丁橡胶沥青防水涂料、SBS 橡胶改性沥青防水涂料等。

高聚物改性沥青防水涂料均属薄层防水涂料，与沥青基防水涂料相比，其低温柔性和抗裂性均显著提高，适用于Ⅱ、Ⅲ、Ⅳ级防水等级的屋面防水，地下室及卫生间防水，以及水利、道路等工程的一般防水处理。单独使用时，厚度不小于 3 mm 为宜；复合使用时，厚度不小于 1.5 mm 为宜。

9.4.3 合成高分子类防水涂料

合成高分子类防水涂料是以合成橡胶或合成树脂为主要成膜物质，加入其他辅料配制成的单组分或双组分防水涂料，主要有聚氨酯（单、双组分）、水乳型单组分有机硅橡胶、水乳型丙烯酸酯、聚氯乙烯、水乳型三元乙丙橡胶防水涂料等。

- 聚氨酯防水涂料：具有优良的耐油、耐碱、耐磨、耐海水侵蚀等性能，其涂膜的弹性及延伸性好，抗拉强度和撕裂强度较高，体积收缩小，涂膜整体性强，对基层裂缝有较强的适应性，是一种常用的中高档防水涂料。
- 水乳型丙烯酸酯防水涂料：具有优良的耐候性、耐热性和耐紫外线性，在-30～80℃范围内性能基本无多大变化。延伸性好，能适应基层的开裂变形。

合成高分子类防水涂料具有良好的粘贴性、防水性、耐候性、柔韧性及优良的耐高低温性能，适用于各等级的屋面防水工程，以重要的水利、道路、化工等防水工程。其中，有机硅防水涂料和丙烯酸酯防水涂料具有无毒、不燃及可调配成各种颜色等特点，但价格较高。

9.4.4 聚合物水泥基防水涂料

聚合物水泥基防水涂料是由合成高分子聚合物乳液（如聚丙烯酸酯、聚醋酸乙烯酯、丁苯橡胶乳液），与各种添加剂优化组合而成的液料和配套的粉料（由特种水泥、级配砂组成）复合而成的双组分防水涂料，是一种既具有合成高分子聚合物材料弹性高，又有无机材料耐久性好等特点。

聚合物水泥基防水涂料可在潮湿或干燥的砖石、砂浆、混凝土、金属、木材、硬塑料、玻璃、石膏板、泡沫板、橡胶等基面上施工，对于新旧建筑物及构筑物（如房屋、地下工程、隧道、桥梁、水池、水库等）均可使用，特别适合地下室、地下隧道、卫浴间、厨房、水池等特别潮湿，或长期在水中浸泡的工程中。此外，也可作黏结剂使用。

注 意

防水涂料在储运和保管过程中应注意：① 包装容器必须密封严实，容器表面应标明涂料名称、生产厂名、生产日期和产品有效期等；② 储运及保管的环境温度不得低于0℃，但应严防日晒、碰撞和渗漏，通常应存放在干燥、通风、远离火源的室内，且料库内应配备专门用于灭火有机溶剂的消防措施；③ 运输时，运输工具、车轮应有接地措施，防止静电起火。

表9-11所示为几种常用防水涂料的性能及其用途，以供读者快速查阅。

表 9-11 常用防水涂料的性能及用途

品种	特点	用途
乳化沥青防水涂料	成本低、施工方便，耐候性好，但延伸率低	可用于工业与民用建筑厂房的复杂屋面和青灰屋面防水，也可涂于屋顶钢筋板面和油毡上
橡胶改性沥青防水涂料	有一定的柔韧性和耐火性，常温下冷施工，安全可靠	可用于工业与民用建筑的保温屋面、地下室、洞涵、冷库地面的防水
硅橡胶防水涂料	具有良好的防水性、成膜性和弹性黏结性，安全无毒	可用于地下工程、储水池、厕浴间和屋面的防水
PVC 防水涂料	具有弹塑性，能适应集成的一般开裂或变形	可用于屋面及地下工程、蓄水池、水沟、天沟的防腐和防水
三元乙丙橡胶防水涂料	具有高强度、高弹性和高伸长率，施工方便	可用于宾馆、办公楼、厂房、仓库、宿舍的建筑屋面和地面防水
氯磺化聚乙烯防水涂料	涂层附着力强，耐腐蚀，耐老化	可以用于地下工程、海洋工程、石油化工、建筑屋面及地面的防水
聚丙烯酸酯防水涂料	黏结性强，防水性好，伸长率大，耐老化，能适应基层的开裂变形，冷施工	广泛应用于中、高级建筑工程的各种防水工程
聚氨酯防水涂料	强度高，耐老化性能优异，伸长率大，黏结力强	用于建筑屋面的隔热防水工程，地下室、厕浴间的防水，也可用于彩色装饰性防水
钢性防水材料	涂层寿命长，经久耐用，不存在老化问题，如钢性防水细石混凝土	适用于建筑屋面、厨房、厕浴间、坑道、隧道等地下工程防水

9.5 建筑防水密封材料

建筑防水密封材料又称嵌缝材料，有定型（密封条、压条）和不定型（密封膏、密封胶）两类，将其嵌入建筑接缝中，可以防尘、防水和隔气。嵌缝材料具有良好的粘附性、耐老化性和温度适应性，能长期承受被黏附物体的振动、收缩而不破坏。

1. 建筑防水密封材料的分类

密封材料按其嵌入接缝后的性能，可分为以下 3 种。

- **弹性密封材料**：嵌入接缝后呈现明显弹性，当接缝位移时，在密封材料中引起的应力值几乎与应变量成正比。
- **塑性密封材料**：嵌入接缝后呈现塑性，当接缝位移时，在密封材料中发生塑性变形，其残余应力迅速消失。
- **弹塑性密封材料**：嵌入接缝后，当接缝位移时，在密封材料中发生塑性和弹性变形，但主要表现为塑性。

此外，建筑防水密封材料按使用时的组分，可分为单组分密封材料和多组分密封材料；按组成材料，可分为改性沥青密封材料和合成高分子密封材料。

2. 建筑常用防水密封膏

建筑防水密封膏属于非定密封材料，一般由气密性和不透水性良好的材料组成。为了保证结构密封防水效果，所用材料应具有：① 良好的弹塑性、延伸率、变形恢复率、耐热性、耐候性、耐侵蚀性及低温柔性；② 与基体材料间良好的黏结性；③ 易于挤出、易于充满缝隙且在竖直缝内不流淌、不下坠及坍落等；④ 易于施工操作的性能。

目前，常用的建筑防水密封膏有建筑防水沥青嵌缝油膏、聚氯乙烯建筑防水接缝材料、聚氨酯建筑密封膏和丙烯酸酯建筑密封胶。

1）建筑防水沥青嵌缝油膏

建筑防水沥青嵌缝油膏，简称沥青嵌缝油膏，是以石油沥青为基料，加入改性材料、稀释剂及填料等配制而成的黑色膏状嵌缝材料。常用的改性材料有废橡胶粉和硫化鱼油；稀释剂有松节油、机油；填充材料有石棉绒和滑石粉。

《建筑防水沥青嵌缝油膏》（JC/T 207—2011）中，按油膏的耐热性和低温柔性分为702和801两个型号，其物理性能如表9-12所示。

表9-12 沥青嵌缝油膏技术性能指标

项目		建筑防水沥青嵌缝油膏（JC/T 207—2011）		聚氯乙烯防水接缝材料（JC/T 978—1997）	
		702	801	801	802
密度，产品说明书规定值（g/cm³）		±0.1		±0.1	
施工度（mm）		≥22.0	≥20.0	—	—
耐热性	温度（℃）	70	80	80	80
	下垂值（mm）	≤4.0		≤4.0	
低温柔性	温度（℃）	−20	−10	−10	−20
	黏结状态	无裂纹、无剥离		无裂纹	
拉伸黏结性	最大抗拉强度（MPa）	—		0.02～0.15	
	最大延伸率（%）	≥125		≥300	
浸水后拉伸黏结性	最大抗拉强度（MPa）	—		0.02～0.15	
	最大延伸率（%）	≥125		≥250	
浸出性	渗出幅度（mm）	≤5		—	
	渗出张数（张）	≤4			
挥发性（%）		≤2.8		≤3（仅限于G弄PVC）	

沥青嵌缝油膏主要用于冷施工型的屋面、墙面防水密封及桥梁、涵洞、输水洞及地下工程等的防水密封。

2）聚氯乙烯建筑防水接缝材料

聚氯乙烯建筑防水接缝材料，简称 PVC 接缝材料，是以聚氯乙烯为基料，同增塑剂、稳定剂、填充剂等共混，经塑化或热熔而成，呈黑色黏稠状或块状。《聚氯乙烯防水接缝材料》（JC/T 978—1997）中规定，PVC 接缝材料按耐热性和低温柔性分为 801 和 802 两个型号，其物理性能如表 9-12 所示。

PVC 接缝材料具有良好的弹塑性、黏结性、延伸性、防水性、耐腐蚀性、耐热、耐寒性和耐候性，适用于各种坡度的建筑屋面接缝、有耐腐蚀性要求的屋面接缝、水利设施及地下管道的接缝防渗处理。

3）聚氨酯建筑密封膏

聚氨酯建筑密封膏是以聚氨基甲酸酯聚合物为主要成分的单组分和多组分建筑密封材料。聚氨酯建筑密封膏具有：① 弹性模量低、高弹性、延伸率大、耐老化、耐低温、耐水、耐油、耐酸碱、耐疲劳等特性；② 与水泥、木材、金属、玻璃、塑料等多种建筑材料有很强的黏结力；③ 固化速度较快，适用于要求快速施工的工程；④ 施工简便、安全可靠。

《聚氨酯建筑密封膏》（JC 482—2003）中规定，聚氨酯建筑密封膏分为 N 型（非下垂型）和 L 形（自流平型）两种，其流动性、挤出性、拉伸模量等性能，读者可查阅该标准。

聚氨酯建筑密封膏价格适中，应用广泛，适用于建筑屋面、墙板、地板、窗框、卫生间的接缝密封，也适用于混凝土结构的伸缩缝、沉降缝和高速公路、机场跑道、桥梁等土木工程的嵌缝密封。

4）丙烯酸酯建筑密封胶

丙烯酸酯建筑密封胶是以丙烯酸酯乳液为基料的单组分水乳型建筑密封胶。这种密封胶具有：① 弹性好，能适应一般基层的伸缩变形；耐候性能优异，使用年限在 15 年以上；② 耐高温性能好，在－20～＋100℃温度下能长期保持柔韧性；③ 黏结强度高，耐水、耐碱性好，具有良好的着色型；④ 可在潮湿基层上施工。

丙烯酸酯建筑密封胶适用于室内墙面、地板、门窗框、卫生间的接缝，以及室外小位移量的建筑缝密封，其各项性能指标，读者可查阅标准《丙烯酸酯建筑密封胶》（JC/T 484—2006）。

3. 其他建筑防水密封膏

除上述 4 种常用建筑防水密封膏外，工程中还用有机硅酮密封膏、聚硫密封膏、氯丁橡胶密封膏和改性沥青油膏作为嵌缝密封材料，其性能及用途如表 9-13 所示。

表 9-13　常用建筑密封材料的性能与用途

品　种	特　点	用　途
有机硅酮密封膏	对硅酸盐制品、金属、塑料具有良好的黏结性，耐水、耐热、耐低温和耐老化	适用于窗玻璃、幕镜、大型玻璃幕墙、储槽、水族箱、卫生陶瓷等的接缝密封
聚硫密封膏	对金属、混凝土、玻璃、木材具有良好的黏结性。具有耐水、耐油、耐老化、化学稳等	适用于中空玻璃、混凝土、金属结构的接缝密封，也适用于有耐油、耐试剂要求的车间、实验室的地板、墙板密封和一般建筑、土木工程的各种接缝密封
氯丁橡胶密封膏	具有良好的黏结性、延伸性、耐候性、弹性	适用于室内墙面、地板、门窗框、卫生间的接缝、室外小位移量的建筑缝密封
改性沥青油膏	具有良好的黏结性、耐温性、柔韧性，可冷施工	适用于屋面板、墙板等装配式建筑构件间的接缝嵌填，以及小位移量的各种建筑接风的防水密封

知识链接

建筑防水密封材料的储运和保管，应遵守以下规定：① 避开火源和热源，避免日晒和雨淋，并防止碰撞，保持包装完好无损；② 外包装应注明该产品的名称、生产厂家、生产日期和使用有效期限；③ 应分类储放在通风、阴凉的室内，环境温度不超过 50℃。

习　题

9—1　简述石油沥青的 3 大组分及各组分的作用。

9—2　划分与确定石油沥青牌号的依据是什么？请简述石油沥青牌号的大小与沥青主要技术性质之间的关系。

9—3　石油沥青的主要技术性质有哪些，各用什么指标表示？

9—4　在粘贴防水卷材时，一般均采用沥青胶而不是沥青，这是为什么？

9—5　某建筑工程屋面防水，需用软化点为 75℃的石油沥青，但工地仅有软化点为 95℃和 25℃的两种石油沥青，请问应如何掺配？

9—6　为什么要对沥青进行改性？常用改性沥青的种类及其特点有哪些？

9—7　什么是防水卷材？如何分类？应用防水卷材有何经济意义？

9—8　什么是建筑防水密封材料？不定型密封材料的主要品种及其应用有哪些？

9—9　防水涂料在储运及保管时应注意哪些事项？

第10章 建筑塑料及胶粘剂

本章导读

建筑塑料及黏结剂同属有机高分子材料。由于有机高分子材料的原料来源广，化学合成效率高，产品具有多种建筑功能，而且具有质轻、强韧、耐化学腐蚀、易加工成形、绝缘性能好等优点，已成为一类新型建筑材料，被越来越广泛地应用于建筑领域。

通过学习本章，应了解塑料的组成成分及各成分的作用，熟悉常用建筑塑料的性能及使用场合，了解胶粘剂的组成成分和特点，熟悉建筑上常用胶粘剂的性能特点，以及胶粘剂的选用和使用方法。

本章要点

- 塑料的特点及组成成分
- 常用建筑塑料的性能及用途
- 胶粘剂的组成、分类及特点
- 建筑上常用胶粘剂，及其选用和使用方法

10.1 塑料的组成成分

塑料是指以天然树脂或合成树脂为主要成分，以填充剂、增塑剂、润滑剂、颜料等为辅助成分，在一定温度和压力下通过不同工艺塑造成一定形状，并能在常温下保持既定形状的高分子有机材料，其各组成成分的性能如下。

1）合成树脂

合成树脂是受热时可软化（或熔化），在外力作用下具有流动性，常温下呈玻璃态的高分子化合物。合成树脂是塑料的主体成分，它在塑料中起胶结作用，并决定塑料的力学性质和受热后的行为。根据所用合成树脂品种不同，塑料有热塑性塑料和热固性塑料两种。

2）添加剂

添加剂对塑料的性质有重要影响，它可以赋予塑料以树脂所没有的新性质，正确地加入添加剂可极大地扩大塑料的使用范围。添加剂的主要种类如下。

- 填料：可提高塑料的强度、硬度及耐热性，并降低塑料的成本，通常占塑料的20～50%。常用的有木粉、棉布、纸屑等无机填料；石棉、云母、滑石粉、玻璃纤维等。
- 增塑剂：可提高塑料的可塑性和柔软性，减少脆性。常用的增塑剂主要有樟脑、苯二甲酸二丁酯、苯二甲酸二辛酯等。
- 固化剂：可使塑料制品具有热固性。固化剂的成分随树脂品种不同，可选用低分子物质（如多元胺类、多元酸类）和高分子化合物固体剂（如聚酰胺树脂）。

3）润滑剂

为了防止塑料在成型加工过程中将模子粘住，常加入少量润滑剂。常用的润滑剂主要有油脂、硬脂酸等。

4）颜料

颜料掺入塑料组成物中，可以使塑料具有各种需要的颜色。

5）稳定剂和催化剂

稳定剂，也称防老剂，由抗氧化剂和紫外线吸收剂两部分组成，常用的抗氧化剂有烷基酚及芳香胺类等，常用的紫外线吸收剂有炭黑及水杨酸酯等。此外，为加速原料的聚合过程，有些塑料中还掺有催化剂，如乌洛托平等。

塑料是一种新型的建筑材料，在建筑工程中具有广阔的发展前景，是一种符合可持续发展战略要求的绿色建材，也是一种理想的可替代木材、混凝土、钢材等的新型材料。塑料的原料来源广，加工成形方便，成本低，色泽美观，而且具有质轻、比强度高、绝缘性能优异、化学稳定性优良、减震、自润滑等优良特性。

当然，塑料也有许多缺点，如其耐磨性、耐久性相对于常规建筑材料较差。但随着塑料科技研究工作以及塑料工业的发展，这些缺点将逐渐被克服。

10.2 常用建筑塑料的性能

常用建筑塑料的名称、代号、特性及用途如表 10-1 所示。

表 10-1　塑料的名称、代号、特性及用途

名称		代号	特性	用途
热塑性塑料	聚乙烯	PE	耐水性和化学稳定性好，但强度不高	防水薄膜、级排水管、卫生洁具
	聚氯乙烯（软）	PVC	弹性、柔性及低温韧性均较好，强度及耐热性较差，电绝缘性较好	塑料薄膜、充气薄膜、止水带、防水卷材、软管、片材及装饰材料等
	聚氯乙烯（硬）	PVC	抗压和抗弯强度较高，韧性、电绝缘性和化学稳定性较好，成本较低	百叶窗、墙面板、屋面采光板、硬管材、楼梯扶手、给排水管、水工闸门
	聚苯乙烯	PS	质轻、易加工，强度较低、耐热性和韧性差	泡沫塑料制品、隔热保温材料
	ABS 树脂	ABS	强度高，冲击韧性好，强度大，刚性好，耐化学腐蚀性强，易加工，可代替木材钢板等	应用广泛，作建筑五金、工具、卫生洁具、管材、薄板、仪表及电机外壳等
热固性塑料	环氧树脂塑料	EP	强度高，耐磨性好，耐腐蚀性强，选用不同的固化剂，可获得不同性能的塑料	生产玻璃钢制品，层压制品，拌制砂浆及混凝土作修补、防护材料，电绝缘材料
	酚醛塑料	PF	刚性大，耐热性较好，有良好的机械强度及电绝缘性，耐腐蚀性强，性脆，色泽有限	作电器绝缘材料，层压塑料及纤维增强塑料，可代替木材制成板材、片材和管材等
	不饱和聚酯树脂塑料	UP	黏结力强，抗腐蚀性和耐磨性好，弹性模量低，有一定弹性，固化收缩较大	生产玻璃钢制品，拌制砂浆及混凝土作修补、防护材料

知识链接

按加工性能不同，塑料可分为热固性塑料和热塑性塑料。其中，热塑性塑料是指塑料加工固化冷却以后，再次加热仍然能够达到流动性，并可以再次对其进行加工成型，即热塑性塑料具有良好的再加工性和再回收利用性；热固性塑料是指塑料经过一次加热成型固化，形状达到稳定后，对其加热也不能使其再次达到黏流态，即热固性塑料不具有再次加工性和再回收利用性。

10.3 合成胶粘剂

胶粘剂又称粘合剂或粘结剂。凡有良好的粘合性能，可将两个相同或不同固体材料连接在一起的物质都可以称为胶粘剂，它包括天然物、合成树脂和无机物中具有粘合性能的许多物质。人们非常熟悉的水泥、石膏和沥青等建筑材料都属于胶粘剂。

随着建筑业的发展，胶粘剂的应用也更为广泛。例如，在建筑工程中，构件组装、设备安装、建筑物修补，以及墙面、地面、吊顶等工程的装修等，都离不开胶粘剂。由此可见，胶粘剂在建筑上的应用极为广泛，现已成为当代建筑不可缺少的配套材料之一。

10.3.1 胶粘剂的组成、分类及特点

1. 胶粘剂的组成成分

胶粘剂一般是由几种组分混合构成的，这些组分包括粘料、稀释剂、固化剂、催化剂、增塑剂与增韧剂、填料及其他附加剂组成。

1）粘料

粘料在胶粘剂中起粘接作用，是胶粘剂必不可少的组分，对胶粘剂的胶结强度、耐热性、韧性、耐老化性等性能起着决定性作用，其余的组分可视胶粘剂的性能要求决定是否加入。粘料的主要组成材料有热固性树脂、热塑性树脂、橡胶类及天然高分子化合物。

2）稀释剂

为了便于涂胶，常采用稀释剂来溶解粘料并调节胶粘剂的黏度，活性稀释剂和非活性稀释剂之分。其中，非活性稀释剂只有降低胶粘剂黏度的作用，涂胶后会挥发掉，如丙酮、甲苯等；活性稀释剂既可降低胶粘剂的黏度，又能参与固化反应。

3）固化剂及催化剂

固化剂可使粘料产生化学反应，从而使某些线型高分子化合物交联成体型结构，使胶液成为不熔不溶的坚固胶层。固化剂的种类和用量，直接影响到胶粘剂的活性期、固化条件及固化后的力学性能等，因此，使用固化剂时应严格选用。催化剂可加速或降低固化反应的温度。

4）增塑剂与增韧剂

增塑剂和增韧剂在胶粘剂中的作用主要是改善胶接层的韧性、柔软性和弹性，以提高粘接层的抗冲击强度和耐低温性。但加入增塑剂和增韧剂，会降低胶粘剂的剪切、抗拉强度、耐热性和耐溶剂性等，所以在选用时，用量不宜过多。

5）填料

在胶粘剂中加入填料，可增加胶粘剂的稠度和黏度，降低其热膨胀系数和收缩性，提高胶层的抗冲击韧性及其机械强度，并能使胶接接头的耐热性增加。胶粘剂中加入的填料主要有石棉粉（可提高耐热性）、银粉（可制导电胶）、具有碱性的铁粉（可制导磁胶）、石英粉、滑石粉、氧化铝粉、金属粉及其他金属氧化物。

6）其他附加剂

为了满足某些特殊要求，还可在胶粘剂中加入某些附加剂，如防老剂、阻聚剂、防腐剂、防霉剂、稳定剂等，以达到防腐、防霉、稳定等作用。

2. 胶粘剂的分类

合成胶粘剂的种类繁多，分类方法也很多。通常按主要化学成分、状态及强度特性分类，各类胶粘剂的特点如表 10-2 所示。

表 10-2 胶粘剂的分类及特点

分类方法	类别及特点		举 例
按主要化学成分分	有机类	合成类：树脂型、橡胶型和混合型	酚醛树脂、聚醋酸乙烯酯、再生橡胶等
		天然类：葡萄糖衍生物、氨基酸衍生物、天然树脂和沥青	淀粉、植物蛋白、木质素、沥青质等
	无机类	硅酸盐类、磷酸盐类、硫酸盐类、金属氧化物凝胶、玻璃陶瓷胶及其他低熔点物	玻璃陶瓷胶等
按状态分	溶液	常温下，大部分胶粘剂属于溶液，并能在适当的有机溶剂或水中溶解成为黏稠的溶液，其主要成分是树脂或橡胶	热固性树脂：酚醛树脂、蜜胺树脂等 热塑性树脂：聚醋酸乙烯、聚丙烯酸酯等 橡胶：丁苯橡胶等
	乳液或乳胶	属于水分散型，树脂在水中分散称为乳液，橡胶的分散物称为乳胶	热塑性树脂：聚醋酸乙烯、聚丙烯酸酯等 橡胶：再生胶等
	膏体	属于高度不挥发、并具有间隙充填性的高黏稠的胶粘剂，主要用于密封工程	热固性树脂：环氧、不饱和聚酯等 热塑性树脂：醋酸乙烯酯、丙烯酸酯等 橡胶：再生胶等
	粉末	主要用于水溶性胶粘剂，使用前先加溶剂（主要是水）调成糊状或液状	热塑性树脂：聚醋酸乙烯酯等 天然物：淀粉等
	膜状	具有高的耐热性和黏合强度	混合型：酚醛—聚乙烯醇缩醛等 热固性树脂：聚酰亚胺等
	固体	主要是热熔型胶粘剂	如聚苯乙烯、丁基橡胶、松香、虫胶、石蜡等
按强度特性分	结构型	具有足够的胶接强度，能长期承受较大荷载，有良好的温度稳定性及耐老性	热固性树脂：酚醛等 混合型：尼龙—环氧等

续表 10-2

分类方法	类别及特点		举　例
按强度特性分	非结构型	具有一定的胶接强度，并同时具有密封、防水或防腐等使用功能	热塑性树脂：聚苯乙烯等 橡胶：再生橡胶等 天然物：淀粉、松香等
	特殊胶粘剂	主要是采用专用固化剂及填料等配制的具有特殊性能的胶粘剂	热固性树脂：酚醛等 热塑性树脂：聚氨酯等 橡胶：硅橡胶等

3. 胶粘剂的特点

与铆接、焊接、螺栓连接等传统连接工艺相比，胶粘剂具有：① 整个粘接面都承受应力，即使粘结力不是很大，但构件承载力也可以较大；② 整个粘结面都受力，避免应力集中；③ 既可粘结相同材料，也可实现不同材料的粘结（如织物与橡胶、橡胶与陶瓷、橡胶与金属等的粘结）；④ 既可粘结形成复杂及微型构件，又可以进行大面积薄形卷材的粘结；⑤ 粘结方法灵活、方便、可靠等特点，现已被广泛应用于工农业、国防工业、尖端科技及日常生活等各个领域。

10.3.2　建筑上常用的胶粘剂

目前，建筑工程中常用的胶粘剂主要有聚乙烯醇胶粘剂、聚醋酸乙烯类胶粘剂、合成橡胶胶粘剂、聚氨酯类胶粘剂、环氧树脂类胶粘剂和不饱和聚酯树脂胶粘剂等。

- 聚乙烯醇胶粘剂：是指由聚醋酸乙烯水解而成，外观为白色或微黄色的絮状物或粉末。一般认为，醇解度为88%时的聚乙烯醇的水溶性最好，在温水中即能很好地溶解；当醇解度在99%以上时只能在沸水中方可溶解。聚乙烯醇胶粘剂可作为纸张（墙纸）、纸绳、纸盒加工、织物及各种粉刷灰浆中的胶粘剂或胶料使用。
- 聚醋酸乙烯类胶粘剂：是一种单组分水溶性胶液，具有胶接强度大、无毒、无味、快干、耐老化、耐油等特性，而且价格便宜、施工安全、简便、存放稳定等优点，主要用于聚氯乙烯地板、木质地板与水泥地面的粘接。
- 合成橡胶胶粘剂：是一种水乳型胶粘剂，无毒、无味、不燃、施工方便、初始粘结强度高、防水性能好的胶粘剂，主要用于半硬质、硬质、软质聚氯乙烯塑料地板与水泥地面的粘贴，也可用于硬木拼花地板与水泥地面的粘贴。
- 聚氨酯类胶粘剂：具有很强的粘结力、胶膜柔软、耐溶剂、耐油、耐水、耐弱酸、耐振等性能，对纸张、木材、玻璃、金属、塑料等具有良好的粘结力。在建筑工程中，主要用于胶接塑料、木材、皮革等，特别适用于防水、耐酸碱的工程中。
- 环氧树脂类胶粘剂：具有粘结强度高、韧性好、耐热、耐酸碱、耐水等特点，适用于各种金属及陶瓷、玻璃、硬质塑料等材料的粘接。

- 不饱和聚酯树脂胶粘剂：工艺性能好，可在室温固化，但固化时收缩率较大，主要用于制造玻璃钢制品。

10.3.3　胶粘剂的选用及使用方法

实际应用时，应根据：① 所要粘结材料的品种及特性；② 被粘结材料对胶粘剂的强度、韧性、颜色等有无特殊要求；③ 周围环境（如温度、湿度、防潮、防水等）及环境对胶粘剂的要求等因素，选择合适的胶粘剂品种。

一般情况下，胶粘剂的使用方法均可大致分为以下 5 步。

1）被粘物体的表面处理

为了减少各种不利因素对粘结强度的影响，通常要求粘接面浸润性良好，粘接层厚度均匀，多数胶粘剂还要求被粘物表面干燥。当被粘物表面特点光滑时，一般还需用砂纸或锉刀将其表面打毛，以提高胶粘剂的粘结力。

2）涂胶

常用的涂胶方法一般有刷涂法、喷涂法、自流法、滚涂法、刮涂法等。

3）晾置和陈放

将胶粘剂涂刷在粘接面上后，为使胶粘剂易于扩散、浸润、渗透和使溶剂蒸发，可将其曝露在空气中静置一段时间。将从涂胶完毕开始，直到将两个粘接面贴合时为止，这段静置的工艺过程称为晾置。晾置和陈放的时间根据胶粘剂的种类而异。

4）压紧

胶粘剂在固化的同时产生粘接作用，所以在胶粘剂的固化过程中，确保粘结面之间密合，是保证产生粘接作用的重要条件。这就要求在胶粘剂开始固化之前，必须向粘接面施加压紧力，至少要施加接触力。如果在固化过程中，粘接面之间不能保持密合，就必然要在粘接层中产生空隙，影响粘接质量。

一般对压紧操作的要求是：压紧力大小适当，压力分布均匀，压紧时间足够，但不能使被粘物体受压变形（特殊情况例外）。

5）固化

胶粘剂通过溶剂蒸发或化学反应，由胶态转变为固态粘接层，同时产生粘接作用的理化过程，称为固化。固化质量与固化条件（如温度、时间和压紧力等）有重要关系。

习　题

10—1　塑料的组成成分有哪些？

10—2 热塑性塑料与热固性塑料有什么不同？

10—3 简述胶粘剂的主要组成成分及其性能。

10—4 如何选用胶粘剂？

10—5 请简述使用胶粘剂的基本方法。

第11章

常用建筑装饰材料

本章导读

建筑上使用的装饰材料是指铺设或涂装在建筑物表面，起装饰和美化环境作用的材料，它是建筑装饰工程的物质基础。建筑装饰的整体效果和质量，很大程度上受建筑装饰材料的制约，尤其受到装饰材料的光泽、质地、质感、图案、花纹等装饰特性的影响。因此，熟悉各种装饰材料的性能、特点，并能够按照建筑物及其使用环境，合理选用装饰材料，才能材尽其能、物尽其用。

通过学习本章，应了解天然石材和人造石材的区别及它们在建筑装饰中的用途；了解常用建筑陶瓷的特点；了解建筑涂料的分类，以及内墙涂料、外墙涂料和地面涂料的特点。

本章要点

- 天然石材和人造石材
- 建筑陶瓷的原料性能、分类及常用建筑陶瓷的性能
- 常用建筑涂料及其特点

在建筑装饰工程中，装饰材料的费用通常占装饰工程造价的50%～70%。因此，合理地选用建筑装饰材料，对降低建筑装饰工程的造价具有十分重要的意义。只有充分了解建筑装饰材料的性能特点，并能够按照建筑及使用环境条件合理选用装饰材料，充分发挥每一种装饰材料的长处，才能既满足建筑的装饰要求，又满足经济性需求，做到经济性、实用性、美观性及健康性的和谐统一。

本章重点介绍几种常用的建筑装饰材料：饰面石材、建筑陶瓷及建筑涂料。

11.1 建筑饰面石材

建筑石材包括天然石材和人工石材两类。天然石材是对天然岩石的形状、尺寸和表面进行简单的物理加工而得到的块状材料，是人类历史上应用最早的建筑材料，河北的赵州桥和江苏洪泽湖的洪湖大桥均为著名的古代天然石材建筑之一。

人造石材是用无机或有机胶结料、矿物质原料及各种外加剂人工配制而成的仿天然石材制品。常见的人造石材有人造大理石、人造花岗石、水磨石等，因具有性能、形状、花色图案的可设计性，得到广泛的应用。

11.1.1 天然石材的选用原则及加工方法

天然石材具有较高的强度、硬度和耐磨、耐久等优良性能，而且资源分布广，便于就地取材，在建筑上被广泛应用至今，它们不仅可作为基石用材、墙体用材、混凝土骨料用材，更由于其自身特有的色泽和纹理美，在室内外装饰环境中扮演了十分重要的角色。

自然界中的天然石材很多，在建筑工程设计中，应根据设计需要选用合适的石材。天然石材被用于建筑工程中时，应根据使用要求先对天然石材进行锯切和表面加工，否则，不仅使装饰效果和装修质量受到影响。

1. 选用原则

在建筑设计和施工中，应根据适用性、经济性和安全性的原则选用天然石材。

1）适用性

主要考虑石材的技术性能是否能满足使用要求。可根据石材在建筑物中的用途、部位及所处环境，来选择主要技术性能满足要求的岩石。如承重用的石材（基础、勒脚、柱、墙等），主要应考虑其强度、耐久性、抗冻性等技术性能；用作地面、台阶等的石材，应考虑其是否坚韧耐磨；装饰用的构件（饰面板、栏杆、扶手等），需考虑石材本身的色彩与环境的协调性及可加工性等；对处在高温、高湿、严寒等特殊条件下的构件，还要分别考虑所用石材的耐久性、耐水性、抗冻性及耐化学侵蚀性等。

2）经济性

天然石材的密度大，运输不便、运费高，应综合考虑地方资源，尽可能做到就地取材。难以开采或加工的石料，将会使石材的成本增加，选材时应特点注意。

3）安全性

由于天然石材是构成地壳的基本物质，因此可能存在含有放射性的物质。石材中的放射性物质主要是指镭、钍等放射性元素，这些元素在衰变中会产生对人体有害的物质。从颜色上看，红色、深红色的天然石材，放射性元素的含量较多。

提 示

根据《建筑材料放射性核素限量》（GB 6566—2010）规定，天然石材按放射性水平分为 A，B，C 三类。其中，A 类石材最安全，可在任何场合下使用；B 类石材的放射性高于 A 类，不可用于居室的内饰面，而可用于其他一切建筑物的内外饰面；C 类石材的放射性较高，只可用于建筑物的外饰面；放射性超过 C 类标准控制的石材，只可用于海堤、桥墩及碑石等远离人群密集的地方。

2. 加工方法

由采石场采出的天然石材荒料，或由大型工厂生产出的大块人造石基料，需要先按用户的要求加工成各类板材或特殊形状，才能被使用。石材的加工一般有锯切和表面加工。

要锯切天然石材荒料或大块人造石基料，可用框架锯（排锯）、盘式锯、钢丝绳锯等。对于锯切后形成的板材，其表面质量一般不高，因此还需要对其进行粗磨、细磨、抛光、火焰烘毛和凿毛等表面加工。

用于建筑装饰工程中的饰面石材，大多为板材，常用的天然石材主要有天然大理石和天然花岗石，且各项指标应符合《天然石材装饰工程技术规程》（JCG/T 60001—2007）中的相关规定。

11.1.2 大理石和花岗石

1. 大理石

天然装饰石材中应用最多的是大理石。大理石是由石灰岩和白云岩在高温、高压下矿物重新结晶变质而成。纯大理石为白色，又称汉白玉，若在变质过程中混进其他杂质，就会呈现不同的颜色、花纹或斑点。如含碳，则呈现黑色；含氧化铁，则呈现玫瑰色或橘红色；含氧化亚铁、铜、镍等，则呈现绿色；含锰，则呈现紫色。

大理石的主要成分为氧化钙，空气和雨中所含酸性物质及盐类对它有腐蚀作用。除个别品种（如汉白玉、艾叶青等）外，一般大理石只用于室内。

天然大理石石质细腻、光泽柔润，有很高的装饰性，目前应用较多的有3种。

- **单色大理石：**如纯白的汉白玉、雪花白、纯黑的墨玉、中国黑等，是高级墙面装饰和浮雕装饰的重要材料，也用作各种台面，如图11-1（a）所示。
- **云灰大理石：**云灰大理石底色为灰色，灰色底面上常有天然云彩状纹理，带有水波纹的称作水花石，如图11-1（b）所示。云灰大理石纹理美观大方、加工性能好，是饰面板材中使用最多的品种。
- **彩花大理石：**彩花大理石是薄层状结构，经过抛光后，呈现出各种色彩斑斓的天然图画，如图11-1（c）所示。经过精心挑选和研磨，可以制成由天然纹理构成的山水、花木、禽兽虫鱼等大理石画屏，是大理石中的极品。

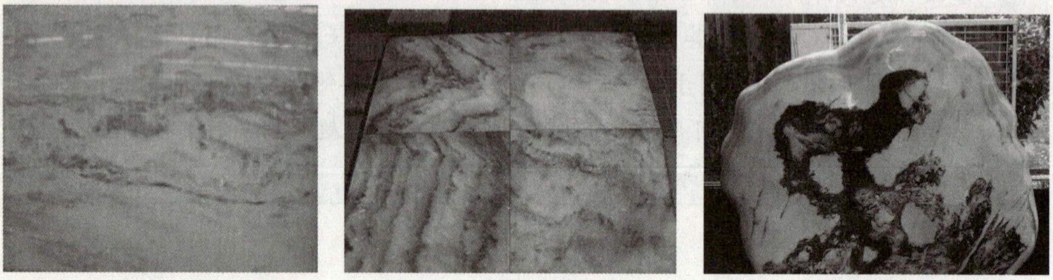

（a）单色大理石　（b）云灰大理石　（c）彩花大理石

图11-1　天然大理石

拓展阅读

> 大理石的产地很多，世界上以意大利生产的大理石最为名贵。国内几乎每个省、市、自治区都产大理石。大理石板材对强度、容重、吸水率和耐磨性等不做要求，以外观质量、光泽度和颜色花纹作为评价指标。
>
> 天然大理石质地致密但硬度不大，容易加工、雕琢、磨平和抛光等。大理石抛光后光洁细腻，纹理自然流畅，有很高的装饰性，主要用于大型公共建筑，如宾馆、展厅、商场、机场、车站等室内墙面、地面、楼梯踏板、栏板、台面、窗台板、踏脚板等，也用于家具的台面。

2. 花岗石

花岗石以石英、长石和云母为主要成分，其颜色决定于所含成分的种类和数量。优质花岗石晶粒细而均匀、构造紧密、石英含量多、色泽明亮。花岗石中的二氧化硅含量较高，属于酸性岩石。某些花岗石中含有微量放射性元素，这类花岗石应避免用于室内。

根据加工方式不同，天然花岗石制品可分为以下 4 种板材。

- 剁斧板材：石材表面经手工剁斧加工，表面粗糙但有规则的条状斧纹。
- 机刨板材：石材表面经机械刨平，表面平整，有相互平行的刨切纹，表面质感比剁斧板材较细腻。
- 粗磨板材：石材表面经过粗磨，平滑无光泽，主要用于需要柔光效果的墙面、柱面、台阶、基座等。
- 磨光板材：石材表面经过精磨和抛光加工，表面平整光亮，花岗岩晶体结构纹理清晰，颜色绚丽多彩，用于对光泽和表面平滑度有较高要求的墙面、地面和柱面。

花岗岩是一种优良的建筑石材，其结构致密、质地坚硬、耐酸碱、吸水率低、耐气候性好，常用于装饰基础、桥墩、台阶和路面，也可用于装饰房屋的围墙，以及室内的地面、立柱，耐磨性要求高的台面、台阶和踏步，尤其适用于修建可在室外长期使用的有纪念性的建筑物。例如，天安门前的人民英雄纪念碑就是由一整块 100 t 的花岗岩琢磨而成的。在我国各大城市的大型建筑中，曾广泛采用花岗岩作为建筑物立面的主要材料。

11.1.3　人造石材

由于天然石材加工比较困难，且花色和品种也较少，因此现代建筑装饰业常采用人造石材。人造石材不仅有天然石材的装饰效果，而且花色品种也相对较多，另外具有质量轻、强度高、耐腐蚀、耐污染、放射性低、生产工艺简单、施工方便等优点，是名副其实的建材绿色环保产品。

人造石材是以天然大理石、碎料、石英砂、石渣等为骨料，以树脂、聚酯或水泥等为胶结料，经拌和成形、聚合和养护后，打磨抛光切割而成的仿天然石材制品。按照使用胶结料不同，可分为以下 4 种。

- 水泥型人造石材：是以水泥为黏结剂，砂为细骨料，碎大理石、花岗岩、工业废渣等为粗骨料，经配料、搅拌、成型、加压蒸养、磨光、抛光等工序而制成。通常，所用的水泥为硅酸盐水泥和铝酸盐水泥作。使用铝酸盐水泥制成的人造大理石的表面光滑度、光泽度、花纹耐久性、抗风化性、耐火性和防潮性等，都优于用硅酸盐水泥制成的大理石。
- 树脂型人造石材：多以不饱和聚酯为黏结剂，与石英砂、大理石、方解石粉等浇铸成型。这种树脂的黏度低、易成型、常温下可固化，其有光泽性好，颜色鲜亮等特点。目前，国内外的人造大理石以聚酯型为多。
- 复合型人造石材：这种石材的黏结剂中既有无机材料，又有有机高分子材料。为使石材的性能稳定、价格较低，其板材制品的底材要采用无机材料。面层可采用聚酯和大理石粉制作，以获得最佳的装饰效果。

➢ 烧结型人造石材：是将斜长石、石英、辉石、石粉及赤铁矿粉和高岭土等混合，一般用 40%的黏土和 60%的矿粉制成泥浆后，采用注浆法制成坯料，再用半干压法成型，经 1 000℃左右的高温焙烧而成，其生产工艺与陶瓷的生产工艺相似。

11.2 建筑陶瓷

建筑陶瓷具有坚固耐久、色彩亮丽、防水防火、耐磨耐蚀、易清洗等优点，已成为现代建筑装饰工程主要材料之一。建筑陶瓷主要用于内墙装饰，以及地面和卫生设备，常见的有陶瓷面砖、卫生陶瓷、大型陶瓷饰面板、装饰琉璃制品等，如图 11-2 所示。

（a）陶瓷墙面砖

（b）陶瓷盲道砖

图 11-2 建筑陶瓷

11.2.1 建筑陶瓷的原料和种类

建筑陶瓷的原料虽然有很多，但可总括为 5 大类，即可塑性原料、瘠性原料、熔融原料、釉料及着色剂。

1）可塑性原料

可塑性原料是指受到外力作用后可改变自己的形状，移除外力后又能保持既成的形状，且在改变自己的形状时不引起破裂现象的材料。可塑性原料是构成陶瓷坯体的主体，如高岭土、膨润土、耐火黏土等。

2）瘠性原料

瘠性原料，又称无可塑性原料或减粘原料，主要起降低黏土的塑性、减小坯体收缩、防止高温变形的作用。瘠性原料有石英、长石、伟晶花岗岩及其他经过煅烧的原料（烧粉）和碎瓷片。

3）熔融原料

熔融原料又称助熔剂，在焙烧过程中能降低可塑性物料的烧结温度，同时可增加陶瓷的密实性和强度，但会降低陶瓷的耐火度、体积稳定性和抵抗高温变形的能力。常用的熔融原料主要有长石、滑石、白云石、石灰石（灰釉石）等。

4）釉料

陶瓷有施釉和不施釉之分，釉是附着在陶瓷坯体表面的一层连续的，类似玻璃质的物质。釉料本身是一种光滑的玻璃物质，气孔较少，不仅具有装饰作用，还能提高陶瓷的机械强度、硬度、化学稳定性和温度稳定性。此外，施釉的陶瓷制品一般不透水、不受污染，且易于清洗。

5）着色剂

陶瓷制品所使用的着色剂大多为各种金属氧化物，它们大多不溶于水，可以直接在坯体或釉上着色。

陶瓷的品种繁多，分类方法也不尽相同，最常见的分类方法有以下几种。

- **按用途分类：**可分为日用陶瓷、艺术（陈列）陶瓷、卫生陶瓷、建筑陶瓷、电器陶瓷、电子陶瓷、化工陶瓷、纺织陶瓷等。
- **按是否施釉分类：**可分为有釉陶瓷和无釉陶瓷两类。
- **按陶瓷的性能分类：**可分为高强度陶瓷、铁电陶瓷、耐酸陶瓷、高温陶瓷、压电陶瓷、高韧性陶瓷、电解质陶瓷、光学陶瓷（即透明陶瓷）、磁性陶瓷、电介质陶瓷、磁性陶瓷和生物陶瓷等。
- **按瓷器的硬度分类：**可简单分为硬质瓷，软质瓷、特种瓷 3 大类。

拓展阅读

我国所产的瓷器以硬质瓷为主。硬质瓷器，其坯体组成熔剂量少，焙烧温度高，在 1 360℃以上色白质坚，呈半透明状，强度高，化学稳定性和热稳定性好，如电瓷、高级餐具瓷、化学用瓷、普通日用瓷等均属此类，也可叫长石釉瓷。

与硬质瓷相比，软质瓷坯体内含的熔剂较多，焙烧温度一般在 1 300℃以下，因此它的化学稳定性和机械强度均低，软质瓷的半透明度高，多用于制美术瓷、卫生用瓷、瓷砖及各种装饰瓷等，常见的有骨灰瓷、熔块瓷。一般工业瓷中不用软质瓷。

11.2.2 常用的建筑陶瓷

建筑装饰陶瓷是用于建筑物墙面、地面及卫生设备的陶瓷材料，主要产品有陶瓷面砖、大型陶瓷饰面板、卫生陶瓷、装饰琉璃制品等。

1. 陶瓷面砖

陶瓷面砖是用作墙、地面等贴面的薄片或薄板状陶瓷质装修材料，也可用作炉灶、浴池、洗濯槽等贴面材料，有内墙面砖、外墙面砖、地面砖、陶瓷锦砖和陶瓷壁画等。

- **内墙面砖**：又称釉面砖，用精陶质材料制成，制品较薄，坯体气孔率较高，正表面有釉，以白釉砖和单色釉砖为主要品种，并在此基础上应用色料制成各种花色品种，可拼接成各种图案和字画，其装饰性较强，一般多用于厨房、卫生间、浴室、内墙裙等装饰及大型公共场所的墙面装饰。釉面砖经日晒、雨淋、风吹、冰冻后，会导致破裂损坏，因此一般不用于室外。
- **外墙面砖**：由半瓷质或瓷质材料制成，分有釉砖和无釉砖两类，均具有多种颜色和图案。外墙面砖具有经久耐用、不退色、抗冻、抗蚀，以及依靠雨水自洗清洁等特点。
- **地面砖**：由半瓷质材料制成，分为有釉和无釉两种，均具有单色、多色、斑点和各种花纹图案等式样。地面砖和外墙砖向通用的墙地两用砖（又称彩釉砖、防潮砖）发展，其坯体材质相同，但产品厚度和釉的性能因用途而不同。

提　示

> 彩釉砖是彩色陶瓷墙地砖的简称，其尺寸规格、质量等级和技术性能，读者可查阅国标《彩色釉面陶瓷墙地砖》(GB 11947—1989)。

- **陶瓷锦砖**：也称马赛克，是用于地面或墙面的小块瓷质装修材料，分有釉和无釉两种，可制成不同颜色、尺寸和形状，并可拼成一个图案单元。
- **陶瓷壁画**：为贴于内外墙壁上的艺术陶瓷，其特点是经久耐用，永不退色。用于外墙的由半瓷质或瓷质材料制成，用于内墙的可由精陶材料制成。一般以数十甚至数千块白釉内墙砖拼成，并用无机陶瓷颜料手工绘画烧制成画面，或运用特殊装饰工艺，制成特殊风格的花釉画面。

2. 大型陶瓷饰面板

大型陶瓷饰面板是一种大面积的装饰陶瓷制品，它克服了墙地砖面积小、施工中拼接麻烦的缺点，具有装饰效果逼真、施工效率更高等特点，是一种很有发展前途的新型装饰陶瓷。

3. 卫生陶瓷

卫生陶瓷是以磨细的石英粉、长石粉和黏土为主要原料，注浆成型后一次烧制而成的表面施乳浊釉的瓷砖，具有结构致密、空隙率小、强度大、吸水率小、抗无机酸腐蚀（氢氟酸除外）、热稳定性好等优点。卫生陶瓷产品有多种颜色，可用于厨房、卫生间、实验室等，常见的有洗面池、便器、洗涤器、水箱、返水弯和小型零件等。

4. 建筑琉璃制品

建筑琉璃制品是一种低温彩釉建筑陶瓷制品，可用于屋面、屋檐、墙面装饰及建筑构件，如琉璃瓦、琉璃砖（用于照壁、牌楼、古塔等贴面装饰），以及建筑琉璃构件等。

11.3 建筑涂料

涂料是涂于物体表面，能形成具有保护、装饰或特殊性能（如绝缘、防腐、标志等）的固态涂膜的一类液体或固体材料的总称，如油（性）漆、水性漆、粉末涂料等。

一般情况下，将用于建筑物内墙、外墙、顶棚、地面、卫生间的涂料统称为建筑涂料。实际上，建筑涂料的范围很广，除上述内容外，建筑物其他部位（如门窗、楼道、屋面、配电柜等）的木质构件及金属构件所用的涂料，都是建筑涂料。

11.3.1 建筑涂料的分类

建筑涂料品种繁多，分类方法也有多种，主要有以下几种分类。

- **按在建筑上的使用部位分类：**可分为内墙涂料、外墙涂料、顶棚涂料、地面涂料、门窗涂料等。
- **按主要成膜物质的化学组成分类：**可分为有机高分子涂料（包括溶剂型涂料、水溶性涂料、乳液型涂料）、无机涂料，及无机、有机复合涂料。

知识链接

成膜物质是指涂料中除了挥发性溶剂外，剩下的所有成分。成膜物质有主要成膜物质和辅助成膜物质两大类。

其中，主要成膜物质是指单独能形成具有一定强度和连续性的干膜物质，如各种树脂、干性油等有机高分子物质，以及水玻璃等无机物质，它们是形成涂膜必不可少的成分。颜色填料、某些助剂在涂膜形成时起着辅助作用，它们单独不能成膜，但它们的存在能使涂膜更符合使用要求，对成膜具有辅助作用。

- **按涂料的特殊功能分类：**可分为防火涂料、防水涂料、防腐涂料、防霉涂料、弹性涂料、变色涂料、保温涂料等。

实际中，常常将上述的分类结合在一起使用，如合成树脂乳液内外墙涂料、水溶性内墙涂料、合成树脂乳液砂壁状涂料等。

11.3.2 常用建筑涂料及其特点

1. 内墙涂料

内墙涂料的主要功能是装饰及保护室内墙面，使其美观整洁，让人们处于舒适的居住环境中。为了获得良好的装饰效果，内墙涂料应具有以下特点：

（1）色彩丰富，细腻。内墙的装饰效果主要由质感、线条和色彩 3 大因素构成，采用涂料装饰是以色彩为主。内墙涂料的颜色一般应突出浅淡和明亮。由于众多居住者对颜色的喜爱不同，因此要求建筑内墙涂料的色彩丰富。

（2）耐碱性、耐水性、耐粉化性和透气性良好。由于墙面基层是碱性的，因此涂料的耐碱性要好。由于室内湿度一般比室外高，同时为了清洁方便，要求涂层有一定的耐水性及刷洗性。透气性不好的墙面材料易结露或挂水，使人产生不适感，因而内墙涂料还应有一定的透气性。

（3）涂刷容易，价格合理。石灰浆、大白粉和可赛银等是我国传统的内墙装饰材料，因常采用排笔涂刷而得名。其中，石灰浆又称石灰水，具有刷白作用，是一种最简便的内墙涂料，其主要缺点是颜色单调，容易泛黄及脱粉。大白粉也称白垩粉、老粉或白土等，是具有一定细度的碳酸钙粉，在配制浆料时应加入胶粘剂，以防止脱粉。大白浆遮盖力较高，价格便宜，施工及维修方便，是一种常用的低档内墙涂料。

常用的建筑内墙乳胶漆以平光漆为主，主要产品有醋酸乙烯乳胶漆和聚乙烯醇类水溶性内墙涂料。近年来，醋酸乙烯-丙烯酸酯有光内墙乳胶漆也开始应用，

- 醋酸乙烯乳胶漆：具有无毒、不燃、涂膜细腻、平滑、透气性好、价格适中等优点，但耐水性、耐碱性及耐候性不及其他共聚乳液，故仅适宜涂刷内墙，而不宜作为外墙涂料使用。
- 醋酸乙烯-丙烯酸酯有光内墙乳胶漆：用于建筑内墙装饰，其耐水性、耐碱性、耐久性优于醋酸乙烯乳胶漆，并具有光泽，是一种中高档内墙装饰涂料，价格较醋酸乙烯乳胶漆贵。
- 聚乙烯醇水玻璃涂料：这是一种在国内普通建筑中广泛使用的内墙涂料，其商品名为“106”，品种有白色、奶白色、湖蓝色、果绿色、蛋青色、天蓝色等，适用于住宅、商店、医院、学校等建筑物的内墙装饰。
- 聚乙烯醇缩甲醛内墙涂料：生产工艺与聚乙烯醇水玻璃内墙涂料的相类似，成本相仿，而耐水洗擦性略优于聚乙烯醇水玻璃内墙涂料。

2. 外墙涂料

外墙涂料的主要功能是装饰和保护建筑物的外墙面，使建筑物外貌整洁美观，从而达

到美化城市环境的目的。同时，能够起到保护建筑物外墙的作用，延长其使用时间。为了使建筑物外墙获得良好的装饰与保护效果，外墙涂料一般应具有以下特点：

（1）装饰性好。要求外墙涂料色彩丰富多样，保色性好，能较长时间地保持良好的装饰性。

（2）耐水性好。外墙面暴露在大气中，要经常受到雨水的冲刷，因此外墙涂料应具有很好的耐水性能。某些防水型外墙涂料的抗水性能很好，即使在基层墙发生小裂缝时，涂层仍有防水功能。

（3）耐玷污性好。大气中的灰尘及其他物质玷污涂层后，涂层会失去装饰效果，因而外墙装饰层应不易被这些物质玷污，或玷污后容易清除。

（4）耐候性好。暴露在大气中的涂层，要经受日光、雨水、风沙、冷热变化等作用。在这类因素反复作用下，一般的涂层会发生开裂、剥落、脱粉、变色等现象，使涂层失去原有的装饰和保护功能。因此，作为外墙装饰的涂层，要求在规定的年限内不发生上述破坏现象，即有良好的耐候性。此外，外墙涂料还应有施工及维修方便、价格合理等特点。

常用外墙涂料主要有溶剂型涂料、乳液型涂料和无机高分子涂料3种。

1）溶剂型涂料

涂膜较紧密，通常具有较好的硬度、光泽、耐水性、耐酸碱性和良好的耐候性、耐污染性等优点，但漆膜透气性差，又有疏水性，若在潮湿基层上施工，易产生起皮、脱落等现象。此外，由于施工时有大量有机溶剂挥发，容易污染环境。由于上述这些因素，国内外的溶剂型外墙涂料的用量低于乳液型外墙涂料。

溶剂型涂料的主要品种主要有过氯乙烯外墙涂料和溶剂型丙烯酸外墙涂料。

- 过氯乙烯外墙涂料：具有干燥快、施工方便、耐候性好、耐化学腐蚀性强、耐水、耐霉性好等特点，但它的附着力较差，在配制时应选用适当的合成树脂，以增强其附着力。过氯乙烯树脂溶剂释放性差，因而涂膜虽然表面干得很快，但完全干透很慢，只有到完全干透之后才变硬并很难剥离。
- 丙烯酸外墙涂料：其耐候性及装饰性都很突出，耐用年限在10年以上，施工周期也较短，且可以在较低温度下使用，是近年来发展起来的一种溶剂型外墙涂料。

2）乳液型涂料

以高分子合成树脂乳液为主要成膜物质的外墙涂料称为乳液型外墙涂料。乳液型涂料主要有以下几种。

- 苯-丙乳液涂料：主要成膜物质是苯乙烯-丙烯酸酯共聚乳液（简称苯-丙乳液）。纯丙烯酸酯乳液具有优良的耐候性和保光、保色性，适于外墙涂装，但价格较贵。因此，以一部分或全部苯乙烯代替纯丙烯酸酯乳液后，苯-丙乳液涂料仍然具有良好的耐候性和保光保色性，而价格却有较大的降低。此外，苯-丙涂料还具有优良的耐碱、耐水性，外观细腻，色彩艳丽，质感好，很适于外墙涂装。

- **乙-丙乳液厚涂料**：该涂料的装饰效果较好，属于中档建筑外墙涂料，使用年限为 8-10 年。乙-丙乳液厚涂料具有涂膜厚实、质感好、耐候、耐水、冻融稳定性好、保色性好、附着力强以及施工速度快、操作简便等优点。
- **彩色砂壁状外墙涂料**：又称彩砂涂料，是以合成树脂乳液和着色骨料为主体，外加增稠剂及各种助剂配制而成，其涂层具有丰富的色彩和质感，保色性及耐候性比其他类型的涂料有较大提高，耐久性约为 10 年以上。

知识链接

用苯-丙乳液配制的各种类型外墙乳液涂料，性能优于乙-丙乳液涂料。用于配制的有光涂料，其光泽度高于乙-丙涂料，而且由于苯-丙乳液的颜料结合力好，可以配制高颜（填）料体积浓度的内用涂料。目前，苯-丙乳液涂料的生产及用量较大。

3）无机高分子涂料

无机高分子建筑涂料是近年来发展起来的一大类新型建筑涂料。建筑上广泛应用的有碱金属硅酸盐和硅溶胶两类。

有机高分子建筑涂料一般都有耐老化性能较差、耐热性差、表面硬度小等缺点。无机分子涂料恰好在这些方面性能较好，涂膜硬度大、耐磨性好，若选材合理，耐水性能也好，而且原材料来源广泛，价格便宜，因而近年来受到国内外普遍重视，发展较快。

硅溶胶外墙涂料的主要成膜物质是胶体二氧化硅（硅溶胶）和有机高分子乳液，其主要性能特点有：

（1）以水为分散介质，无毒、无臭，不污染环境。

（2）施工性能好，宜于刷涂，也可以喷涂、滚涂和弹涂，工具可用水清洗。

（3）涂料对基层渗透力强，附着性好。

（4）遮盖力强，涂刷面积大。

（5）涂膜细腻，颜色均匀明快，装饰效果好。涂膜致密、坚硬，耐磨性好，可用水磨砂纸打磨抛光。

（6）涂膜不产生静电，不易吸附灰尘，耐污染性好。

（7）涂膜以硅溶胶为主要成膜物质，具有耐酸、耐碱、耐沸水、耐高温等性能，且不易老化，耐久性好。

（8）原材料资源丰富，价格较低。

硅溶胶涂料性能优良，价格较低，广泛用于外墙涂装，也可作为耐擦洗内墙涂料。若加入粗填料，则可配制成薄质、厚质、粘砂等多种质感和各种花纹的建筑涂料，具有广阔的应用前景。

3. 地面涂料

地面涂料的主要功能是装饰与保护室内地面，为获得良好的装饰和保护效果，地面涂料应具有健康、涂刷方便、耐碱性好、黏滞力强、耐水性好、耐磨性好、抗冲击力强等特点，安全无毒、脚感舒适、坚固耐磨是地面涂料追求的目标。

习　题

11—1　请简述天然石材的选用原则及加工方法。

11—2　人造石材与天然石材主要有哪些区别？

11—3　建筑陶瓷的原料有几大类，各类的作用分别有哪些？

11—4　常用陶瓷面砖有哪些？请简述它们的特性。

11—5　建筑涂料中的成膜物质是指哪些物质？

11—6　内墙和外墙建筑涂料应具有哪些特点？试分别列举几种常见的内、外墙建筑涂料。

第12章 绝热材料与吸声材料

本章导读

绝热材料与吸声材料均属于功能性材料。建筑物选用合适的绝热材料，一方面可以保证室内有适宜的温度，为人们提供一个良好的生活环境，另一方面也可以减少室内采暖和空调的能耗，从而节约能源。采用合理的吸声材料，可以有效改善室内音质效果，减少噪声污染。绝热材料和吸声材料都是为了改善人类的工作和居住环境，提高生活质量而应用的。

通过学习本章，应了解绝热材料和吸声材料的基本要求和影响因素，了解常用绝热材料、吸声材料及吸声结构的特点。

本章要点

- 绝热材料的基本要求、影响因素和常用绝热材料
- 吸声材料的基本要求、影响因素，及常用吸声材料和吸声结构

12.1 绝热材料

建筑物中起保温、隔热作用的材料，称为绝热材料，主要用于房屋建筑的墙体、屋面，工业管道、窑炉，以及冷藏设备等工程或冬季施工等。其中，保温即防止室内热量的散失，隔热是防止外部热量的进入。

合理地使用绝热材料可以减少热损失、节约能源，还可以减少外墙厚度、减轻屋面体系的自重，从而节约材料、降低造价。因此，有些国家将绝热材料看做是继煤炭、石油、天然气、核能之后的“第五大能源”。

12.1.1 绝热材料的基本要求及影响因素

对绝热材料的基本要求是：导热性低［导热系数不大于 0.29 W /（m•K）］、表观密度小（不大于 500 kg/m^3 或 1 000 kg/m^3）、有一定的强度（大于 0.4 MPa），以满足建筑构造和施工安装上的需要。

材料绝热性能的好坏，主要受以下因素的影响。

1）材料的化学组成和分子结构

不同化学成分的材料，热导率有很大的差异。一般来说，导热率最大的是金属，非金属次之，液体最小。对于同一种材料，内部结构不同，其导热率差别很大。结晶结构的导热率最大，微晶体结构的次之，玻璃体结构的最小。对于多孔材料来说，由于孔隙率较高，气体（或空气）对热导率的影响起主要作用，而晶体结构对材料的热导率影响较小。

2）表观密度和孔隙特征

由于材料中固体物质的导热能力比空气大得多，故表观密度小的材料，其孔隙率一般较大，故其热导率较小。在孔隙率相同的条件下，孔隙尺寸越大，导热率越大，互相连通孔隙比封闭孔隙的导热性高。

对于表面密度很小的材料，特别是纤维状材料，当其表观密度低于某一极限时，导热率反而会增大，这是由于孔隙率增大时，互相连通的孔隙大大增多，从而使得对流作用增强。因此，这类材料存在一最佳表观密度，在这个最佳表观密度时，导热系数最小。

3）湿度

当材料受潮后，材料孔隙中含水率增加，即增加了水蒸气的扩散和水分子的热传导作用，导致材料的热导率增大；而材料受冻之后，由于冰的热导率更大，从而使绝热材料的绝热效果远远降低。因此，绝热材料在使用时应严禁受潮受冻。

4）温度

材料的导热系数随温度的升高而增大，这是因为当温度升高时，材料固体分子的热运动增强，同时材料孔隙中的空气对流现象增强，而且孔壁间的辐射作用也有所增强。但这种影响在温度为0～50℃时并不显著，只有处于高温或者负温下的材料，才需要考虑温度的影响。

5）热流方向的影响

材料是各向异性的，如木材等纤维类材料，当热流平行于纤维延伸方向时，受到的热阻较小，而热流垂直于纤维方向时，受到的热阻较大。以松木为例，当热流垂直于木纹时，导热率为0.17 W/(m·K)；平行于木纹时，导热率为0.35 W/(m·K)。

对于常用绝热材料，上述各项因素中以表观密度和温度的影响最大。因此，在测定材料的导热系数时，必须同时测定材料的表观密度。至于湿度，对于多数绝热材料可取空气相对湿度为80%～85%时材料的平衡湿度作为参考状态，应尽可能在这种湿度条件下测定材料的导热率。

12.1.2 常用绝热材料

绝热材料按其化学组成，可分为无机、有机和复合3大类。其中，无机绝热材料是用矿物质原材料制成的，一般呈纤维状、松散状或多孔状，可制成板、片、卷材或者套管制品。有机绝热材料是用有机原料制成的。一般来说，无机绝热材料表观密度大，有不易腐蚀，耐高温的优点，而有机绝热材料的吸湿性大，不耐久，不耐高温，只能用于低温绝热。

1. 无机绝热材料

无机绝热材料不易腐朽生虫，不会燃烧，有的还能耐高温。常用的无机绝热材料有以下几种。

- **石棉及其制品：**具有很高的抗拉强度，以及耐高温、耐腐蚀、绝缘、绝热等优良特性，是一种优质的绝热材料，通常将其加工成石棉板、石棉毡、石棉粉等制品，用于热表面的绝热和防火覆盖等。
- **矿棉及其制品：**岩棉和矿渣棉统称为矿棉。矿棉有质轻、不燃、绝热，以及绝缘等优点，被广泛应用于建筑保温大体积工程中，如墙体保温、屋面保温、地面保温等。
- **玻璃棉及其制品：**玻璃棉的主要原料是石灰石、萤石等天然矿物质。玻璃棉及其制品具有不燃、无毒、耐腐蚀、容重小、导热系数低、化学稳定性强、吸湿率低、憎水性好等诸多优点，是目前公认性能优越的保温隔热材料。
- **膨胀珍珠岩及其制品：**膨胀珍珠岩颗粒的内部是蜂窝状结构，无毒、无味、不腐、不燃、耐酸、耐碱，并可用不同的黏合剂制成不同性能的制品，其特点是重量轻、绝热及吸音性能好，由于原材料丰富、价格低廉、使用安全、施工方便等优点，被广泛应用于工业窑炉、建筑物屋面和墙体的保温隔热等。

➢ 膨胀蛭石及其制品：蛭石具有隔热、耐冻、抗菌、防火、吸水、吸声等优异性能，在 800～1 000℃下焙烧 0.5～1.0 分钟，体积可迅速增大 8～15 倍，最高达 30 倍。膨胀后的比重 50～200 kg/m^3，颜色变为金黄或银白色，生成一种质地疏松的膨胀蛭石。膨胀蛭石具有表观密度小、热导率小、防火、防腐蚀、化学稳定性强、无毒无味等优点，被广泛用作建筑保温隔热材料。

➢ 泡沫玻璃：具有防火、防水、无毒、耐腐蚀、防蛀、不老化、无放射性、绝缘、防磁波、防静电、机械强度高等特点，与各类泥浆黏结性好，是一种性能稳定的建筑外墙和屋面保温隔热材料。

拓展阅读

泡沫玻璃可用于各种需要隔音、隔热设备的场所，如基础设施建设的隔离、隔音工程，河渠、护栏、堤坝的防漏、防蛀工程等多种领域，甚至还具有用于家庭清洁、保健的功能。与传统的保护材料相比，用泡沫玻璃保护暖气输送管道可减少热损耗约 25%。

虽然其他新型隔热材料层出不穷，但是泡沫玻璃以其永久性、安全性、高可靠性等，在防潮工程、吸声等领域占据着重要地位。

2. 有机绝热材料

1）泡沫塑料

泡沫塑料又称多孔塑料，是由大量气体微孔分散于固体塑料中而形成的一类高分子材料。我国目前生产的有聚苯乙烯、聚氨酯及脲醛等泡沫塑料，日常生活中，常见到的泡沫塑料如图 12-1 所示。

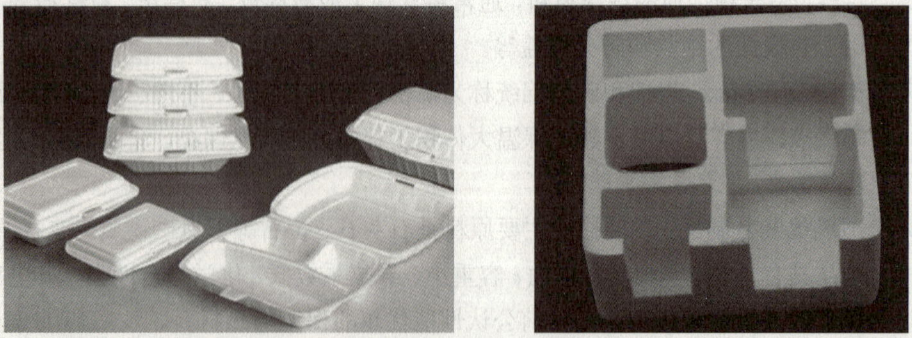

图 12-1 泡沫塑料

泡沫塑料具有质轻、绝热、吸音、防震、耐腐蚀等特点，广泛用做绝热、隔音、包装材料及制造船壳体等。

2）碳化软木板

碳化软木板是以栓皮栎或黄菠萝的树皮为主要原料，过碳化后的软木制品，具有致密疏松的细孔，产品环保、不老化、质轻、耐水、耐油、稀酸，是保温、绝热、吸音、隔音的绝好原料。碳化软木板是一种高级绝热材料，由于价格昂贵，只用于冷藏库和某些重要的工程。

3）植物纤维复合板

植物纤维复合板是用植物纤维（如玉米秆、麦秆、棉花秆、麻秆、稻草、椰壳等），经切断锤碎后形成窄而薄的纤维碎料，与黏合剂搅拌，经热压而成的板材。植物纤维复合板与木质板相似，具有隔音、防火、防潮、防蛀、不变形、易清洗等优点，可代替木材，同时可降低整体造价，是一种较好的隔热保温材料。

3. 复合绝热材料

复合绝热材料是由有机无机绝热材料复合而成，根据不同的需要，可以制作出不同类型的绝热复合材料。目前常用的复合材料有橡塑复合绝热材料、微纳米多孔复合材料等。

12.2 吸声材料

吸声材料主要用于音乐厅、影剧院、大会堂、播音室等的内部墙面、地面、顶棚等部位，能有效改善声波在室内传播的质量，从而获得良好的音响效果。

12.2.1 吸声材料的基本要求及影响因素

衡量材料吸声性能的重要指标是吸声系数，即被材料吸收的声能与传递给材料的全部入射声能之比，基值在0～1之间。吸声系数越大，材料的吸声效果越好。

材料的吸声性能除与声波方向有关外，还与声波的频率有密切关系。同一材料对高、中、低不同频率声波的吸声系数有很大差别，故不能按一个频率的吸声系数来评定材料的吸声性能。因此，对125 Hz，250 Hz，500 Hz，1 000 Hz，2 000 Hz及4 000 Hz六个频率的平均吸声系数大于0.2的材料，才称之为吸声材料。

材料吸声性能，主要受下列因素的影响。

- **材料的表观密度：** 对同一种多孔材料来讲，当其表观密度增大（即孔隙率减小）时，对低频声波的吸声效果有所提高，而对高频吸声效果则有所下降。
- **材料的厚度：** 增加多孔材料的厚度，可提高低频声波的吸声效果，而对高频声波的吸声效果影响不大。由此可见，为提高材料的吸声性能而盲目增加材料的厚度是不可取的。

- **材料的孔隙特征**：材料的孔隙越多、越细小，材料的吸声效果越好。如果孔隙太大，则吸声效果较差；如果材料中的孔隙大部分为单独的封闭气泡，则声波不能进入材料内部而不具有吸声性能；当多孔材料的表面涂刷油漆或材料吸湿时，因材料表面的孔隙被水分或涂料所堵塞，使其吸声效果大大降低。

12.2.2 常用吸声材料及吸声结构

1. 多孔吸声材料

多孔吸声材料是比较常用的一种吸声材料，它具有良好的高频吸声性能，如木丝板、纤维板、玻璃棉、矿棉、珍珠岩砌块、泡沫混凝土、泡沫塑料等。多孔材料吸声的先决条件是声波易于进入微孔，因此，多孔吸声材料的内部和表面上均应有孔隙。

2. 薄板振动吸声结构

常用的薄板振动吸声结构有胶合板、薄木板、硬质纤维板、石膏板、石棉水泥板或金属板等，将它们周边固定在墙或顶棚的龙骨上，并在背后留有空气层，即构成薄板振动吸声结构。

薄板振动吸声结构在声波作用下发生振动，板与木龙骨间出现摩擦损耗，使声能转变为机械振动而吸声。由于低频声波比高频声波容易激起薄板产生振动，因此，薄板振动吸声结构对低频声波的吸声效果较好。

3. 共振吸声结构

共振吸声结构具有封闭的空腔和较小的开口，很像个瓶子。当瓶腔内空气受到外力激荡时，会按一定的频率振动，此时开口颈部的空气分子在声波的作用下像活塞一样进行往复运动，因摩擦而消耗声能。若在腔口蒙一层细布或疏松的棉絮，可以加宽和提高共振频率范围的吸声量。

4. 穿孔板组合共振吸声结构

穿孔板组合共振吸声结构是用穿孔的胶合板、硬质纤维板、石膏板、石棉水泥板、铝合金板、薄钢板等，将它们周边固定在龙骨上，并在背后留有空气层而构成。这种结构可以起到扩宽吸声频带的作用，特别对中频声波的吸声效果较好，在建筑中使用比较普遍。

5. 柔性吸声材料

柔性吸声材料是指具有密闭气孔和一定弹性的材料，如聚氯乙烯泡沫塑料。声波使材料产生振动，由于克服材料内部的摩擦而消耗声能，从而使声波衰减。

6. 悬挂空间吸声体

将吸声材料制成平板形、球形、圆锥形、棱锥形等多种形式，悬挂在顶棚上，即构成悬挂空间吸声体。这种结构增加了有效的吸声面积，可显著提高实际吸声效果。

习 题

12—1 影响热导率的因素有哪些？

12—2 常用的绝热材料有哪些？

12—3 影响吸声性能的因素有哪些？

12—4 常用的吸声材料及结构有哪些？

第13章 常用建筑材料性能试验

本章导读

工程中检验材料质量、确定设计施工依据、改善材料性能、研制和使用新材料，以及选择代用材料等，都需要进行建筑材料试验。因此，作为土木工程技术人员，应具备一定的建筑材料试验知识和技能，才能正确评价材料的质量，合理而经济地选择和使用材料。

为了能够顺利地完成试验，试验课前必须进行预习；试验过程中应按照试验操作步骤，以严格的工作作风进行试验；试验结束后，应及时、认真、独立地完成试验报告。

通过学习本章，应熟悉常用建筑材料的主要性质、熟悉相关建筑材料试验的基本原理，能够对获得的试验数据进行数据处理、分析试验结果、填写试验报告等。

本章要点

- 建筑材料的密度、表观密度、吸水率及抗压强度试验
- 水泥的细度、标准稠度用水量、凝结时间试验
- 混凝土用砂、石的颗粒级配、表观密度、堆积密度等试验
- 混凝土拌和物和易性、表观密度和抗压强度试验
- 建筑砂浆的稠度、分层度和抗压强度试验
- 砌墙砖和墙用砌块的尺寸、外观质量和抗压强度试验
- 钢筋的拉伸和弯曲试验

13.1 建筑材料的基本性质试验

工程中试验材料质量、确定设计施工依据、改善材料性能、研制和使用新材料，以及选择代用材料等，都需要对材料的密度、吸水率、强度等基本性质进行检测。因此，作为土木工程技术人员，应具备一定的建筑材料试验知识和技能，才能正确评价材料的质量，合理而经济地选择和使用材料。

本节主要讲解材料的密度试验、表观密度试验、吸水率试验、抗压强度与软化系数试验等。

13.1.1 密度试验

密度是材料在绝对密实状态下，单位体积的质量。现以烧结普通砖为试样，进行密度测定。

1. 主要仪器

（1）李氏瓶：分度值为 0.1 mL，其形状如图 13-1 所示。

（2）天平（称量 1 000 g，感量 0.01 g）。

（3）鼓风干燥箱、筛子（孔径 0.20 mm）、温度计、恒温水槽等。

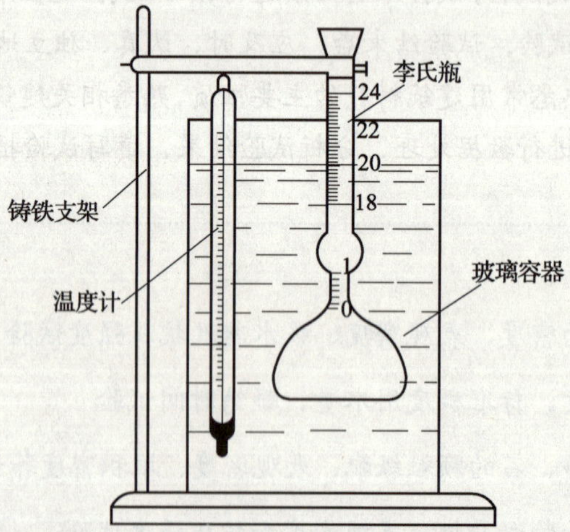

图 13-1 李氏瓶

2. 试验步骤

（1）将试样破碎并磨成细粉，使其全部通过 0.2 mm 孔筛，再将细粉放入 105～110℃

的鼓风干燥箱内烘至恒重，取出后置于干燥器内冷却至室温（20±2）℃备用。

（2）将不与石粉反应的某种轻液体（如汽油、无水煤油、苯）注入李氏瓶中，使液面达到凸颈下 0～1 mL 刻度线范围内，然后用滤纸将瓶颈内液面上部内壁吸附的煤油擦除干净。

（3）将注有煤油的李氏瓶放入恒温水槽时，使刻度线以下部分完全浸入水中，水温控制在（20±0.5）℃，恒温 30 min 后读出液面的初始体积 V_1（以弯液面下部切线为准，精确至 0.05 mL）。

（4）从恒温水槽中取出李氏瓶，擦干外表面后放于物理天平上，称得初始质量 m_1。

（5）用小匙将烧结普通砖粉徐徐装入李氏瓶中，使瓶内液面上升至接近 20 mL 刻度值为止。值得注意的是，下料速度不得超过瓶内液体浸没物料的速度，以免堵塞瓶颈。

（6）用左手捏住瓶颈上部，右手托住瓶底，将李氏瓶倾斜并缓缓转动，以便瓶内的煤油将黏附在瓶颈内壁上的物料洗入煤油中，然后左右摆动或转动李氏瓶，使砖粉中的气泡上浮，每 3～5 s 观察一次，直至无气泡上升为止。

（7）将李氏瓶置于天平上称出加入物料后的最终质量 m_2，再将瓶放入恒温水槽中，经 30 min，待瓶内液体温度与水温一致后，读出下弯液面刻度值 V_2。读取时 V_1 和 V_2 时，恒温水槽的温度差不大于 0.2℃。

3. 结果计算

（1）按下式计算试样密度 ρ（精确至 0.01 g/cm^3）：

$$\rho = \frac{m_2 - m_1}{V_2 - V_1} \tag{13-1}$$

（2）以两次试验结果的平均值作为密度的测定结果。两次试验结果的差值不得大于 0.02 g/cm^3，否则应重新取样进行试验。

13.1.2 表观密度试验

表观密度又称体积密度，是指材料包含自身孔隙在内的单位体积的质量。表观密度对计算材料的孔隙率、体积、质量，以及结构物自重等都是必不可少的数据。现以烧结普通砖为试件，进行表观密度测定。

1. 主要仪器

（1）台秤（称量大于 6 kg，感量 50 g）。

（2）直尺（精度为 1 mm）。当试件较小时，应选用精度为 0.1 mm 的游标卡尺和感量为 0.01 g 的天平进行试验。

（3）鼓风干燥箱。

2. 试验步骤

(1) 将每组 5 块试件放入（105±5）℃的鼓风干燥箱中烘至恒重，取出冷却至室温后，称出其质量 m。

(2) 用直尺量出各试件的尺寸，并计算出其表观体积 V_0。对于六面体试件，测量尺寸时，长、宽、高各方向上须测量至少 3 处，并分别取其平均值得 a，b，c，则

$$V_0 = a \cdot b \cdot c \tag{13-2}$$

3. 结果计算

(1) 材料的体积密度 ρ_0（kg/cm³）按下式计算：

$$\rho_0 = \frac{m}{V_0} \times 1000 \tag{13-3}$$

(2) 表观密度以 5 次试验结果的平均值表示，计算精确至 10 kg/cm³。

13.1.3 吸水率试验

吸水率可用质量吸水率和体积吸水率来表示。本节以石料为例，来讲解其吸水率试验。

石料的吸水率通常是指它在常温（20±2）℃、常压条件下，石料试件最大的吸水质量占烘干试件质量的百分率。石料的吸水率反映了石料的孔隙率、孔隙特征、风化程度，以及在冻融及干湿变化过程中发生破坏的危险性。因此，有时把吸水率看做是石料耐久性的一个技术指标。

1. 主要仪器设备

天平（感量 0.01 g）、游标卡尺、鼓风干燥箱、水槽等。

2. 试验步骤

(1) 取有代表性试件（如石材），每组 3 块，将试件置于 105～110℃的鼓风干燥箱中烘至恒重，然后用天平称其质量 m_0。

(2) 将试件置于水槽（或金属盆）中，试件间应留 10～20 mm 间隙，水槽（或金属盆）用垫条（如玻璃管、玻璃杆等）垫起，避免试件底面与槽底（或盆底）紧贴。

(3) 加水至试件高度的 1/3 处，过 24 h 后再加水至高度的 2/3 处，再过 24 h 加满水，并再放置 24 h。这样逐次加水有利于试件孔隙中的空气逐渐逸出。

提 示

为检查试件吸水是否饱和，可将试件再浸入水中全高度的 3/4 处，24 h 后重新称

重，两次重量之差不超过1%，即为饱和。

如果要采用体积吸水率来表示该试件的吸水率，可在进行完上述所有步骤后，再用排水法测出饱和试件的体积 V_0。

（4）取出一块试件，抹去表面水分，称其质量 m_1。

（5）用以上同样方法分别测出另外两块试件的质量和体积。

3. 结果计算

（1）按下列公式计算吸水率 W，即

$$\text{质量吸水率：}W_m = \frac{m_1 - m_0}{m_0} \times 100\% \tag{13-4}$$

$$\text{体积吸水率：}W_v = \frac{m_1 - m_0}{V_0} \cdot \frac{1}{\rho_w} \times 100\% \tag{13-5}$$

（2）取3个试样的吸水率计算其平均值（精确至0.01%）。

13.1.4　抗压强度试验及软化系数计算

1. 主要仪器设备

（1）压力试验机：预计破坏荷载应在试验机全量程的20%～80%之内，示值相对误差不大于1%。

（2）游标卡尺、角尺等。

2. 试验步骤

（1）选取有代表性的试件（如石材），其干燥状态和吸水饱和状态各一组。值得注意的是，试件的各面需加工平整，且试件受力的两面必须磨平（平面度公差应小于0.05）。

（2）用游标卡尺测量试件的尺寸（精确至0.1 mm），计算其受压面积 A。

（3）了解压力试验机的工作原理与操作方法，并根据最大荷载选择量程，调节零点，然后将试件置于压力试验机承压板的中央，并对正上下承压板，不得偏心。开动机器，以规定的速度进行均匀加荷，直至试件破坏，记录最大荷载 P。

3. 结果计算

（1）按下式计算材料的抗压强度 f_c：

$$f_c = \frac{P}{A} \tag{13-6}$$

（2）取3块试件的平均值作为材料的平均抗压强度（精确至0.1 MPa）

（3）按下式计算材料的软化系数 K（精确至 0.01）：

$$K=\frac{f_{干}}{f_{饱和}} \tag{13-7}$$

上式中，$f_{干}$表示材料干燥状态下的平均抗压强度；$f_{饱和}$表示材料在吸水饱和状态下的平均抗压强度。

13.2 水泥性能试验

为保证建筑工程质量，工程中需要对水泥的物理性能和力学性能进行试验，试验的项目主要有细度、标准稠度、凝结时间、体积安定性及强度等。其中，体积安定性、强度和凝结时间是必检项目。

13.2.1 水泥的取样原则、试验要求和标准

1. 取样原则

常用的水泥有散装和袋装两种，标准取样方法详见《水泥取样方法》(GB/T 12573—2008)。下面，介绍两种最常用的取样方法。

- 散装水泥：按照规定的组批原则，从不少于 3 个罐车中随机采集等量水泥，经混拌均匀后，再从中称取不少于 12 kg 水泥作为试验试样。取样时应选用槽型管状取样器，即通过转动取样器内管控制开关，在适当位置插入水泥一定深度，关闭控制开关后小心抽出，最后将所取试样放入洁净、干燥、不易受污染的容器中。
- 袋装水泥：按照规定的组批原则，从不少于 20 袋水泥中随机采集等量水泥，经混拌均匀后，再从中称取不少于 12 kg 水泥作为试验试样。取样时采用袋装水泥取样器取样，将取样器沿对角线插入水泥包装袋中，用大拇指按住气孔，小心抽出取样管后，将所取样品放入洁净、干燥、不易受污染的容器中。

2. 试验要求

（1）水泥试样应充分搅拌均匀，并通过 0.9 mm 方孔筛，记录其筛余物情况。

（2）试验室温度为 17～25℃，相对湿度大于 50%。养护室温度为（20±1）℃，相对湿度大于 90%。

（3）试验用水应采用洁净的淡水，有争议时也可采用蒸馏水。

（4）试验所用的材料、仪器和用具的温度应与试验室温度一致。

3. 试验标准

（1）水泥细度检验方法（45 μm 筛筛析法和 80 μm 筛筛析法）：GB/T 1345—2005

（2）水泥标准稠度用水量、凝结时间、安定性检验方法：GB/T 1346—2011

（3）水泥胶砂强度检验方法（ISO 法）：GB/T 17671—1999

（4）通用硅酸盐水泥：GB 175—2007

13.2.2　水泥细度试验

水泥的细度直接影响水泥的凝结时间、强度、水化热等技术性质，因此，水泥的细度是否达到规范要求，对工程具有重要的实用意义。

1. 试验原理和方法

国标《水泥细度试验方法　筛析法》（GB/T 1345—2005）规定，采用 45 μm 方孔标准筛和 80 μm 方孔标准筛对水泥试样进行筛析试验，用筛网上所得筛余量占试样总质量的百分数来表示水泥样品的细度。

此外，该标准还规定了水泥细度的测定方法有负压筛析法，水筛法和手工筛析法 3 种。当这 3 种试验方法的测试结果相互冲突时，以负压筛法为准。

2. 主要仪器

（1）试验筛。试验筛由圆形筛框和筛网组成，分负压筛、水筛、手工筛 3 种，负压筛和水筛的结构如图 13-2 和图 13-3 所示。

图 13-2　负压筛

图 13-3　水筛

（2）负压筛析仪。负压筛析仪由筛座、负压筛、负压源及收尘器组成，如图 13-4 所示。

（3）水筛架和喷头。

（4）天平：最小分度值不大于 0.01 g。

3. 试验步骤

图 13-4 负压筛析仪

试验前，所用试验筛应保持清洁，负压筛和手工筛应保持干燥。45 μm 筛析试验称取试样 10 g，80 μm 筛析试验称取试样 25 g。

1）负压筛法

（1）筛析试验前，将负压筛放在筛座上，盖上筛盖，接通电源，检查控制系统，调节负压至 4 000 Pa～6 000 Pa 范围内。

（2）称取试样（精确至 0.01 g）并将其置于洁净的负压筛中，连同负压筛一起放在筛座上，盖上筛盖，接通电源，开动筛析仪连续筛析 2 min。在此期间如有试样附着在筛盖上，可轻轻地敲击筛盖使试样落下。筛毕，用天平称量全部筛余物。

2）水筛法

（1）筛析试验前，应检查水中无泥、砂，调整好水压及水筛架的位置，使其能正常运转，然后将喷头底面和筛网之间的距离控制在 35～75 mm 之间。

（2）称取试样（精确至 0.01 g）并将其置于洁净的水筛中，立即用淡水冲洗至大部分细粉通过后，放在水筛架上，用水压为（0.05±0.02）MPa 的喷头连续冲洗 3 min。筛毕，用少量水把筛余物冲至蒸发皿中，等水泥颗粒全部沉淀后小心倒出清水，烘干并用天平称量全部筛余物。

3）手工筛析法

当无负压筛析仪和水筛的情况下，允许采用手工筛析法，其具体操作步骤如下：

（1）称取水泥试样（精确至 0.01 g）并将其倒入手工筛内。

（2）用一只手持筛往复摇动，另一只手轻轻拍打，往复摇动和拍打过程应保持近于水平。拍打速度每分钟约 120 次，每 40 次向同一方向转动 60°，使试样均匀分布在筛网上，直至每分钟通过的试样量不超过 0.03 g 为止。称量全部筛余物。

4. 结果计算及处理

水泥试样筛余百分数按下式计算：

$$F=\frac{R_t}{W}\times 100 \tag{13-8}$$

式中 F —— 水泥试样的筛余百分数（%，精确至 0.1%）；

R_t —— 水泥筛余物的质量（g）；

W —— 水泥试样的质量（g）。

13.2.3 水泥标准稠度用水量试验

水泥标准稠度用水量，以水泥净浆达到规定稀稠程度时的用水量占水泥用量的百分数表示。水泥浆的稀稠，对水泥的凝结时间、体积安定性等技术性质的试验结果影响很大。为了便于对不同水泥的凝结时间、体积安定性等性质进行比较，水泥必须有一个标准稠度。

1. 试验的方法和原理

水泥标准稠度用水量、凝结时间、安全性试验方法》（GB/T1346—2011）规定，水泥标准稠度用水量的测定有标准法和代用法。当这标准法和代用法的测定结果发生争议时，以标准法为准。

水泥标准稠度净浆对标准试杆（或试锥）的沉入具有一定阻力。通过试验不同含水量水泥净浆的穿透性，以确定水泥标准稠度净浆中所需加入的水量。

2. 主要仪器

（1）水泥净浆搅拌机。

（2）代用法维卡仪：如图 13-5 所示。

（3）标准法维卡仪：基本同代用法维卡仪，用试杆取代试锥，用截顶圆锥模取代锥模，如图 13-6 所示。

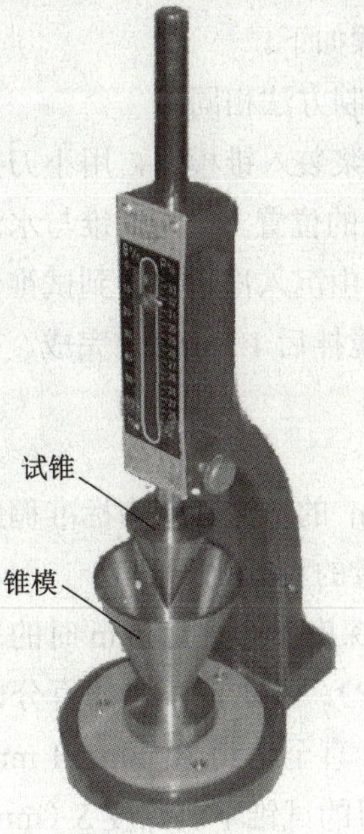

图 13-5 水泥标准稠度与凝结时间维卡仪

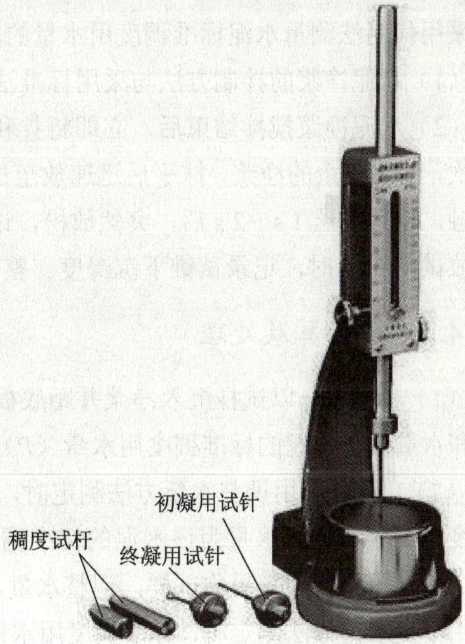

图 13-6 水泥凝结时间测定仪及配置

（4）量水器：最小刻度 0.1 mL，精度为 1%。

（5）天平：最大称量不小于 1 000 g，分度值不大于 1 g。

3. 试验步骤

试验前必须做到以下几点：① 维卡仪的金属棒能自由滑动；② 调整至试杆（或试锥）接触玻璃板（或锥模顶面）时指针对准零点；③ 搅拌机运行正常。

1）标准法

（1）水泥净浆的拌制。先用湿布擦拭搅拌机叶片和搅拌锅，并立即将量好的拌和水倒入搅拌锅内，然后在 5～10 s 内小心将称好的 500 g 水泥加入水中（防止水和水泥溅出）；将搅拌锅放在搅拌机的锅座上，升至搅拌位置后启动搅拌机，低速搅拌 120 s，停 15 s。此时，用小刀将叶片和锅壁上的水泥浆刮入锅中，接着高速搅拌 120 s，停机。

（2）测定步骤。拌和结束后，立即将拌制好的水泥净浆装入已置于玻璃底板上的试模中，用小刀插捣，轻轻振动数次，刮去多余的净浆；抹平后迅速将试模和底板移到维卡仪上，并将其中心定在试杆下，降低试杆直至与水泥净浆表面接触，拧紧螺丝 1～2 s 后，突然放松，使试杆垂直自由地沉入水泥净浆中。在试杆停止沉入或释放试杆 30 s 时记录试杆距底板之间的距离，升起试杆后，立即擦净。整个操作应在搅拌后 1.5 min 内完成。

2）代用法

代用法可分为调整水量法或不变水量法两种。采用调整水量法时拌和水据经验确定，采用不变水量法时拌和水用 142.5 mL。

采用代用法测量水泥标准稠度用水量的具体操作步骤如下。

（1）水泥净浆的拌制方法与采用标准法试验时的拌制方法相同。

（2）水泥净浆搅拌结束后，立即将拌和好的水泥净浆装入锥模中，用小刀插捣，轻振数次，刮去多余的净浆，抹平后迅速放至试锥下面固定的位置上，将试锥与水泥净浆表面接触，拧紧螺丝 1 s～2 s 后，突然放松，让试锥垂直自由沉入净浆中，到试锥停止下沉或释放试锥 30 s 时，记录试锥下沉深度。整个操作应在搅拌后 1.5 min 内完成。

4. 结果计算及处理

（1）标准法。以试杆沉入净浆并距底板（6±1）mm 的水泥净浆为标准稠度净浆，其拌和水量为该水泥的标准稠度用水量（P），按水泥质量的百分比计算。

（2）代用法。用调整水量方法测定时，以试锥下沉深度（30±1）mm 时的净浆为标准稠度净浆，其拌和水量为该水泥的标准稠度用水量（P），按水泥质量的百分比计算。如下沉深度超出范围需另称试样，调整水量，重新试验，直至达到 30 mm±1 mm 为止。

用不变水量方法测定时，标准稠度用水量 P 根据测得的试锥下沉深度 S（mm），按下式计算：

$$P = 33.4 - 0.185S \tag{13-9}$$

当试锥下沉深度小于 13 mm 时，应改用调整水量法测定。

13.2.4　水泥凝结时间试验

水泥凝结时间有初凝和终凝之分，初凝时间是指从加水到水泥净浆开始失去塑性的时间；终凝时间是指从加水到完全失去塑性的时间。凝结时间以 min 表示。

凝结时间的长短，对施工方法和工程进度有很大影响。进行凝结时间的测定，以试验水泥是否满足国家标准要求。

1. 试验原理

标准（GB/T 1346—2011）规定，水泥初凝时间和终凝时间，以测定试针沉入标准稠度水泥净浆至一定深度所需的时间来表示。

2. 主要仪器

（1）凝结时间测定仪：如图 13-5 和图 13-6 所示。

（2）量水器：最小刻度 0.1 mL，精度 1%。

（3）天平：最大称量不小于 1 000 g，分度值不大于 1 g。

（4）湿气养护箱：温度为（20±1）℃，相对湿度不低于 90%。

3. 试验步骤

（1）测定前，应调整凝结时间测定仪的试针，使初凝试针接触玻璃板时，指针对准标尺零点（或标尺最大刻度）。

（2）试件制备。按“标准稠度用水量试验”的方法制标准稠度净浆，然后将其装满试模，振动数次刮平后，立即放入湿气养护箱中，记录水泥全部加入水中的时间作为凝结时间的起始时间。

（3）初凝时间测定。试件在湿气养护箱中养护至加水后 30 min 时进行第一次测定。测定时，从湿气养护箱中取出试模放到试针下，降低试针使其与水泥净浆表面接触，拧紧螺丝 1～2 s 后，突然放松，试针垂直自由地沉人水泥净浆，观察试针停止下沉或释放试针 30 s 时指针的读数。临近初凝时，每隔 5 min（或更短时间）测定一次。

（4）终凝时间测定。在完成初凝时间测定后，立即将试模连同浆体以平移的方式从玻璃板取下，翻转 180°，底面朝上放在玻璃板上，再放入湿气养护箱中继续养护。终凝时间与初凝时间的测定方法相同。临近终凝时，每隔 15 min（或更短时间）测定一次。

注　意

测定时应注意，第一次测试初凝时间时，应轻轻扶持金属圆棒，使其徐徐下降，以防试针撞弯，在整个测试过程中试针沉入的位置至少要距试模内壁 10 mm。

临近初凝时，每隔 5 min（或更短时间）测定一次；临近终凝时，每隔 15 min（或更短时间）测定一次。到达初凝时应立即重复测一次，当两次结论相同时才能确定到达初凝状态。到达终凝时，需要在试体另外两个不同点测试，确认结论相同才能确定到达终凝状态。

每次测定不能让试针落人原针孔，每次测试完毕须将试针擦净并将试模放回湿气养护箱内，整个测试过程要防止试模受振。

4. 结果计算及处理

（1）初凝时间的测定。当试针沉至距底板（4±1）mm 时，为水泥达到初凝状态。从水泥全部加入水中至初凝状态的时间为初凝时间，用“min”表示。

（2）终凝时间的测定。当试针沉入试体 0.5 mm 时（即环形附件开始不能在试体上留下痕迹），为水泥达到终凝状态，从水泥全部加入水中至终凝状态的时间为水泥的终凝时间，用“min”表示。

13.2.5　水泥体积安定性试验

水泥体积安定性是指水泥在凝结硬化过程中，体积变化的均匀性。水泥中如果含有较多的游离 CaO，MgO 或 SO_3，就能使体积发生不均匀变化，体积的不均匀变化会引起膨胀、开裂或翘曲等现象。

通过测定沸煮后标准稠度水泥净浆试样的体积和外形的变化程度，评定体积安定性是否合格。

1. 试验方法及原理

标准（GB/T1346—2011）规定，水泥体积安定性测定的方法有两种，即雷氏法和试饼法，有发生争议时以雷氏法为准。雷氏法是通过测定装有水泥净浆的雷氏夹沸煮后的膨胀值，来评定其安定性；试饼法是以试饼沸煮后的外形变化来评定其安定性。

2. 主要仪器

（1）雷氏夹：由铜质材料制成，其结构如图 13-7 所示。

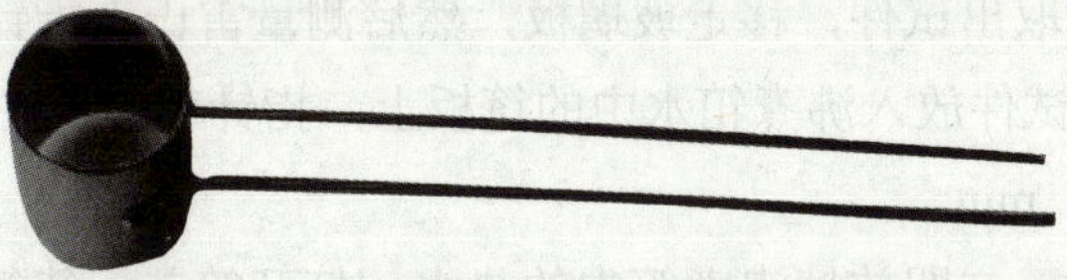

图 13-7　雷氏夹

（2）沸煮箱：能在 30 min±5 min 内将箱内的试验用水由室温升至沸腾状态并保持 3 h 以上，整个试验过程中不需补充水量。

（3）雷氏夹膨胀测定仪：标尺最小刻度为 0.5 mm，其结构如图 13-8 所示。

（4）其他仪器与“水泥凝结时间试验”相同。

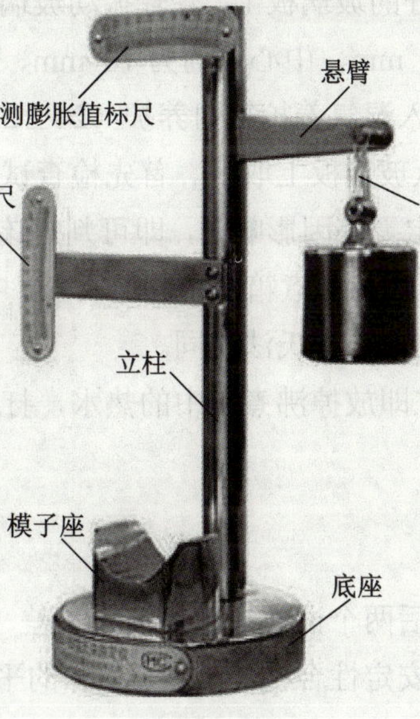

图 13-8　雷氏夹膨胀测定仪

3. 试验步骤

1）雷氏法（标准法）

（1）测定前的准备工作。每个试样需成型两个试件，每个雷氏夹需配备两个边长或直径约为 80 mm、厚度 4～5 mm 的玻璃板，凡与水泥净浆接触的玻璃板和雷氏夹内表面都要稍稍涂上一层油（有些油会影响凝结时间，矿物油比较合适）。

（2）雷氏夹试件的成型。将预先准备好的雷氏夹放在已稍擦油的玻璃板上，并立即将已制好的标准稠度净浆一次装满雷氏夹，一手轻扶雷氏夹，一手用小刀插捣数次后抹平，盖上涂油玻璃板，接着立即将试件移至湿气养护箱内养护（24±2）h。

（3）沸煮。调整好沸煮箱内的水位，保证在整个沸煮过程中水面都高出试件，且中途不加水，同时又能保证沸煮箱内的水能在（30±5）min 内升至沸腾。

（4）从养护箱内取出试件，移走玻璃板，然后测量雷氏夹指针尖端间的距离 *A*，精确到 0.5 mm，接着将试件放入沸煮箱水中的篦板上，指针朝上，在（30±5）min 内加热至沸并恒沸（180±5）min。

（5）沸煮结束后，立即放掉沸煮箱中的热水，打开箱盖，待箱体冷却至室温，取出试件，测量雷氏夹指针尖端的距离 *C*，准确至 0.5 mm。

2）试饼法（代用法）

测定前，应为每个样品准备两块约 100 mm×100 mm 的玻璃板，凡与水泥净浆接触的玻璃板都要稍稍涂上一层油，然后按如下方法操作。

（1）试饼的成型。将制好的水泥标准稠度净浆取出一部分分成两等份，然后用手将其团成球形，放在预先准备好的玻璃板上，轻轻振动玻璃板并用湿布擦过的小刀由边缘向中央抹，做成直径为 70～80 mm、中心厚约为 10 mm、边缘渐薄、表面光滑的试饼，接着将试饼连同玻璃板一起放入湿气养护箱内养护（24±2）h。

（2）将养护好的试饼从玻璃板上取下。首先检查试饼是否完整，如已龟裂、翘曲、甚至崩溃，要检查原因，确定无外因影响时，即可判定该水泥属安定性不合格（不必再消沸煮）。若试饼无缺陷，将其放入沸煮箱内中的篦板上，在（30±5）min 内加热至沸并恒沸（180±5）min，其沸煮要求与雷氏法相同。

（3）在沸煮结束后，立即放掉沸煮箱中的热水，打开箱盖，待箱体冷却至室温，取出试件进行判别。

4. 结果计算及处理

- **标准法**：当沸煮前后两个试件指针尖端距离差（*C–A*）的平均值不大于 5.0 mm 时，即认为该水泥安定性合格；当（*C–A*）的平均值大于 5.0 mm 时，应用同一样品立即重做一次试验，若试验结果的平均值仍大于 5.0 mm，则认为水泥安定性不合格。
- **代用法**：目测试饼未发现裂缝，用钢直尺检查也没有弯曲（使钢直尺和试饼底部紧靠，以两者间不透光为不弯曲）的试饼为安定性合格，反之为不合格。若两个试饼判别的结果相互矛盾，则认为该水泥的安定性不合格。

13.2.6 水泥胶砂强度试验（ISO 法）

水泥胶砂强度反映了水泥硬化到一定龄期后胶结能力的大小，是确定水泥强度等级的依据，也是水泥的主要质量指标之一。

1. 试验目的及方法

通过试验水泥的抗压荷载和抗折荷载，确定水泥的强度等级或评定水泥强度是否符合标准要求。本试验方法的依据《水泥胶砂强度试验方法（ISO 法）》（GB/T 17671—1999）。

2. 主要仪器

（1）行星式水泥胶砂搅拌机：应符合（JC/T 681—2005）中的要求。

（2）试模：由 3 个水平的模槽组成，可同时成型 3 条截面为 40 mm×40 mm、长度为 160 mm 的棱形试体，如图 13-9 所示。

图 13-9　水泥胶砂试模

（3）振实台：应符合（JC/T 682—1997）中的相关要求。

（4）抗折强度试验机。

（5）抗压强度试验机：在较大的五分之四量程范围内使用时，记录的荷载应满足±1%的精度要求，并能按 2 400 N/s±200 N/s 的速率加荷。人工操纵的试验机应配有一个速度动态装置，以便于控制荷载增加。

（6）抗压夹具：受压面积 40 mm×40 mm，符合（JC/T 683—2005）中的相关要求。

3. 试验步骤

（1）配合比。对于（GB/T 17671—1999）限定的通用水泥，按水泥试样、标准砂（ISO）和水，以质量比为 1∶3∶0.5 配合。每一锅胶砂成型 3 条试件所需水泥试样（450±2）g，需 ISO 标准砂（1 350±5）g，需水（225±1）g。

（2）搅拌。先将量好的水加入锅内，再加入称好的水泥，把锅放在固定架上，上升至固定位置后开动搅拌机，低速搅拌 30 s 后，在第二个 30 s 开始搅拌的同时均匀加入砂子（当各级砂是分装时，从最粗粒级开始，依次将所需的每级砂量加完）。标准砂加完后，把机器转至高速再拌 30 s，停拌 90 s，在刚停的 15 s 内用胶皮刮具将叶片和锅壁上的胶砂刮入锅中，最后再高速搅拌 60 s。各个搅拌阶段，时间误差应在±1 s 以内。

（3）成型。将空模及模套固定在振实台上，将胶砂分两层装入试模，装第一层时每模槽内约放 300 g 胶砂，并将料层插平振实 60 次后，再装入第二层胶砂，插平后再振实 60 次，然后从振实台上取下试模，用金属直尺以近似 90° 的角度架在试模模顶的一端，沿试模长度方向以横向锯割动作慢慢向另一端移动，一次刮去超出试模的多余胶砂，最后在试模上作标记或加字条，以标明试件编号和试件相对于振实台的位置。

（4）养护。将做好标记的试模放入养护箱内至规定时间拆模，对于 24 h 龄期的试件，应在试验前 20 min 内脱模，并用湿布覆盖至试验。对于 24 h 以上龄期的试件，应在成型后 20～24 h 间脱模，并放入相对湿度大于 90%的标准养护室或（20±1）℃的水中养护。

注　意

为便于脱模，试模内壁应在成型前涂一薄层隔离剂。脱模时应小心操作，防止试件受到损伤。试件在养护时不应叠放。

（5）试验。养护到龄期的试件，应在试验前 15 min 从水中取去，擦去表面沉积物，并用湿布覆盖至试验。试验时，应先进行抗折试验，后进行抗压试验。

- 抗折试验：将试件放入夹具内，使试件成型时的侧面与夹具的圆柱接触，然后以（50±10）N/S 的速度均匀进行加荷，直到试件被折断，记录破坏荷载 F_f。
- 抗压试验：保持折断后的两个半截试件处于潮湿状态，将其分别放入抗压夹具内，并要求试件中心、夹具中心、压力机压板中心三心合一，偏差为±0.5 mm，然后以（2 400±200）N/S 的速度均匀加荷至破坏，记录破坏荷载 F_c。

4. 结果计算及处理

（1）抗折强度按下式计算（精确至 0.1 MPa）：

$$R_f = 1.5\frac{F_f L}{b^3} \tag{13-10}$$

式中　F_f——棱柱体折断时的荷载（N）；

L——支撑圆柱之间的距离（mm），$L = 100$ mm；

b——试件断面正方形的边长，$b = 40$ mm。

以一组 3 个棱柱体抗折强度的平均值作为试验结果。当 3 个强度值中有超出平均值±10%的数据时，应剔除该数据后再取平均值作为抗折强度试验结果。

（2）抗压强度按下式计算（精确至 0.1 MPa）：

$$R_c = \frac{F_c}{A} \tag{13-11}$$

式中　F_c——受压破坏时的最大荷载（N）；

A——受压面积（mm^2），40 mm × 40 mm = 1 600 mm^2。

以一组 3 个棱柱体得到的 6 个抗压强度的算术平均值为试验结果。当 6 个测定值中有超出平均值±10%的数据时，应剔除这个数据，以剩下的 5 个抗压强度的平均值为结果。若 5 个测定值中再有超出平均数±10%的数据，则此组结果作废。

13.3 混凝土用砂、石性能试验

混凝土原材料的性能试验，主要包括对砂的颗粒级配试验、砂的堆积密度试验和对石子的密度试验。通过混凝土原材料性能试验，以评定骨料的品质，为混凝土配合比设计提供资料。

13.3.1 取样及试验条件

为了获得骨料品质的可靠资料，必须选取具有代表性的试样，并应遵守《建设用砂、石》（GB/T 14684～14685—2011）和《水工混凝土砂石骨料试验规程》（DL/T 5151—2001）的试验规则。

1. 取样

砂石在取样时，应注意以下几点：

（1）砂石取样应按批进行。以大型工具（火车、货船、汽车等）运输的砂石，以 400 m^3 或 600 t 为一验收批；用小型工具（马车、四轮车等）运输的砂石，以 200 m^3 或 300 t 为一验收批，不足上述数量以一批论。

（2）从汽车、火车、货船上取样时，先从每验收批中抽取有代表性的若干单元（汽车为 4～8 辆、火车为 3 节车皮、货船为 2 艘），再从若干单元的不同部位和深度抽取大致相等的 8 份砂样（16 份石样），组成一组样品。

（3）取样前先将取样部位表面铲除，取样部位应均匀分部，在料堆上从 8 个不同部位抽取等量试样（每份 11 kg），然后用四分法缩至 20 kg。每组样品应再按四分法缩分至略多于试验所必需的最少质量。

（4）每组样品的取样数量，对单项试验不少于规定的最少取样数量；对于多项试验，若能保证样品经一项试验后不影响另一项试验结果，可用同一组样品进行多项不同试验。

（5）砂、石的含水量、堆积密度和紧密密度的试验，其所用试样可不经缩分，拌匀后直接进行试验。

（6）若检验不合格，应重新双倍取样复验，复验仍不满足标准要求，应按不合格处理。

2. 试验条件

（1）试验温度应在 20～25℃下进行。

（2）试验用水应是洁净的淡水，若有争议时可采用蒸馏水。

13.3.2　砂的颗粒级配试验

通过筛分析试验测定不同粒径骨料的含量比例，评定砂的颗粒级配状况及粗细程度，为合理选择砂提供技术依据。

1. 试验原理及标准

通过一套由不同孔径的筛组成的一套标准筛对砂样进行过筛，测定砂样中不同粒径的颗粒含量。

《建设用砂》（GB/T 14684—2011）规定：砂的级配应符合 3 个级配区（即粗砂区、中砂区和细砂区）的要求，并根据细度模数规定了 3 种规格砂的范围，即粗砂模数为 3.7～3.1；中砂模数为 3.0～2.3；细砂模数为 2.2～1.6。

2. 主要仪器

（1）砂料标准筛：孔径分别为 150 μm、300 μm、600 μm、1.18 mm、2.36 mm、4.75 mm 及 9.50 mm 的方孔筛各一只，并附有筛底和筛盖。

（2）鼓风干燥箱：能使温度控制在（105±5）℃。

（3）天平：称量 1 000 g，感量 1 g。

（4）摇筛机：如图 13-10 所示。

图 13-10　摇筛机

3. 试验步骤及要点

（1）取按规定取样缩分后的试样约 1 100 g，用孔径为 9.50 mm 的方孔筛筛除大于 9.50 mm 的颗粒（并算出其筛余百分率），并将试样缩分至约 1 100 g，放入鼓风干燥箱内于（105±5）℃下烘干至恒量，待冷却至室温后，分成大致相等的两份试样备用。

（2）称取试样 500 g（精确至 1 g）倒入按孔径大小从上至下组合的套筛上。

（3）将放好试样的套筛安放在摇筛机上，摇筛 10 mm 后取下套筛，按筛孔大小顺序依次逐个用手筛，筛至每分钟通过量小于试样总量的 0.1%（即 0.5 g）为止。通过的试样并入下一号筛，并和下一号筛中的试样一起手筛，依次分别进行至各号筛全部筛完为止。

（4）称出各号筛的筛余量（精确至 1 g），试样在各号筛上的筛余量不得超过按式（13-12）计算出的量。超过时应按下列方法之一处理。值得注意的是，筛分后，如每号筛的筛余量与筛底的剩余量之和同原试样质量之差超过 1%时，须重新试验。

$$G=\frac{A\times d^{1/2}}{200} \tag{13-12}$$

式中　G —— 在一个筛上的筛余量（g）；

A —— 筛面面积（mm^2）；

d —— 筛孔尺寸（mm）。

处理方法：

- **方法一：**将该粒级试样分成少于按式（13-12）计算出的量（至少分成两份），分别筛分，并以筛余量之和作为该号筛的筛余量。
- **方法二：**将该粒级及以下各粒级的筛余混合均匀，称出其质量（精确至 1 g），再用四分法缩分为大致相等的两份，取其中一份称出其质量（精确至 1 g），继续筛分。计算该粒级及以下各粒级的分计筛余量时，应根据缩分比例进行修正。

注　意

（1）试样必须烘干至恒量。恒量是指在相隔 1～3 h 内，前后两次烘干重量之差小于该试验所要求的称量精度。

（2）试验前应检查筛孔是否畅通，若阻塞应清除。

（3）试验过程中防止颗粒遗漏。

4. 数据处理及结果评定

（1）计算分计筛余百分率：即各号筛的筛余量与试样总量之比（精确至 0.1%）。

（2）计算累计筛余百分率：即该号筛的筛余百分率与该号筛以上各筛的分计筛余百分率之和（精确至 0.1%）。累计筛余百分率取两次试验结果的算术平均值（精确至 1%）。

（3）按式（3-2）计算细度模数 M_x。细度模数取两次试验结果的算术平均值（精确至 0.1）。当两次试验的细度模数之差超过 0.2 时，须重新试验。

$$M_x = \frac{(A_2 + A_3 + A_4 + A_5 + A_6) - 5A_1}{100 - A_1} \tag{13-13}$$

式中　M_x——细度模数；

A_1，A_2，A_3，A_4，A_5，A_6——分别是孔径为 4.75 mm，2.36 mm，1.18 mm，600 μm，300 μm，150 μm 筛的累计筛余百分率。

（4）根据计算得到的累计筛余百分率，按标准要求的级配区判定级配是否符合标准。若不符合标准要求，应双倍取样复检。复验符合标准要求，则判定该类砂合格，然后根据细度模数 M_x 的大小，按标准确定砂的规格；若复验不符合标准要求，则判定该类砂不合格。

13.3.3　砂的表观密度试验

通过测定砂的表观密度，可判断该砂是否符合标准要求，并为计算砂的空隙率和混凝土配合比设计提供依据。

1. 试验原理及标准

通过测定砂处在不同状态下的有关质量，利用阿基米德原理（即砂排出水的体积为砂样体积）确定砂的近似密度体积，从而计算出砂的密度。砂密度测定采用容量瓶法。

《建设用砂》（GB/T 14684—2011）规定：砂的表观密度不小于 2 500 kg/m^3。

2. 主要仪器

（1）鼓风干燥箱：能使温度控制在（105±5）℃。

（2）天平：称量 1 000 g，感量 1 g。

（3）容量瓶：500 mL。

3. 试验步骤及要点

（1）按规定方法取样，并将试样缩分至约 660 g，放在鼓风干燥箱中于（105±5）℃下烘干至恒量，待冷却至室温后，分成大致相等的两份备用。

（2）称取试样 300 g（精确至 0.1 g），将其装入容量瓶，注入冷开水至接近 500 mL 的刻度处，充分摇动，排除气泡，然后塞紧瓶塞静置 24 h，接着用滴管小心加水至容量瓶 500 mL 刻度处，塞紧瓶塞，擦干瓶外水分，称其质量 G_1（精确至 1 g）。

（3）倒出瓶中的水和试样，洗净容量瓶，再向瓶内注水至 500 mL 刻度处，塞紧瓶塞，擦干瓶外水分，称其质量 G_2（精确至 1 g）。

注 意

试验过程中，应注意以下几点：① 试验用水应在整个试验过程中保持水温相差不超过 2℃（并在 15～25℃）；② 带有容量瓶称量时必须擦干瓶外水分；③ 滴管添水至瓶颈 500 mL 刻度线应当以弯液面为准。

4. 数据处理及结果评定

砂的密度应按下式计算：

$$\rho_0 = \frac{G_0}{G_0 + G_2 - G_1} \times \rho_{水} \tag{13-14}$$

式中 ρ_0—— 表观密度（kg/m^3）；

$\rho_{水}$—— 水的密度（1 000 kg/m^3）；

G_0—— 烘干试样的质量（g，即 300 g）；

G_1—— 试样，水及容量瓶的总质量（g）；

G_2—— 水及容量瓶的总质量（g）。

密度取两次试验结果的算术平均值，精确至 10 kg/m^3。当两次试验之差大于 20 kg/m^3 时，应重新试验；当砂的密度测定值≤2 500 kg/m^3 时，应重新选砂。

13.3.4　砂的堆积密度试验

测定砂料松散状态下的堆积表观密度，可供混凝土配合比设计用，也可用以估计运输工具的数量或堆场的面积等，还可以计算其空隙率。

1. 试验原理及标准

通过测定装满容量筒的砂的质量和体积（自然状态下），计算其堆积密度及空隙率。

《建设用砂》（GB/T 14684—2011）规定：砂的松散堆积密度不小于 1 400 kg/m^3，空隙率不大于 44%。

2. 主要仪器

（1）鼓风干燥箱：能使温度控制在（105±5）℃。

（2）容量筒：圆柱形金属筒，容积为 1 L。

（3）方孔筛：孔径为 4.75 mm 的筛一只。

3. 试验步骤及要点

（1）按规定取样缩分后，称取试样约 3 L，放在鼓风干燥箱中于（105±5）℃下烘干至恒量，待冷却至室温后，筛除大于 4.75 mm 的颗粒，分成大致相等的两份备用。

（2）称出容量筒的质量 G_2。

（3）取试样一份，通过料斗将试样从容量筒中心上方 50 mm 处，以自由落体徐徐倒入容量筒中，直至砂样装满容量筒并超出筒口时为止，然后用直尺沿筒口中心向两边刮平，称出试样和容量筒的总质量 G_1（精确至 1 g）。

值得注意的是，试验过程中应防止振动装有试样的容量筒，以免砂料堆积密实。

4. 数据处理及结果评定

（1）堆积密度。堆积密度 ρ_0' 应按下式计算，并取两次试验结果的算术平均值（精确至 10 kg/m^3）。

$$\rho_0' = \frac{G_1 - G_2}{V_0'} \tag{13-15}$$

式中　ρ_0'—— 砂的堆积密度（kg/m^3）；

G_1—— 容量筒和试样总质量（g）；

G_2—— 容量筒质量（g）；

V_0'—— 容量筒体积（即 1 L）。

（2）空隙率。空隙率 P 按下式计算，并取两次试验结果的算术平均值（精确至 1%）。

$$P=(1-\frac{\rho_0'}{\rho_0})\times 100\% \tag{13-16}$$

式中　P——空隙率（%）；

ρ_0'——砂的堆积密度（kg/m^3）；

ρ_0——砂的表观密度（kg/m^3）。

13.3.5　石子颗粒级配试验

通过筛分析试验测定不同石子粒径的含量比例，评定石子的颗粒级配是否符合标准要求，为合理选择和使用粗骨料提供技术依据。

1. 试验原理及标准

通过由不同孔径的筛组成的一套标准筛对石子试样进行筛析，测定石子样中不同粒径的颗粒含量。建筑用卵石和碎石的颗粒级配应符合《建筑用卵石、碎石》（GB/T 14685—2011）中的相关规定。

2. 主要仪器

（1）试验用方孔标准筛：孔径为 2.36 mm，4.75 mm，9.5 mm，16.0 mm，19.0 mm，26.5 mm，31.5 mm，37.5 mm，53.0 mm，63.0 mm，75.0 mm 及 90.0 mm 的筛各一只，并附有筛底和筛盖（筛框内径为 300 mm）。

（2）鼓风干燥箱：能使温度控制在（105±5）℃。

（3）天平：称量 10 kg，感量 1 g。

（4）摇筛机。

3. 试验步骤及要点

（1）按规定取样后，将试样缩分至略大于表 13-1 中规定的数量，烘干或风干后备用。

表 13-1　颗粒级配试验所需试样数量

最大粒径（mm）	9.5	16.0	19.0	26.5	31.5	37.5	63.0	75.0
最少试样质量（kg）	1.9	3.2	3.8	5.0	6.3	7.5	12.6	16.0

（2）根据试样的最大粒径，称取按表 13-1 中规定数量的试样一份（精确至 1 g）。将试样倒入按孔径大小从上至下组合好的套筛上，然后放置于摇筛机上进行筛分。摇筛 10 min，取下套筛，按筛孔大小顺序依次分别进行手筛，筛至每分钟通过量小于试样总量

的 0.1%为止。

（3）通过的颗粒并入下一号筛，并和下一号筛中的试样一起手筛，依此类推，直至各号筛全部筛完为止，称出各号筛筛余量（精确至 1 g）。

4. 数据处理及结果评定

（1）分计筛余百分率：各号筛的筛余量与试样总质量之比（计算精确至 0.1%）。

（2）累计筛余百分率：该号筛的筛余百分率加上该号筛以上各分计筛余百分率之和（精确至 1%）。

（3）筛分后，如每号筛的筛余量与筛底的筛余量之和同原试样质量之差超过 1%时，须重新试验。

（4）根据各号筛的累计余百分率，评定该试样的颗粒级配。若不符合标准要求，应双倍取样进行复验。复验符合标准要求，则判定该试样合格；若复验不合格，则判定该试样不合格。

13.3.6　石子表观密度试验

通过测量石子的表观密度，判断其是否符合标准要求，为计算试样空隙率及混凝土配合比设计提供依据。

1. 试验原理、方法及标准

利用阿基米德原理（即骨料排出水的体积为骨料的体积）确定粗骨料（卵石或碎石）的近似密实体积（包括封闭孔隙在内），计算粗骨料的密度。石子表观密度的测定方法有液体比重瓶法和广口瓶法。

《建筑用卵石、碎石》（GB/T 14685—2011）规定：卵石或碎石的表观密度不小于 2 600 kg/m^3。

2. 主要仪器

（1）鼓风干燥箱：能使温度控制在（105±5）℃。

（2）台秤：称量 5 kg，感量 5 g。

（3）吊篮：由孔径为 1～2 mm 的筛网或钻有 2～3 mm 孔洞的耐腐蚀金属板组成。

（4）方孔筛：孔径为 4.75 mm 的筛一只。

（5）天平：称量 2 kg，感量 1 g。

（6）广口瓶：1 000 mL，磨口，带玻璃片。

3. 试验步骤及要点

1）液体比重天平法

（1）按规定取样后，缩分至略大于表 13-2 规定的数量，风干后筛除小于 4.75 mm 的颗粒，然后洗刷干净，分成大致相等的两份备用。

表 13-2　密度试验所需试样质量

最大粒径（mm）	小于 26.5	31.5	37.5	63.0	75.0
最少试样质量（kg）	2.0	3.0	4.0	6.0	6.0

（2）取一份试样放入吊篮内，并浸入盛水的容器中，液面至少高出试样表面 50 mm。浸水 24 h 后，移放到称量用的盛水容器中，并用上下升降吊筛的方法排除气泡（试样不得露出水面），如图 13-11 所示。吊筛每升降一次约 1 s，升降高度为 30～50 mm。

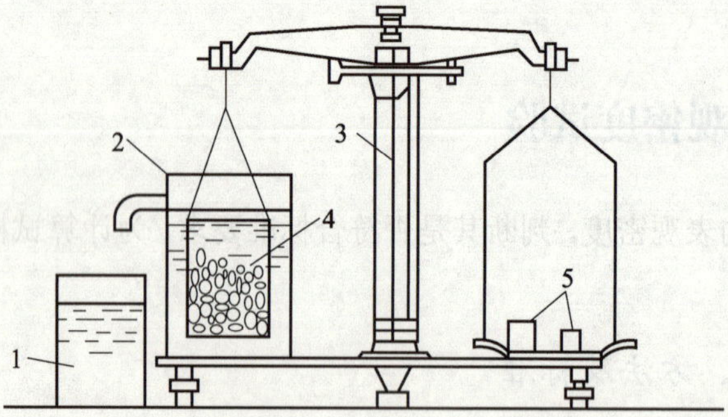

1—容器　2—金属筒　3—天平　4—吊篮　5—砝码

图 13-11　液体天平

（3）准确称出吊篮及试样在水中的质量 G_1（此时吊篮应全浸在水中），精确至 5 g。称量时容器中水面的高度由容器的溢流孔控制。

（4）提起吊篮，将试样倒入浅盘，放在鼓风干燥箱中于（105±5）℃下烘干至恒量，冷却至室温后，称出其质量 G_0（精确至 5 g）。

（5）称出吊篮在水中的质量 G_2（精确至 5 g）。称量时盛水容器的水面高度仍由溢流孔控制。

注　意

试验过程中，应注意：① 称量吊篮与水，以及吊篮、水与试样的质量时，水温控制必须相同；② 整个试验的称量可在 15℃～25℃范围内进行，但从试样加水静止 24 h 起至试验结束，温差不超过 2℃。

2）广口瓶法

（1）按规定取样后，缩分至略大于表 13-2 规定的数量，风干后筛除小于 4.75 mm 的颗粒，然后洗刷干净，分成大致相等的两份备用。

（2）将试样浸水饱和，然后装入广口瓶中。装试样时，广口瓶应倾斜放置，注入饮用水；左右摇动排尽气泡后，向瓶内滴水至瓶口边缘，用玻璃片沿瓶口迅速滑行，紧贴瓶口水面，覆盖瓶口；擦干瓶外水分后，称出试样、水、瓶和玻璃片总质量 G_1（精确至 1 g）。

（3）将瓶中试样倒入浅盘，放在鼓风干燥箱中于（105±5）℃下烘干至恒量，待冷却至室温后称其质量 G_0（精确至 1 g）。

（4）将瓶洗净并重新注水至瓶口，用玻璃片紧贴瓶口水面覆盖瓶口。擦干瓶外水分后，称水、瓶和玻璃片总质量 G_2（精确至 1 g）。

注　意

广口瓶法不宜用于测定最大粒径大于 37.5 mm 的碎石或卵石的表观密度。此外，试验时应注意：① 带水称量各项质量时，水温应一致；② 整个试验中称量时水温可在 15～25℃范围内进行，但温差不应超过 2℃。

4. 数据处理及结果评定

石子的表观密度，应按下式计算（精确至 10 kg/m³）：

$$\rho_0 = \frac{G_0}{G_0 + G_2 - G_1} \times \rho_{水} \tag{13-17}$$

式中　ρ_0—— 表观密度（kg/m³）；

G_0—— 烘干后试样的质量（g）；

G_1—— 吊篮及试样在水中的质量（g）；

G_2—— 吊篮在水中的质量（g）；

$\rho_{水}$—— 水的密度（1 000 kg/m³）。

表观密度取两次试验结果的算术平均值。两次试验之差大于 20 kg/m³，须重新试验。对于颗粒材质不均匀的试样，若两次试验之差超过 20 kg/m³，则取 4 次试验结果的算术平均值。

13.3.7　石子松散堆积密度试验

通过测定石子的堆积密度，判定其是否符合标准要求，为计算空隙率及混凝土配合比设计提供依据。

1. 试验原理及标准

通过测定容量筒装满石子时的质量和体积（自然状态下），确定石子的堆积密度和空隙率。《建筑用卵石、碎石》（GB/T 14685—2011）规定：连续级配松散堆积空隙率符合表13-3中的规定。

表 13-3 连续级配松散堆积空隙率

类 别	Ⅰ类	Ⅱ类	Ⅲ类
空隙率（%）	≤43	≤45	≤47

2. 主要仪器

（1）台秤：称量 10 kg，感量 10 g。

（2）磅秤：称量 50 kg 或 100 kg，感量 50 g。

（3）容量筒。

3. 试验步骤及要点

（1）按规定取样，缩分后烘干或风干，拌匀，并将试样分成大致相等的两份备用，然后称出量筒的质量 G_2。

（2）取试样一份，将试样从离容量筒中心上方 50 mm 处徐徐倒入筒内，使试样以自由落体落下。当容量筒上部呈堆状，且容量筒四周溢满时停止加料。除去凸出容量口表面的颗粒，并以合适的颗粒填充凹陷部分（试验过程中应防止碰振容量筒），修平上表面，称出试样和容量筒总质量 G_1。

4. 数据整理及结果评定

石子松散堆积密度应按下式计算（精确至 10 kg/m^3）：

$$\rho_0' = \frac{G_1 - G_2}{V_0'} \tag{13-18}$$

式中 ρ_0'—— 石子松散堆积密度（kg/m^3）；

G_1—— 容量筒和试样总质量（g）；

G_2—— 容量筒质量（g）；

V_0'—— 容量筒体积（L）。

石子的空隙率应按下式计算（精确至 1%）：

$$P' = (1 - \frac{\rho_0'}{\rho_0}) \times 100\% \tag{13-19}$$

式中 P'—— 空隙率（%）；

ρ_0'—— 石子的松散堆积密度（kg/m^3）；

ρ_0—— 石子的表观密度（kg/m^3）。

堆积密度取两次试验结果的算术平均值，空隙率取两次试验结果的算术平均值。

13.3.8 石子针片状颗粒含量试验

混凝土粗骨料中，若针、片状石子的含量超过一定界限，不仅会使骨料的空隙增加，还会使混凝土拌和物的和易性变差，导致混凝土的强度降低。

1. 试验原理及标准

通过针状规准仪和片状规准仪，可确定石子针片状颗粒的含量。《建筑用卵石、碎石》（GB/T 14685—2011）规定，卵石和碎石的针片状颗粒的含量（按质量计）应符合：Ⅰ类<5，Ⅱ类<15，Ⅲ类<25。

2. 仪器设备

（1）针状规准仪与片状规准仪：如图 13-12 所示。

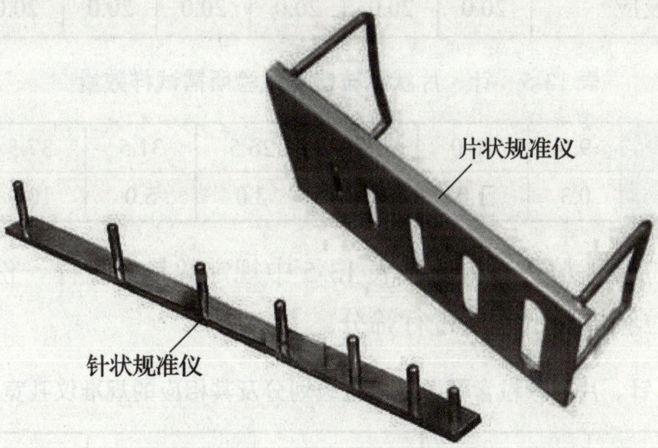

图 13-12 针状规准仪与片状规准仪

（2）台秤：称量 10 kg，感量 1 g；

（3）方孔筛：孔径为 4.75 mm，9.50 mm，16.0 mm，19.0 mm，26.5 mm，31.5 mm 及 37.5 mm 的筛各一个。

3. 实验步骤

（1）按表 13-4 中的规定取样，并将试样缩分至略大于表 13-5 规定的数量，烘干或风干后备用。

表 13-4　单项试验取样数量

序号	试验项目	最大粒径（mm）							
		9.5	16.0	19.0	26.5	31.5	37.5	63.0	75.0
		最少取样数量（kg）							
1	颗粒级配	9.5	16.0	19.0	25.0	31.5	37.5	63.0	80.0
2	含泥量	8.0	8.0	24.0	24.0	40.0	40.0	80.0	80.0
3	泥块含量	8.0	8.0	24.0	24.0	40.0	40.0	80.0	80.0
4	针片状颗粒含量	1.2	4.0	8.0	12.0	20.0	40.0	40.0	40.0
5	有机物含量	按试验要求的粒级和数量取样							
6	硫酸盐和硫化物含量								
7	坚固性								
8	岩石抗压强度	随机选取完整石块锯切或钻取成试验用样品							
9	压碎指标值	按试验要求的粒级和数量取样							
10	表观密度	8.0	8.0	8.0	8.0	12.0	16.0	24.0	24.0
11	堆积密度与空隙率	40.0	40.0	40.0	40.0	80.0	80.0	120.0	120.0
12	碱骨料反应	20.0	20.0	20.0	20.0	20.0	20.0	20.0	20.0

表 13-5　针、片状颗粒含量试验所需试样数量

最大粒径（mm）	9.5	16.0	19.0	26.5	31.5	37.5	63.0	75.0
最少试样质量（kg）	0.3	1.0	2.0	3.0	5.0	10.0	10.0	10.0

（2）根据试样的最大粒径，称取按表 13-5 中规定数量的试样一份（精确到 1 g），然后参照表 13-6 中的粒级按规定方法进行筛分。

表 13-6　针、片状颗粒含量试验的粒级划分及其相应的规准仪孔宽或间距　　（mm）

石子粒级	4.75～9.50	9.50～16.0	16.0～19.0	19.0～26.5	26.5～31.5	31.5～37.5
片状规准仪相对应孔宽	2.8	5.1	7.0	9.1	11.6	13.8
针状规准仪相对应间距	17.1	30.6	42.0	54.6	69.6	82.8

（3）按表 13-6 规定的粒级分别用规准仪逐粒检验，凡颗粒长度大于针状规准仪上相应间距者，为针状颗粒；颗粒厚度小于片状规准仪上相应孔宽者，为片状颗粒，最后称出其总质量（精确至 1 g）。

（4）结果计算

针片状颗粒含量应按下式计算（精确至 1%）：

$$Q_c = \frac{G_2}{G_1} \times 100\% \tag{13-20}$$

式中　Q_c—— 针、片状颗粒含量（%）；

G_1—— 试样的质量（g）；

G_2—— 试样中所含针片状颗粒的总质量（g）。

13.4 混凝土性能试验

混凝土的性能试验有混凝土和易性评定、混凝土拌和物表观密度，以及混凝土强度试验。通过对混凝土拌和物和易性和强度试验，以分析配制的混凝土是否便于施工，以及是否满足工程强度要求等。

13.4.1　混凝土拌和物和易性试验（坍落度法与坍落度扩展法）

混凝土拌和物和易性试验的目的，是检验混凝土拌和物是否满足施工所要求的流动性、保水性和黏聚性。

1. 试验的方法原理

混凝土拌和物和易性试验常用的方法有：坍落度法、坍落度扩展法和维勃稠度法，本试验采用坍落度法与坍落度扩展法。

《普通混凝土拌和物性能试验方法标准》（GB/T 50080—2002）规定，坍落度法与坍落度扩展法适用于测定骨料最大粒径不大于 40 mm、坍落度值不小于 10 mm 的混凝土拌和物的和易性和坍落度。

2. 主要仪器

（1）坍落度筒。

（2）捣棒、卡尺、小铁铲。

（3）拌和用刚性不吸水平板：尺寸不宜小于 1.5 m×2 m。

3. 试验步骤

（1）湿润坍落度筒的内壁及各种拌和用具，并将坍落度筒放在拌和用的平板上。

（2）将按要求拌好的混凝土拌和物用小铁铲分 3 层均匀装入筒内，捣实后每层高约为筒高的 1/3 左右，每装一层就用捣棒插捣 25 次。插捣时，应用捣棒在筒内整个截面上，由边缘向中心，按螺旋方向均匀插捣。捣棒应插透本层，并与下层接触。

（3）顶层插捣时，若混凝土沉落到低于筒口，则应随时添加拌和物。插捣完毕后，用抹刀将混凝土拌和物沿筒口抹平。

（4）清除筒边底板上的混凝土后，垂直平稳地提起坍落度筒。坍落度筒的提离过程应在 5～10 s 内完成。从开始装料到提起坍落度筒的整个过程应不间断地进行，并应在 150 s 内完成。

（5）提起坍落度筒后，立即测量筒高与坍落后混凝土试体最高点之间的高度差，即为该混凝土拌和物的坍落度值。坍落度筒提离后，如混凝土发生崩坍或一边剪坏现象，则应重新取样另行测定；如第二次试验仍出现上述现象，则表示该混凝土和易性不好，应予记录备查。

（6）坍落后混凝土试体的黏聚性和保水性的检测方法如下。

① 黏聚性。用捣棒在已坍落的混凝土锥体侧面轻轻敲打，此时若锥体逐渐下沉，则表示黏聚性良好；若锥体倒塌、部分崩裂或出现离析现象，则表示黏聚性不好。

② 保水性。保水性以混凝土拌和物稀浆析出的程度来评定，坍落度筒提起后如有较多的稀浆从底部析出，锥体部分的混凝土也因失浆而骨料外露，则表明此混凝土拌和物的保水性能不好；如坍落度筒提起后无稀浆或仅有少量稀浆自底部析出，则表明此混凝土拌和物保水性良好。

4. 结果计算及处理

混凝土锥体坍落前后的高度差即为坍落度。当混凝土拌和物坍落度大于 220 mm 时，用钢尺测量混凝土扩展后的最大直径和最小直径，在这两个直径差小于 50 mm 的条件下，以它们的算术平均值作为坍落度扩展值。否则，试验无效。

坍落度值和扩展度值以 mm 为单位（精确至 1 mm），且应修约至 5 mm。

13.4.2 混凝土拌和物和易性试验（维勃稠度法）

维勃稠度法是通过测定混凝土拌和物在外力作用下由圆台状均匀摊平所需要的时间，评定混凝土的流动性是否满足施工要求。

维勃稠度法适用于骨料最大粒径不大于 40 mm，维勃稠度在 5～30 s 之间的混凝土拌和物稠度的测定。

1. 主要仪器

（1）维勃稠度仪：如图 13-13 所示。

（2）捣棒：直径 16 mm、长 600 mm 的钢棒，端部应磨圆。

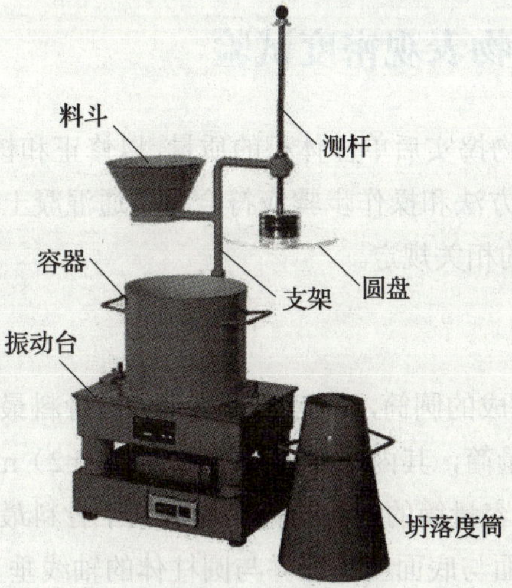

图 13-13　维勃稠度仪

2. 试验步骤

（1）将维勃稠度仪放置在坚实的水平面上，用湿布把容器、坍落度筒、喂料斗内壁及其他用具擦湿。

（2）将喂料斗提到坍落度筒上方扣紧，校正容器位置，使其中心与喂料斗中心重合，然后拧紧固定螺钉。

（3）将按要求取得或配制的混凝土拌和物试样用小铲分 3 层经喂料斗均匀地装入筒内，装料及插捣的方法同坍落度法的试验步骤。

（4）把喂料斗转离，然后垂直地提起坍落度筒。此时应注意，不能使混凝土试件产生横向扭动。

（5）将透明圆盘转到混凝土圆台体顶面，放松测杆螺钉，降下圆盘，使其轻轻接触到混凝土的顶面。

（6）拧紧定位螺钉，并检查测杆螺钉是否已经完全放松。同时开启振动台和秒表（试验前要检查秒表是否准确），当振动到透明圆盘的底面被水泥浆布满的瞬间停止计时，并关闭振动台。

3. 数据处理及结果评定

由称表读出的时间，即为该混凝土拌和物的维勃稠度值（精确至 1 s）。值得注意的是，若维勃稠度值小于 5 s 或大于 30 s，则该混凝土所具有的稠度已超出仪器的适用范围。

13.4.3 混凝土拌和物表观密度试验

通过测定混凝土拌和物捣实后单位体积的质量，以修正和核实混凝土配合比计算中的材料用量。该试验的试验方法和操作步骤应符合《普通混凝土拌和物性能试验方法标准》（GB/T 50080—2002）中的相关规定。

1. 主要仪器

（1）容量筒：金属制成的圆筒，两旁装有提手。对骨料最大粒径不大于 40 mm 的拌和物采用容积为 5 L 的容量筒，其内径与内高均为（186±2）mm，筒壁厚为 3 mm；骨料最大粒径大于 40 mm 时，容量筒的内径与内高均应大于骨料最大粒径的 4 倍。容量筒上缘及内壁应光滑平整，顶面与底面应平行并与圆柱体的轴线垂直。

（2）台秤：称量 50 kg，感量 50 g。

（3）振动台：频率应为（50±3）Hz，空载时的振幅应为（0.5±0.1）mm。

（4）捣棒：直径 16 mm、长 600 mm 的钢棒，一端为弹头形。

（5）小铁铲、抹刀、刮尺等。

2. 试验步骤

（1）用湿布把容量筒内外擦干净，称出重量 W_1（精确至 50 g）。

（2）混凝土的装料及捣实方法应视拌和物的稠度而定。一般来说，为使所测混凝土的密实状态更接近于实际施工，对于坍落度不大于 70 mm 的混凝土，宜用振动台振实；对于大于 70 mm 的混凝土，宜用捣棒捣实。

- **采用振动台振实**：应一次将混凝土拌和物灌到高出容量筒口。装料时可用捣棒稍加插捣，振捣过程中如混凝土高度沉落到低于筒口，则应随时添加混凝土。振动直至表面出浆为止。
- **采用捣棒捣实**：应根据容量筒的大小决定分层与插捣次数。一般情况下，用 5 L 容量筒时，拌和物分两层装，每层插捣 25 次；用大于 5 L 容量筒时，每层拌和物的高度不应大于 100 mm，每层插捣次数应按每 10 000 mm^2 截面不小于 12 次计算。

（3）用刮尺沿筒口将多余的混凝土拌和物刮去，表面如有凹陷应填平。将容量筒外壁擦净，称出混凝土与容量筒总重 W_2（精确至 50 g）。

提　示

混凝土拌和物的表观密度也可用制备混凝土抗压强度的试件进行试验，即分别称量试模、试模与混凝土拌和物总重量（精确至 0.1 kg），以及试模的容积，以一组 3 个试件表观密度的平均值作为混凝土拌和物的表观密度。

3. 数据处理及结果评定

混凝土拌和物的表观密度γ_h可按下式计算：

$$\gamma_h=\frac{W_1-W_2}{V}\times 1000 \qquad (13\text{-}21)$$

式中 W_1—— 容量筒重量（kg，精确至 10 kg/m^3）；

W_2—— 容量筒及试样总重（kg）；

V—— 容量筒容积（L）。

13.4.4 普通混凝土的抗压强度试验

通过测定混凝土立方体的抗压强度，以检验材料的质量，确定、校核混凝土的配合比和强度等级，为控制施工质量提供依据。

1. 试验原理及方法

将和易性符合施工要求的混凝土拌和物按规定成型，以制成标准的立方体试件，经 28 天标准养护后，测其抗压破坏荷载，并计算其抗压强度。混凝土立方体抗压强度试验方法应符合《普通混凝土力学性能试验方法标准》（GB/T 50081—2002）中的相关规定。

2. 主要仪器

（1）立方试模：由铸铁或钢制成，应具有足够的刚度并便于拆装。试模的内表面应蚀光，其不平度应不大于试件边长的 0.05%。组装后各相邻面的垂直度应不超过±1°。

（2）捣实设备：可选用下列 3 种之一。

- **振动台**：振动频率应为（50±3）Hz，空载时振幅约为 0.5 mm，如图 13-14 所示。
- **振动棒**：直径为 30 mm。
- **钢制捣棒**：直径 16 mm、长 600 mm 的钢棒，一端为弹头形。

（3）压力试验机：精度（示值的机对误差）至少应为±1%，试件的预期破坏荷载值应大于压力机全量程的 20%，且小于压力机全量程的 80%，如图 13-15 所示。

（4）混凝土标准养护室：温度应控制在（20±3）℃，相对湿度为 90%以上。

图 13-14　混凝土振动台

图 13-15　压力试验机

3. 试验步骤

1）试件成型

（1）在制作试件前，应先检查试模，并在试模的内壁涂上一薄层矿物油脂。

（2）室内混凝土拌和应按混凝土和易性要求进行拌和。

（3）振捣成型。采用振动台成型时，应将混凝土拌和物一次装入试模，装料时应用抹刀沿试模内壁略加插捣，并使混凝土拌和物高出试模上口。振动时应防止试模在振动台上自由跳动。振动应持续到混凝土表面出浆为止，刮去多余的混凝土，并用抹刀沿试模口抹平。

（4）试件成型后，在混凝土初凝前 1～2 h 内需进行抹面，要求沿模口抹平。

2）试件的养护

根据试验目的不同，试件可采用标准养护或与构件同条件养护。一般情况下，用于确定混凝土特性值、强度等级，或进行材料性能研究时，应采用标准养护；用于检验现浇混凝土工程或预制构件中混凝土的强度时，试件应采用同条件养护。

- 标准养护：试件成型后应立即用不透水的薄膜覆盖表面，以防止水分蒸发，并应在温度为（20±5）℃的环境中静置一昼夜至两昼夜（不得超过两昼夜），然后编号、拆模。拆模后的试件应立即放入温度为（20±2）℃、相对湿度为 90%以上的标准养护室中养护，或在温度为（20±2）℃的不流动的 $Ca(OH)_2$ 饱和溶液中养护。养护室内的试件应放在架上，彼此间隔为 10 mm～20 mm，并应避免用水直接冲淋试件。标准养护龄期为 28 d（从搅拌加水开始计时）。
- 同条件养护：试件成型后应覆盖表面。试件的拆模时间可与实际构件的拆模时间相同。拆模后，试件仍需保持同条件养护。

3）混凝土立方体抗压强度测定

（1）试件到达试验龄期时，从养护地点取出后应及时进行试验，以免试件内部的温湿度发生显著变化。

（2）将试件表面擦拭干净，检查外观，测量尺寸（精确至 1 mm），并据此计算试件的承压面积。如实测尺寸与公称尺寸之差不超过 1 mm，可按公称尺寸进行计算。

（3）将试件安放在试验机的下压板上或垫板上，试件的承压面应与成型时的顶面垂直。试件的中心应与试验机下压板中心对准。开动试验机，当上压板与试件或钢垫板接近时，调整球座，使接触均衡。

（4）混凝土试件的试验应连续而均匀地加荷，混凝土强度等级＜C30 时，其加荷速度为 0.3～0.5 MPa/s；若混凝土强度等级≥C30 且＜C60 时，取 0.5～0.8 MPa/s，混凝土强度等级≥C60 时，取 0.8～1.0 MPa/s。当试件接近破坏而开始迅速变形时，停止调整试验机油门，直到试件破坏，然后记录破坏荷载。

注　意

混凝土骨料的最大粒径应不大于试件最小边长的 1/3。混凝土物理力学性能试验一般以 3 个试件为一组。每一组试件所用的拌和物应从同一盘或同一车运送的混凝土中取出，或在试验室内用机械或人工单独拌制，用以试验现浇混凝土工程或预制构件质量。试件分组及取样原则，应按现行《混凝土结构施工质量验收规范》(GB/T 50204—2011）及其他有关规定执行。

所有试件应在取样后立即制作。确定混凝土设计特征值、强度等级或进行材料性能研究时，试件的成型方法应视混凝土设备条件、现场施工方法和混凝土的稠度而定。坍落度不大于 70 mm 的混凝土，宜用振实台振实；大于 70 mm 的混凝土宜用捣棒人工捣实。试验所用混凝土试件的成型方法，应尽可能与实际施工采用的方法相同。

4. 数据处理及结果评定

（1）混凝土立方体试件抗压强度应按下式计算（精确至 0.1 MPa）：

$$f_{cc}=\frac{P}{A} \tag{13-22}$$

式中 f_{cc}—— 混凝土立方体试件抗压强度（MPa）；

P —— 抗压破坏荷载（N）；

A —— 试件承压面积（mm^2）。

（2）以 3 个试件测值的算术平均值作为该组试件的抗压强度值。当 3 个测值中的最大值或最小值之一，与中间值的差值超过中间值的 15%时，则取中间值作为该组试件的抗压强度值。如有两个测值与中间值的差均超过中间值的 15%，则该组试件的试验结果无效。

（3）混凝土抗压强度以边长为 150 mm 的立方体试件为标准，其他尺寸试件的试验结果均应乘以换算系数折算成标准值。对边长为 100 mm、300 mm 和 450 mm 的立方体试件，试验结构应分别乘以抗压强度换算系数 0.95，1.15 和 1.36。

13.5 建筑砂浆性能试验

为了评定新拌砂浆的质量，必须试验其和易性。砂浆和易性包括砂浆的稠度和分层度。此外，为了评定硬化砂浆的质量，还需要测定其抗压强度。

13.5.1 取样及试验注意事项

1. 取样

（1）建筑砂浆试验用料应根据不同要求，从同一盘搅拌机或同一车运送的砂浆中取出。在试验室取样时，可从机械或人工拌和的砂浆中取出。取样量不应少于试验所需量的 4 倍。

（2）施工过程中进行砂浆试验时，砂浆取样方法应按相应的施工验收规范执行，并宜在现场搅拌点或预拌砂浆卸料点的至少 3 个不同部位及时取样。对于现场取得的试样，试验前应人工搅拌均匀。

（3）砌筑砂浆的验收批，同一类型、强度等级的砂浆试块应不少于 3 组。

（4）从取样完毕到开始进行各项性能试验，不宜超过 15 min。

2. 试验条件

（1）拌制砂浆所用的材料，应符合质量标准，并要求提前运入试验室内，拌和时试验室温度应保持在（20±5）℃。

（2）试验用水泥和其他原材料，应与现场使用材料一致。水泥若有结块，应用 0.9 mm 筛过筛，砂应用 5 mm 筛过筛，并应充分混合均匀。

（3）拌制砂浆时，材料应称重计量。称重精度为：水泥、外加剂等为±0.5%；砂、石灰膏等为±1%。

（4）拌制前应将搅拌机、拌和铁板、拌铲等工具表面用水润湿，拌和铁板上不得存积水。

（5）试验室用搅拌机搅拌砂浆时，搅拌的用量不宜少于搅拌机容量的 20%，搅拌时间不宜少于 2 min。

13.5.2 稠度试验

砂浆稠度对施工的难易程度有重要影响。同时，通过测定砂浆的稠度，可达到控制用水量的目的，为确定配合比、合理选择稠度及确定满足施工要求的流动性提供依据。

1. 试验原理及标准

砂浆稠度是以标准圆锥体在规定时间内沉入砂浆拌和物的深度表示，以 mm 计。建筑砂浆稠度试验应符合《建筑砂浆基本性能试验方法标准》（JCJ/T 70—2009）中的相关规定。

2. 主要仪器

（1）砂浆稠度测定仪：由试锥、盛浆容器和底座 3 部分组成，如图 13-16 所示。

（2）钢制捣棒。

（3）秒表。

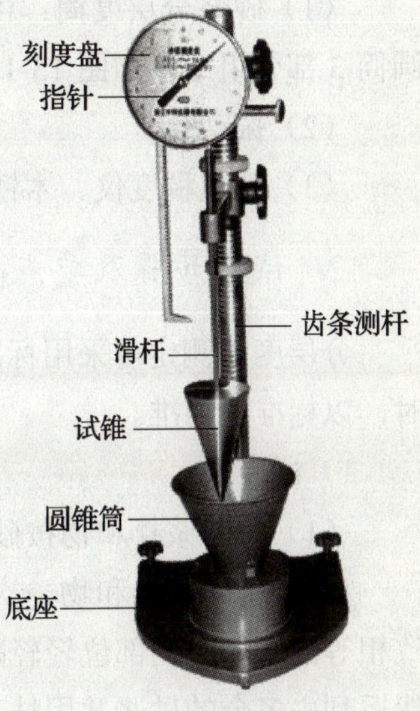

图 13-16 砂浆稠度测定仪

3. 试验步骤及要点

（1）用少量润滑油轻擦滑杆，再将滑杆上多余的油用吸油纸擦净，使滑杆能自由滑动。

（2）用湿布擦净盛浆容器和试锥表面，再将砂浆拌和物一次装入容器；砂浆表面宜低于容器口 10 mm，用捣棒自容器中心向边缘均匀地插捣 25 次，然后轻轻地将容器摇动或敲击 5～6 下，使砂浆表面平整，随后将容器置于稠度测定仪的底座上。

（3）拧开制动螺丝，向下移动滑杆，当试锥尖端与砂浆表面刚接触时，拧紧制动螺丝，使齿条测杆下端刚接触滑杆上端，并将指针对准零点上。

（4）拧开制动螺丝，同时计时间，10 s 时立即拧紧螺丝，将齿条测杆下端接触滑杆上端，从刻度盘上读出下沉深度（精确至 1 mm），即为砂浆的稠度值。

值得注意的是，盛浆容器内的砂浆，只允许测定一次稠度，重复测定时，应重新取样测定。

4. 数据处理及结果评定

同盘砂浆应取两次试验结果的算术平均值作为砂浆稠度的测定结果，计算值精确至 1 mm。当两次试验值之差大于 10 mm 时，应重新取样进行测定。

13.5.3 分层度试验

通过分层度的测定，可评定砂浆拌和物在运输、停放和使用过程中的离析、泌水等内部组成的稳定性。建筑砂浆分层度试验应符合《建筑砂浆基本性能试验方法标准》(JCJ/T 70—2009）中的相关规定。

1. 主要仪器

(1）砂浆分层度筒：由无底圆筒、连接螺栓和有底圆筒 3 部分组成，如图 13-17 所示。

(2）振动台。

(3）砂浆稠度仪、木锤等。

图 13-17　砂浆分层度筒

2. 试验步骤及要点

分层度的测定可采用标准法和快速法两种。如有争议时，以标准法为准。

1）标准法

(1）将砂浆拌和物按砂浆稠度试验方法测定其稠度。

(2）将砂浆拌和物一次装入分层度筒内，待装满后，用木锤在分层度筒周围距离大致相等的 4 个不同部位轻轻敲击 1～2 下。当砂浆沉落到低于筒口时，应随时添加拌和物，然后刮去多余的砂浆并用抹刀抹平。

(3）静置 30 min 后，去掉上节 200 mm 砂浆，然后将剩余的 100 mm 砂浆倒在拌和锅内拌 2 min，再按稠度试验方法测其稠度。前后测得的稠度之差即为该砂浆的分层度值。

2）快速法

(1）将砂浆拌和物按砂浆稠度试验方法测定其稠度。

(2）将分层度筒预先固定在振动台上，砂浆一次装入分层度筒内，振动 20 s。

(3）去掉上节 200 mm 砂浆，剩余 100 mm 砂浆倒出放在拌合锅内拌 2 min，再按稠度试验方法测其稠度，前后测得的稠度之差即为该砂浆的分层度值。

3. 数据处理及结果评定

取两次试验结果的算术平均值作为该砂浆的分层度值（精确至 1 mm)。如果两次分层度试验值之差大于 10 mm，则应重新取样测定。

13.5.4 立方体抗压强度试验

将稠度和分层度符合要求的砂浆拌和物，按规定制成标准的立方体试件，经 28 d 养护后，测其抗压破坏荷载，以此计算其抗压强度。

1. 试验目的及标准

通过测定砂浆试件的抗压强度，检测砂浆的质量，确定、校核配合比是否满足要求，并确定砂浆的强度等级。建筑砂浆立方体抗压强度试验应符合《建筑砂浆基本性能试验方法标准》（JCJ/T 70—2009）中的相关规定。

2. 主要仪器

（1）试模：内壁边长为 70.7 mm 的立方体带底金属试模，应具有足够的刚度，拆装方便。

（2）钢制捣棒：直径为 10 mm，长度为 350 mm，一端呈半圆形。

（3）压力试验机：精度应为 1%，试件破坏荷载应小于压力机量程的 20%，且不应大于全量程的 80%。

（4）垫板：试验机上、下压板及试件之间可垫以钢垫板，垫板的尺寸应大于试件的承压面，其不平度应为每 100 mm 不超过 0.02 mm。

（5）振动台：空载频率应为（50±3）Hz。

3. 试验步骤及要点

1）试件成形及养护

（1）砌筑砂浆试件采用立方体试件，每组试件应为 3 个。

（2）采用黄油等密封材料涂抹试模的外接缝，试模内应涂刷薄层机油或隔离剂，然后将拌制好的砂浆一次性装满砂浆试模。当稠度大于 50 mm 时，宜采用人工插捣成型；当稠度不大于 50 mm 时，宜采用振动台振实成型。

- 人工插捣：应采用捣棒均匀地由边缘向中心按螺旋方式插捣 25 次，插捣过程中，若砂浆沉落低于试模口，应随时添加砂浆，可用油灰刀插捣数次，并用手将试模一边抬高 5～10 mm 各振动 5 次，砂浆应高出试模顶面 6～8 mm。
- 机械振动：将砂浆一次装满试模，放置到振动台上，振动时试模不得跳动，振动 5～10 s 或持续到表面泛浆为止，不得过振。

（3）待砂浆表面水分稍干后，再将高出试模部分的砂浆沿试模顶面刮去并抹平。

（4）试件制作后应在温度为（20±5）℃的环境下静置（24±2）h，对试件进行编号、拆模。当气温较低时，或凝结时间大于 24 h 的砂浆，可适当延长时间，但不应超过 2 d。试件拆模后应立即放入温度为（20±2）℃、相对湿度为 90%以上的标准养护室中养护。养护期间，试件彼此间隔不得小于 10 mm。

（5）从搅拌加水开始计时，标准养护龄期应为 28 d，也可根据相关标准要求增加 7 d 或 14 d。

2）抗压强度测定

（1）试件从养护地点取出后应及时进行试验。试验前将试件表面擦拭干净，检查其外观，并测量尺寸，然后计算试件的承压面积。当实测尺寸与公称尺寸之差不超过 1 mm 时，可按照公称尺寸进行计算。

（2）将试件安放在压力试验机的下压板或下垫板上，试件的承压面应与成型时的顶面垂直，试件中心应与试验机下压板或下垫板中心对准。开动试验机，当上压板与试件或上垫板接近时，调整球座，使接触面均衡受压。承压试验应连续而均匀地加荷，加荷速度应为每秒钟 0.25～1.5 kN；砂浆强度不大于 2.5 MPa 时，宜取下限。当试件接近破坏而开始迅速变形时，停止调整试验机油门，直至试件破坏，然后记录破坏荷载。

4. 数据处理及结果评定

砂浆立方体抗压强度应按下式计算：

$$f_{m,cu}=K\frac{N_u}{A} \tag{13-23}$$

式中 $f_{m,cu}$——砂浆立方体试件抗压强度（MPa）；

N_u——试件破坏荷载（N）；

A——试件承压面积（mm^2）；

K——换算系数，取 1.35。

立方体抗压强度试验的试验结果应按下列要求确定：

（1）应以 3 个试件测值的算术平均值作为该组试件的砂浆立方体抗压强度平均值 f_2，精确至 0.1 MPa。

（2）当 3 个测值的最大值或最小值中有一个与中间值的差值超过中间值的 15%时，应将最大值及最小值一并舍去，取中间值作为该组试件的抗压强度值。

（3）当两个测值与中间值的差值均超过中间值的 15%时，该组试验结果视为无效。

13.6 砖、砌块性能试验

砖和砌块是建筑墙体时最常用的墙体材料。本节将以砌墙砖和建筑砌块为例，分别讲解其外观质量试验、尺寸偏差检测及抗压强度试验，其试验方法应符合《砌墙砖试验方法》（GB/T 2542—2012）中的相关规定。

13.6.1 砌墙砖的尺寸检测

通过对砌墙砖的外观尺寸测量，为评定其质量等级提供技术依据。

1. 主要仪器

砖用卡尺：其分度值为 0.5 mm，如图 13-18 所示。

2. 测量方法

长度 l 应在砖的两个大面的中间处分别测量两个尺寸，宽度 b 应在砖的两个大面的中间处分别测量两个尺寸，高度 h 应在两个条面的中间处分别测量两个尺寸，如图 13-19 所示。测量所得到的尺寸应精确至 0.5 mm。

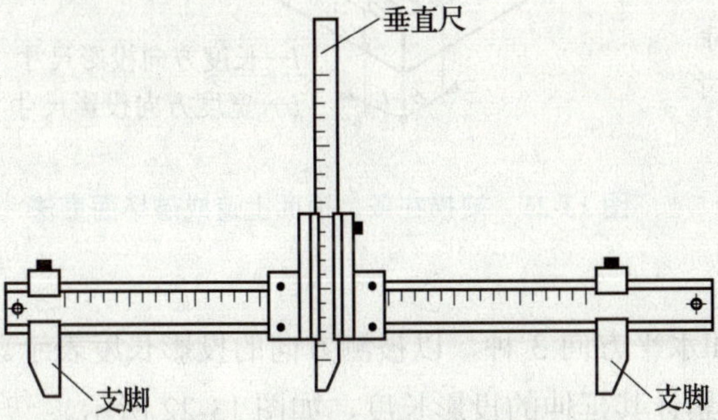

图 13-18　砖用卡尺

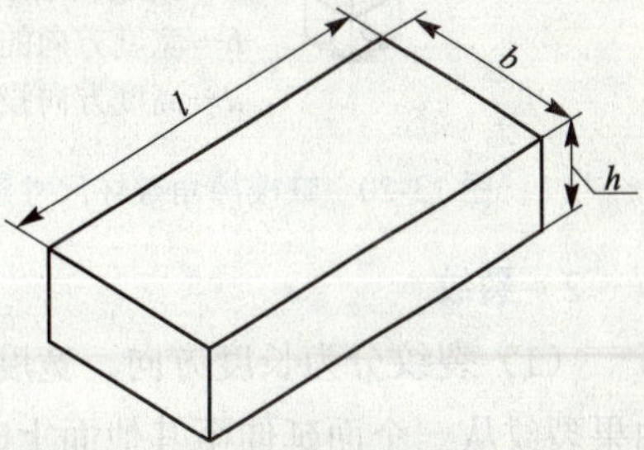

图 13-19　尺寸量法

值得注意的是，当被测处有缺陷或凸出时，可在其旁边测量，以尽量避开凸出或缺陷部位。

3. 测量结果

每一方向尺寸以两个测量值的算术平均值表示，精确至 1 mm。

13.6.2　砌墙砖的外观质量检测

通过对砌墙砖外观缺陷（弯曲、缺棱掉角、裂纹）的测量、检查，评定该批砖的质量是否合格。

1. 主要仪器

（1）砖用卡尺：分度值为 0.5 mm，如图 13-18 所示。

（2）钢直尺：分度值不应大于 1 mm。

2. 检测项目及方法

1）缺损

缺棱掉角对砖造成的破损程度，以破损部分对长、宽、高 3 个棱边的投影尺寸来度量，其尺寸称为破坏尺寸，如图 13-20 所示。

缺损造成的破坏面，是指缺损部分对条、顶面（空心砖为条、大面）的投影面积，如图 13-21 所示。空心砖内壁残缺及肋残缺尺寸，以长度方向的投影尺寸来度量。

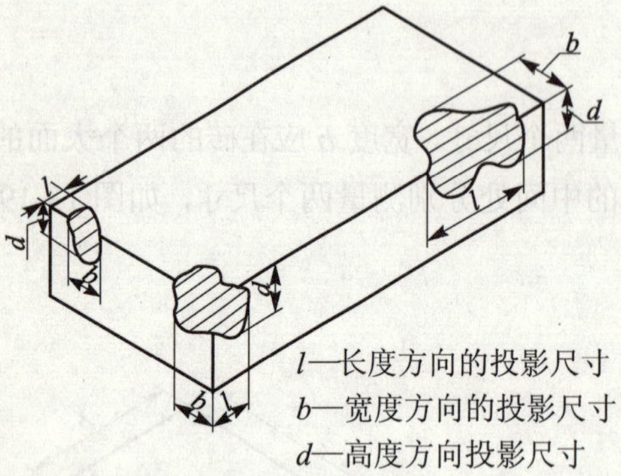

图 13-20　缺棱掉角破坏尺寸量法

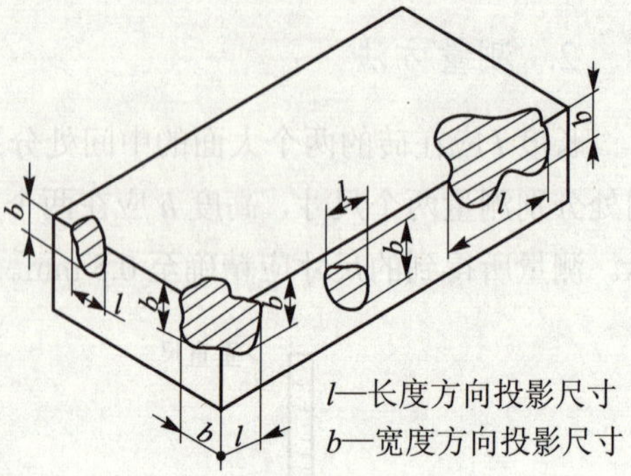

图 13-21　缺损在条、顶面上造成破坏面量法

2）裂纹

（1）裂纹分为长度方向、宽度方向和水平方向 3 种，以被测方向的投影长度表示。如果裂纹从一个面延伸至其他面上时，则累计其延伸的投影长度，如图 13-22 所示。

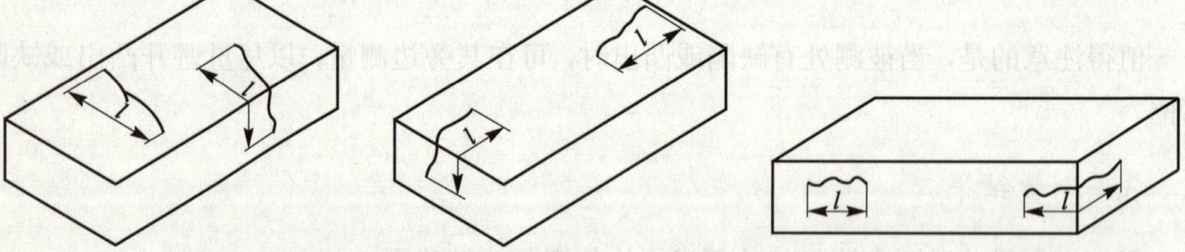

（a）宽度方向裂纹长度量法　（b）长度方向裂纹长度量法　（c）水平方向裂纹长度量法

图 13-22　裂纹长度量法

（2）多孔砖的孔洞与裂纹相通时，应将孔洞包括在裂纹内一并测量，如图 13-23 所示中的 l 为裂纹总长度。

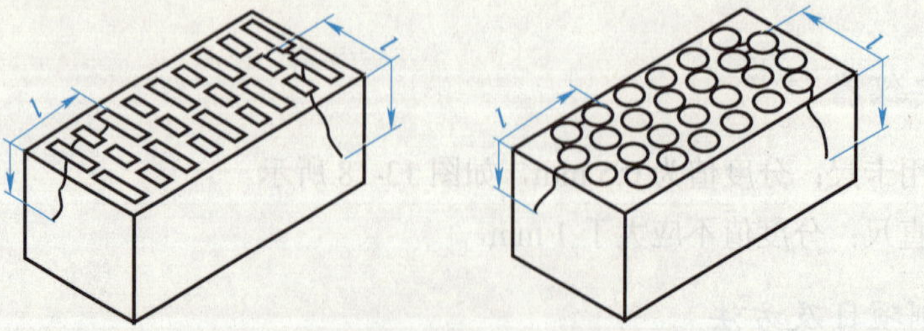

图 13-23　多孔砖裂纹通过孔洞时长度量法

（3）裂纹长度以在 3 个方向上分别测得的最长裂纹作为测量结果。

3）弯曲

弯曲分别在大面和条面上测量。测量时将砖用卡尺的两支脚沿棱边两端放置，择其弯曲最大处将垂直尺推至砖面，但不应将因杂质或碰伤造成的凹处计算在内，如图 13-24 所示。以弯曲中测得的较大者，作为弯曲测量结果。

4）杂质凸出高度

杂质在砖面上造成的凸出高度，以杂质距砖面的最大距离表示。测量时，将砖用卡尺的两支脚置于凸出两边的砖平面上，以垂直尺测量，如图 13-25 所示。

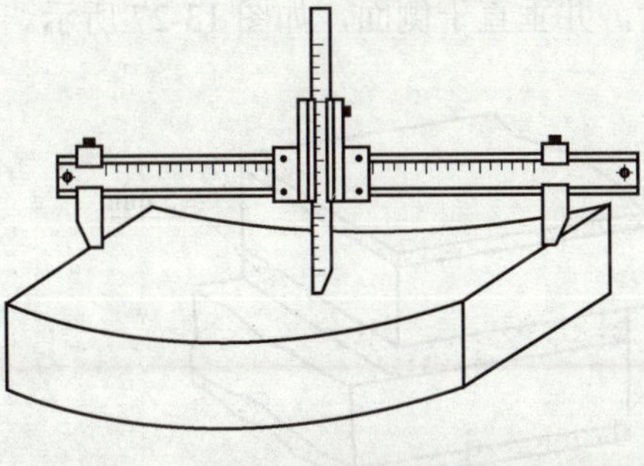

图 13-24　弯曲量法

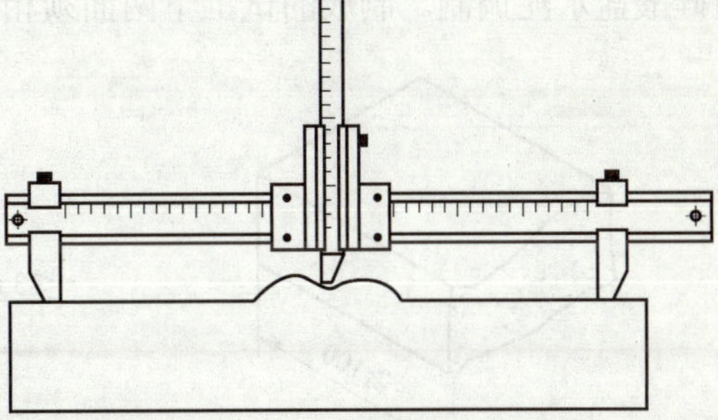

图 13-25　杂质凸出量法

13.6.3　砌墙砖的抗压强度试验

通过测定烧结普通砖的抗压强度，以检测材料质量，为确定该砖的强度等级提供依据。

1. 试验原理及标准

将外观质量和尺寸偏差符合要求的烧结普通砖按规定成型，以制成抗压试件，经 3 d 养护后测其抗压破坏荷载，并计算其抗压强度。

2. 主要仪器

（1）材料试验机：示值相对误差不超过±1%，预期最大破坏荷载应在量程的 20%～80%之间。

（2）水泥净浆：用强度等级为 32.5 或 42.5 的普通硅酸盐水泥调制，稠度适宜。

（3）钢直尺：分度值不应大于 1 mm。

（4）锯砖机或切砖机、试件制备平台、镘刀等。

3. 试样制备

试样制备可以分为普通制样和模具制样。两种制样方法并行使用时，仲裁检验采用模具制样。

1）普通制样

对于烧结普通砖、多孔砖、空心砖和非烧结砖，应采用不同的普通制样措施。

（1）烧结普通砖

① 将试样切断或锯成两个半截砖，断开的半截砖长不得小于 100 mm，如图 13-26 所示。如果不足 100 mm，应另取备用试样补足。

② 将半截砖放入室温的净水中浸 10～20 min 后取出，放在试件制备台上，并以断口相反方向叠放，两者中间抹以厚度不超过 5 mm 的稠度适宜的水泥净浆来黏结，上下两面用厚度不超过 3 mm 的同种水泥净浆抹平，所用水泥净浆用强度等级为 32.5 或 42.5 的普通硅酸盐水泥调制。制成的试上下两面须相互平行，并垂直于侧面，如图 13-27 所示。

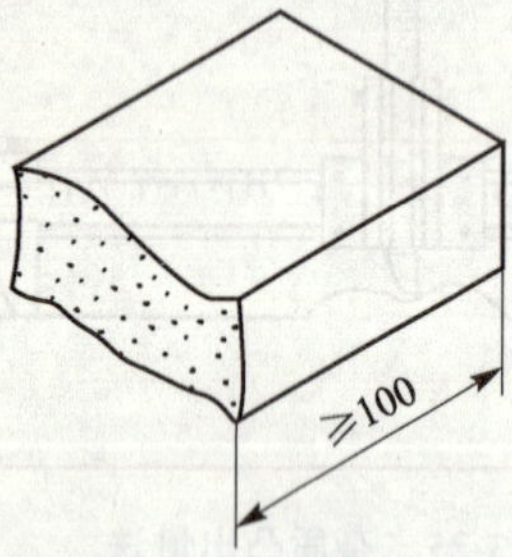

图 13-26　半截砖长度示意图

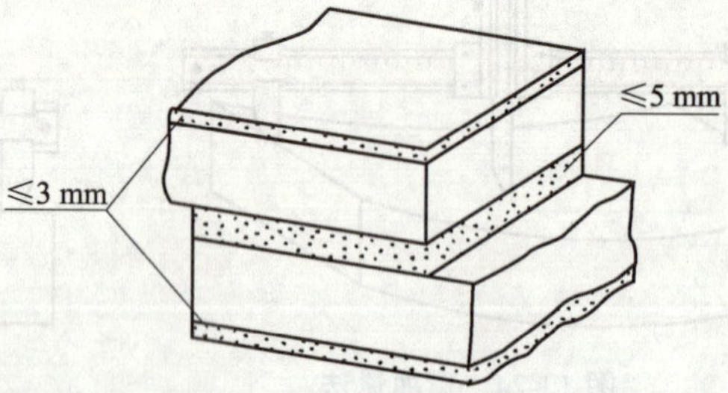

图 13-27　水泥净浆层厚度示意图

（2）多孔砖和空心砖

试件制作采用坐浆法操作，即：① 将玻璃板置于试件制备平台上，其上铺一张湿的垫纸，纸上铺一层厚度不超过 5 mm 的稠度适宜的水泥净浆（采用强度等级为 42.5 的普通硅酸盐水泥调制）；② 将试件在水中浸泡 10～20 min，在钢丝网架上滴水 3～5 min 后，将试样受压面平稳地坐放在水泥浆上，在另一受压面上稍加压力，使整个水泥层与砖受压面积相互黏结，砖的侧面应垂直于玻璃板；③ 待水泥浆适当凝固后，连同玻璃板翻放在另一铺纸放浆的玻璃板上，再进行坐浆，用水平尺校正好玻璃板的水平。

（3）非烧结砖

同一块试样的两半截砖切断口相反叠放，叠合部分不得小于 100 mm，即为抗压强度试件，如图 13-28 所示。如果不足 100 mm 时，则应剔除，另取备用试样补足。

2）模具制样

① 将试样（烧结普通砖）锯成两个半截砖，断面应平整，半截砖长度不得小于 100 mm，如图 13-26 所示。如果不足 100 mm，应另取备用试样补足。

② 将已断开的半截砖放入室温的净水中浸 20～30 min 后取出，在铁丝网架上滴水 20～30 min，以断口相反方向装入制样模具中。用插板控制两个半砖间距不应大于 5 mm，砖大面与模具间距不应大于 3 mm，砖断面、顶面与模具间垫以橡胶垫或其他密封材料，模具内表面涂油或脱模剂。制样模具及插板如图 13-29 所示。

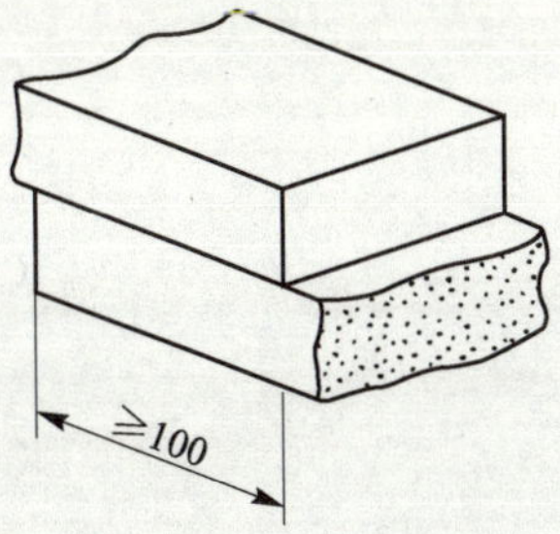

图 13-28 半砖叠合示意图

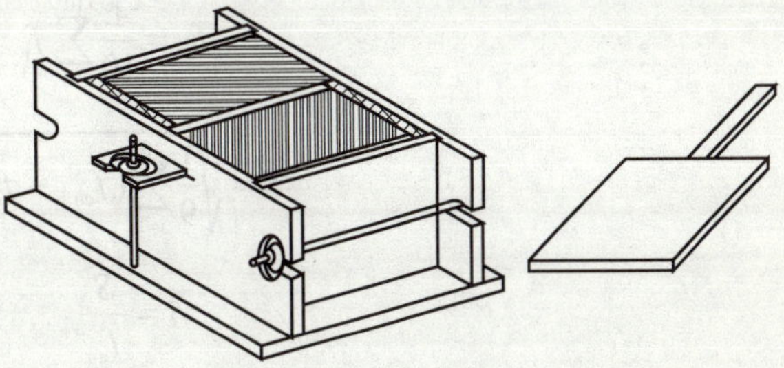

图 13-29 制样模具及插板

③ 将经过 1 mm 筛的干净细砂 2%～5%与强度等级为 42.5 的普通硅酸盐水泥，用砂浆搅拌机调制成砂浆，水灰比 0.50～0.55 左右。

④ 将装好砖样的模具置于振动台上，在砖样上加入适量水泥砂浆，接通振动台电源，边振动边向砖缝及砖模缝间加入水泥砂浆，振动时间为 0.5～1 min。关闭电源，停止振动，静置至砂浆材料达到初凝时间（约 15 min～19 min）后拆模。

3）试件养护

普通制样法制成的抹面试件应置于不低于 10℃的不通风室内养护 3 d；机械制样的试件连同模具在不低于 10℃的不通风室内养护 24 h 后脱模，再在相同条件下养护 48 h，进行试验。非烧结砖试件不需养护，直接进行试验。

4. 试验步骤

（1）测量每个试件连接面或受压面的长 L（mm）、宽 B（mm）尺寸各两个，分别取其平均值（精确至 1 mm）。

（2）将试件平放在压力试验机加压板的中央，垂直于受压加荷。加荷应均匀平稳，不得发生冲击和振动，加荷速度以（5±0.5）kN/s 为宜，直至试件破坏为止，记录最大破坏荷载 P（N）。

5. 数据处理及结果评定

（1）每块砖样的抗压强度 $f_{\mathrm{cu,i}}$ 按下式计算（精确至 0.1 Mpa）：

$$f_{\mathrm{cu,i}}=\frac{P}{LB} \tag{13-24}$$

式中 P——最大破坏荷载（N）；

L——受压面（连接面）的长度（mm）；

B——受压面（连接面）的宽度（mm）。

（2）每组 10 块砖样的抗压强度平均值 f_{cu}、抗压强度标准差 S 和强度变异系数 δ，分别按下式计算：

$$f_{cu}=\frac{1}{10}\sum_{i=1}^{10}f_i \tag{13-25}$$

$$S=\sqrt{\frac{1}{9}\sum_{i=1}^{10}(f_{cu,i}-f_{cu})^2} \tag{13-26}$$

$$\delta=\frac{S}{f_{cu}} \tag{13-27}$$

（3）强度等级评定方法。

① 变异系数$\delta \leqslant 0.21$时，按抗压强度平均值f_{cu}和强度标准值f_k指标评定砖的强度等级。样本容量$n=10$时的强度标准值按下式计算（精确至0.1 Mpa）：

$$f_k=f_{cu}-1.8S$$

② 变异系数$\delta>0.21$时，按抗压强度平均值f_{cu}和单块最小抗压强度值f_{min}评定砖的强度等级。

此外，烧结普通砖的抗压强度等级评定，还应符合表13-7中的相关规定。

表13-7 烧结普通砖的抗压强度等级（摘自GB 5101—2003） （MPa）

强度等级	抗压强度平均值$f_{cu}\geqslant$	变异系数$\delta\leqslant 0.21$	变异系数$\delta>0.21$
		强度标准值$f_k\geqslant$	单块最小抗压强度值$f_{min}\geqslant$
MU30	30.0	22.0	25.0
MU25	25.0	18.0	22.0
MU20	20.0	14.0	16.0
MU15	15.0	10.0	12.0
MU10	10.0	6.5	7.5

13.6.4 蒸压加气混凝土砌块试验方法

1. 尺寸及外观质量检测

1）主要仪器

采用钢直尺、钢卷尺或深度游标卡尺（最小刻度为1 mm）。

2）检测项目及方法

（1）尺寸测量。长度、高度、宽度分别在两个对应面的端部测量。测量值大于规格尺寸的取最大值，测量值小于规格尺寸的取最小值。

（2）缺棱掉角。缺棱或掉角个数，目测；测量砌块破坏部分对砌块的长、高、宽3个方向的投影面积尺寸，如图13-30所示。

（3）裂纹。裂纹条数，目测；长度以所在面最大的投影尺寸为准，如图13-31中l。

若裂纹从一面延伸至另一面，则以两个面上的投影尺寸之和为准，如图 13-31 中（$b+h$）和（$l+h$）。

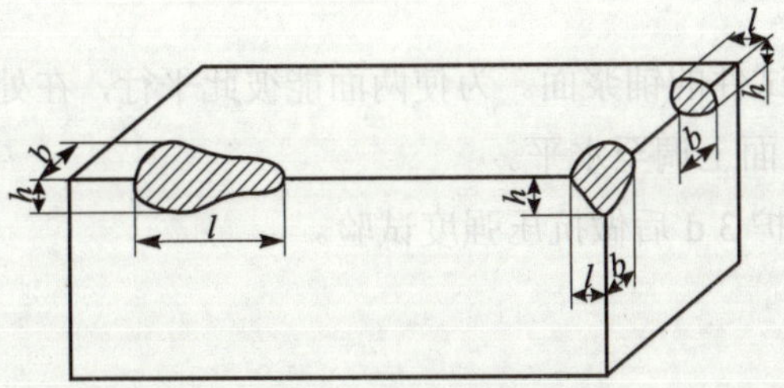

图 13-30　缺棱掉角

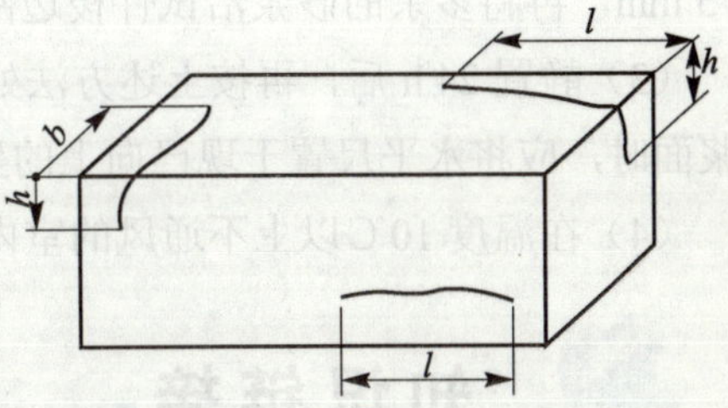

图 13-31　裂纹

（4）平面弯曲。测量弯曲面的最大缝隙尺寸，图 13-32 所示。

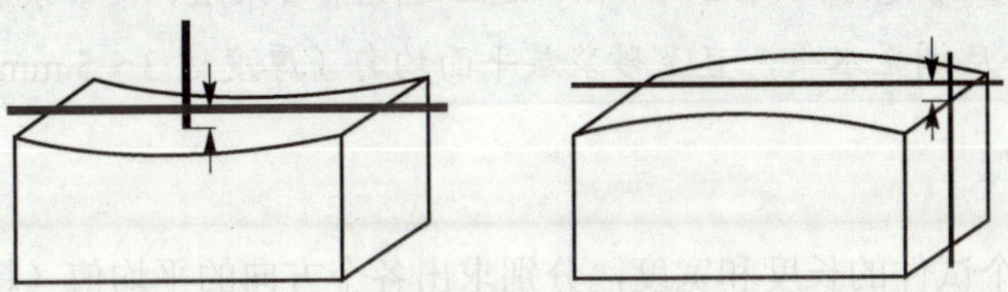

图 13-32　平面弯曲

（5）爆裂、粘膜和损坏深度：将钢直尺平放在砌块表面，用深度游标卡尺垂直于钢直尺，测量其最大深度。

（6）砌块表面油污、表面疏松、层裂：目测。

2. 立方体抗压强度试验

蒸压加气混凝土砌块的表观密度、含水率、吸水率和立方体抗压强度试验，均与砌墙砖的相关性能试验相似，其具体检验方法可按（GB/T 11970—1997）中的规定进行。蒸压加气混凝土砌块的干燥收缩值的具体检验方法，可按（GB/T 11972—1997）中的规定进行。

13.6.5　轻集料混凝土小型空心砌块试验方法

1. 尺寸测量和外观质量检测

轻集料混凝土小型空心砌块的尺寸测量和外观质量检测方法与本章介绍的蒸压加气混凝土砌块的尺寸、外观检测方法相同。

2. 试件处理

（1）将钢板置于稳固的底座上，平整面向上，用水平尺调至水平，在钢板上先薄薄地涂一层机油，或铺一层湿纸，然后铺一层厚度砂浆（该砂浆由 1 份 42.5 号普通硅酸盐水泥、2 份细砂和适量水调成）。

（2）将试件的坐浆面湿润后平稳地压入砂浆层内，使砂浆层尽可能均匀，厚度约为 3～5 mm，再将多余的砂浆沿试件棱边刮掉。

（3）静置 24 h 后，再按上述方法处理试件的铺浆面。为使两面能彼此平行，在处理铺浆面时，应将水平尺置于现已向上的坐浆面上调至水平。

（4）在温度 10℃以上不通风的室内养护 3 d 后做抗压强度试验。

知识链接

为缩短试验时间，可在坐浆面砂浆层处理后，不经静置立即在向上的铺浆面上铺一层砂浆，并压上事先涂油的玻璃平板，边压边观察砂浆层，使砂浆层中的气泡全部排除后，用水平尺调至水平，直至砂浆层平面均匀（厚度达 3～5 mm）。

3. 试验步骤

（1）测量每个试件的长度和宽度，分别求出各个方向的平均值（精确至 1 mm）。

（2）将试件置于试验机的承压板上，使试件的轴线与试验机压板的压力中心重合，然后以 10～30 kN/S 的速度加荷，直至试件破坏，记录最大破坏荷载 P。

（3）若试验机压板不足以覆盖试件受压面，可在试件的上、下承压面加辅助钢压板，辅助钢压板的表面光洁度应与试验机原压板相同。

4. 数据处理及结果评定

轻集料混凝土小型空心砌块试件的抗压强度应按下式计算（精确至 0.1 MPa）：

$$R=\frac{P}{LB} \tag{13-28}$$

式中 R——试件的抗压强度（MPa）；

P——破坏荷载（N）；

L——受压面的长度（mm）；

B——受压面的宽度（mm）。

试验结果以 5 个试件抗压强度的算术平均值和单块最小值表示。

13.6.6　墙用砌块的判定规则

1. 蒸压加气混凝土砌块

1）出厂检验的判定规则

（1）同品种、同规格的砌块，以500 m^3为一批，不足500 m^3也为一批，从中随机抽取50块砌块进行尺寸偏差和外观质量检验。若不合格品不超过5块时，判定该批砌块的尺寸偏差和外观质量符合相应等级。否则，判定该批砌块不符合相应等级。

（2）从外观质量和尺寸偏差合格的砌块中，随机抽取砌块，制作3组抗压强度试件进行立方体抗压强度检验。若3组试件中各个单组抗压强度平均值全部大于规定的强度级别的最小值时，判定该批砌块符合相应等级。否则，判定该批砌块不符合相应等级。

（3）以3组干密度试件的测定结果平均值判定砌块的干密度级别，符合规定时则判定该批砌块的干密度合格。

出厂检验中，受检验的蒸压加气混凝土砌块的尺寸偏差、外观质量、立方体抗压强度、干密度等各项检验全部符合相应等级的技术要求规定时，判定该砌块符合相应等级；否则，降低等级或判定为不合格。

2）型式检验的判定规则

（1）从同品种、同规格的砌块中，随机抽取80块砌块进行尺寸偏差和外观质量检验。若不合格品不超过7块时，判定该批砌块的尺寸偏差和外观质量符合相应等级。否则，判定该批砌块不符合相应等级。

（2）从外观质量和尺寸偏差合格的砌块中，随机抽取砌块，制作5组抗压强度试件进行立方体抗压强度检验。若5组试件中各个单组抗压强度平均值全部大于规定的强度级别的最小值时，判定该批砌块符合相应等级。否则，判定该批砌块不符合相应等级。

（3）以5组干密度试件的测定结果平均值判定砌块的干密度级别，符合规定时则判定该批砌块的干密度合格。

（4）干燥收缩测定结果，当其单组最大值符合规定时，判定该项合格。

（5）抗冻性测定结果，当质量损失单组最大值和冻后强度单组最小值符合规定的相应等级时，判定该批砌块符合相应等级。否则，判定不符合相应等级。

型式检验中，受检验产品的尺寸偏差、外观质量、立方体抗压强度、干密度、干燥收缩值、抗冻性等各项检验全部符合相应等级的技术要求规定时，判定该砌块符合相应等级。否则，降低等级或判定为不合格。

2. 轻集料混凝土小型空心砌块

轻集料混凝土小型空心砌块的尺寸偏差、外观质量、干密度和抗压强度等性能的检验结果均符合技术要求中某一等级指标时，则判该砌块符合该等级。

检验后，若有以下情况者需进行复检：

（1）按检验的尺寸偏差和外观质量各项指标，32 个砌块中有 7 块不合格者。

（2）除指标外的其他性能指标有一项不合格者。

（3）用户对生产厂家的出厂检验结果有异议时。

复检的抽检数量和检验项目应与前一次检验相同。复检后，若符合相应等级指标要求时，则可判定为该等级；否则，则判定该批产品不合格。

13.7 钢筋的力学性能试验

钢筋是钢筋混凝土和预应力钢筋混凝土中常用的钢材之一。配置在钢筋混凝土结构中的钢筋，按其作用可分为受力筋、箍筋、架立筋和分布筋等，由于它们在混凝土结构中所起的作用不同，因此所承受的主要外力也不同。为保证混凝土结构的强度，一般需要对其中的钢筋进行拉伸和弯曲试验。

13.7.1 拉伸试验

通过拉伸试验可测定钢筋的屈服强度、抗拉强度、伸长率和断面收缩率，以作为评定钢筋强度等级的依据。

1. 试验原理及依据

将标准试样放在拉力机上，逐渐施加拉力荷载，观察试样在荷载作用下所产生的弹性和塑性变形，直至试样被拉断为止，并记录拉力值。

本试验依据《金属材料 拉伸试验 第 1 部分：室温试验方法》（GB/T 228.1—2010）进行。

2. 主要仪器

（1）万能材料试验机：示值误差不大于 1%。试验时达到最大荷载时，指针最好在第三象限（180° ～270° ）内，或所显示的最大破坏荷载在总量程的 50%～75%之间。

（2）钢筋打点机或划线机、游标卡尺、钢板尺等。

3. 试样制备

拉伸试验用的钢筋试件不得进行车削加工，可用两个或一系列等分小冲点或细划线标出试件的原始标距，并测量原始标距长度 L_0（精确至 0.1 mm），如图 13-33 所示。

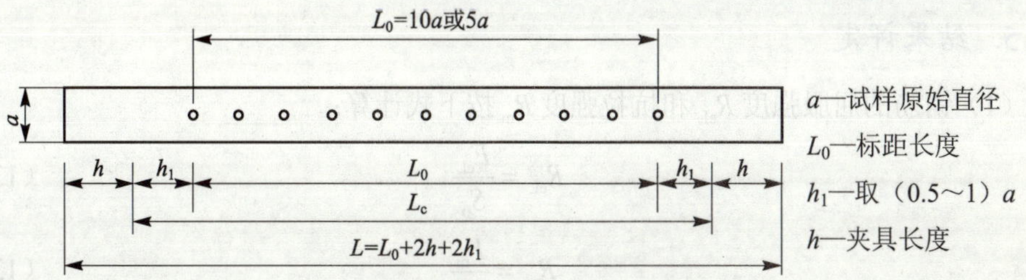

图 13-33　钢筋拉伸试验试件

4. 试验步骤及要点

（1）调试试验机，选择合适的量程。试件破坏荷载必须大于试验机全量程的 20%且小于试验机全量程的 80%，试验机的测量精度应为±1%。

（2）将试件上端固定在试验机的夹具内，开动试验机进行拉伸，拉伸速度为屈服前应力增加速度为 10 MPa/s；屈服后试验机活动夹头在荷载下移动速度不大于 0.5 Lc/min，直至试件拉断。

（3）拉伸过程中，测力度盘指针停止转动时的恒定荷载，或第一次回转时的最小荷载，即为屈服荷载 F_{eL}。向试件继续加荷直至试件拉断，读出最大荷载 F_m。

（4）将已拉断的试件两端在断裂处对齐，使其轴线位于同一条直线上，则位移后的 L_1 可按以下两种方法计算：

① 若拉断处距离邻近标距端点大于 $L_0/3$，可用游标卡尺直接量出 L_1；

② 若拉断处距离邻近标距端点小于或等于 $L_0/3$，可按下述移位法确定 L_1：在长段上自断点起，取等于短段格数得 B 点；若长段剩余格数为偶数时，取长段剩余格数的 1/2 得 C 点，如图 13-34（a）所示，若长段剩余格数为奇数时，取减 1 格后剩余格数的 1/2 得 C 点，取加 1 格后剩余格数的 1/2 得 C_1 点，如图 13-34（b）所示，则移位后的 L_1 分别为 $AB+2BC$ 或 $AB+BC+BC_1$。

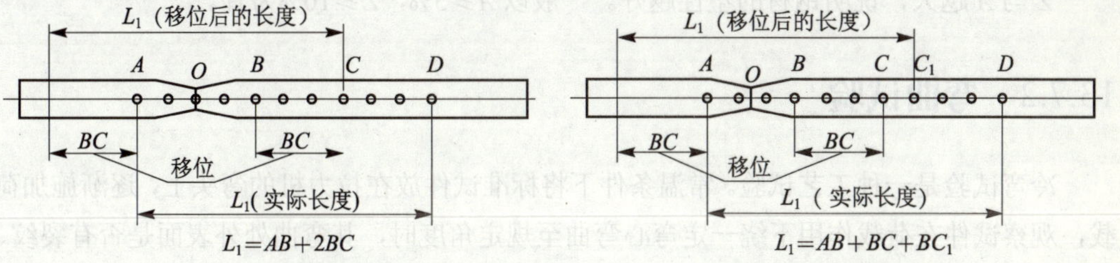

（a）长段剩余格数为偶数　　（b）长段剩余格数为奇数

图 13-34　移位法测量位移后的标距

值得注意的是，如果直接测量所得到的伸长率能达到技术条件要求的规定值，则可不采用移位法测量位移后的标距。

5. 结果评定

（1）钢筋的屈服强度 R_{eL} 和抗拉强度 R_m 按下式计算：

$$R_{eL}=\frac{F_{eL}}{S_0} \tag{13-29}$$

$$R_m=\frac{F_m}{S_0} \tag{13-30}$$

式中 R_{eL}、R_m —— 分别为钢筋的屈服强度和抗拉强度（MPa）；

F_{eL}、F_m —— 分别为钢筋的屈服荷载和最大荷载（N）；

S_0 —— 试件的公称横截面积（mm^2）。

当 R_{eL} 和 R_m 大于 1 000 MPa 时，应计算至 10 MPa，并按“四舍六入五单双法”修约；当 R_{eL} 和 R_m 为 200～1 000 MPa 时，计算至 5 MPa，并按“二五进位法”修约；当 R_{eL} 和 R_m 小于 200 MPa 时，计算至 1 MPa，小数点数字按“四舍六入五单双法”修约。

（2）钢筋的伸长率 R_5 或 R_{10} 按下式计算：

$$R_5(R_{10})=\frac{L_1-L_0}{L_0}\times 100 \tag{13-31}$$

式中 R_5、R_{10} —— 分别为 $L_0=5a$ 或 $L_0=10a$ 时的伸长率（精确至 1%）；

L_0 —— 原标距长度 $5a$ 或 $10a$（mm）；

L_1 —— 试件拉断后直接量出或按移位法量出的标距长度（mm，精确至 0.1 mm）。

（3）断面收缩率。收缩率是试件拉断后缩颈处横断面积的最大缩减量占横截面积的百分率。断面收缩率 Z 按下式计算：

$$Z=\frac{S_0-S_u}{S_0}\times 100\,\% \tag{13-32}$$

式中 A_0 —— 试件原横截面积（mm^2）；

A_1 —— 试件拉断处的横截面积（mm^2）。

Z 与 A 越大，说明钢材的塑性越好。一般以 $A\geqslant 5\%$，$Z\geqslant 10\%$ 为宜。

13.7.2 弯曲试验

冷弯试验是一种工艺试验。常温条件下将标准试件放在拉力机的弯头上，逐渐施加荷载，观察试件在荷载作用下绕一定弯心弯曲至规定角度时，其弯曲处外表面是否有裂纹、起皮、断裂等现象。

1. 试验目的及依据

通过冷弯试验，可判定钢材承受弯曲至规定角度及形状的能力，还可以了解钢材在各种加工工艺条件下的缺陷，以作为评定钢筋质量的技术依据。通常以冷弯至规定角度和形状时，弯曲处无裂纹、起皮、裂缝或断裂的试件评定为合格试样。钢筋的弯曲试验可参照《金属材料 弯曲试验方法》（GB/T 232—2010）中的规定方法进行。

2. 主要仪器

（1）压力机或万能试验机。

（2）弯心：具有不同直径的弯心多组，其宽度应大于试件的直径和宽度。

（3）支承辊：具有足够硬度，相互间的距离可以调节，其长度应大于试件的直径和宽度。

3. 试验步骤及要点

（1）调整试验机各种平台上支承辊的距离 L_1。d 为冷弯冲头直径，d 值大小根据钢筋级别确定，如图 13-35 所示。

（2）将试件按图 13-35 所示安放好后，平稳地加荷，钢筋弯曲至规定角度（90° 或 180° ）后，停止冷弯，如图 13-36 和图 13-37 所示。

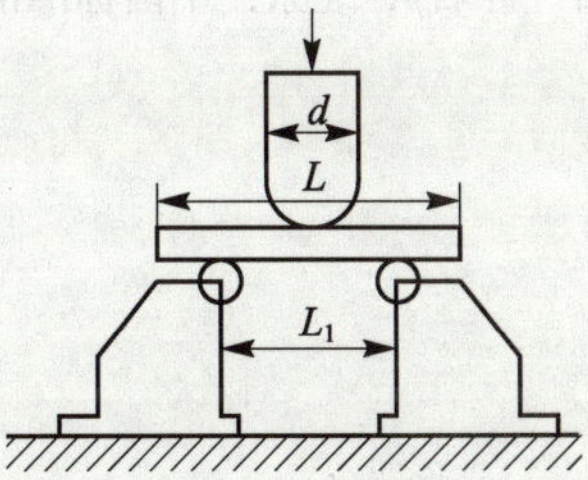

图 13-35 冷弯试件和支座

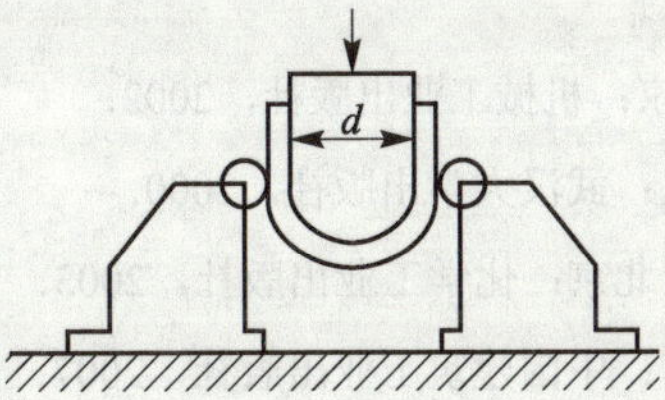

图 13-36 弯曲 180°

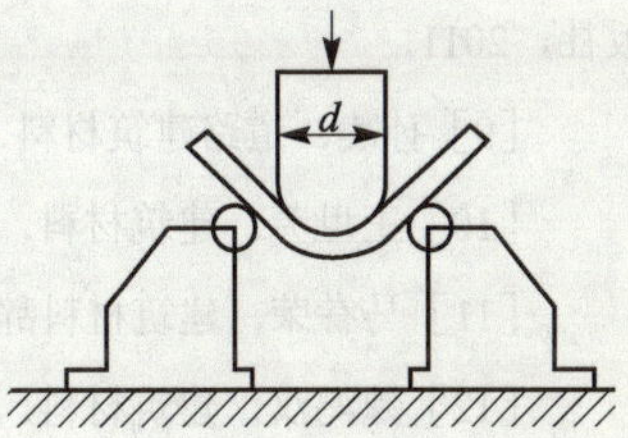

图 13-37 弯曲 90°

试验时，应注意以下几点：

① 试样在两个支点上按一定弯心直径弯曲至两臂平行时，可一次完成试验，也可先弯曲至 90° ，然后放置在试验机平板之间继续施加压力，压至试样两臂平行。

② 试验时应在平稳压力作用下，缓慢施加试验力。

③ 弯心直径必须符合相关产品标准中的规定，弯心宽度必须大于试样的宽度或直径，两支辊间距离为［（d+30）±0.50］mm，并且在试验过程中不允许有变化。

④ 试验一般在 10～35℃的室温下进行。对于温度要求严格的试验，试验应在（23±5）℃下进行。

4. 试验结果评定

按照相关产品标准的要求评定弯曲试验结果。如未规定具体要求时，弯曲试验后，试样弯曲处的外表面无肉眼可见裂缝、裂纹或起层，即可评定为合格。

参考文献

[1] 王秀花．建筑材料．第 1 版．北京：机械工业出版社，2004.

[2] 卢经扬．建筑材料．第 1 版．北京：清华大学出版社，2006.

[3] 陈福广．新型墙体材料手册．北京：中国建材工业出版社，2000.

[4] 邱忠良，蔡飞．建筑材料．北京：高等教育出版社，2000.

[5] 黄晓明，潘钢华，赵永刚．土木工程材料．南京：东南大学出版社，2001.

[6] 杨绍林，田加林，田丽．新编混凝土实用手册．北京：中国建筑工业出版社，2002.

[7] 国家质量监督检验检疫总局．GB/T 14684—2011《建筑用砂》．北京：中国标准出版社，2011.

[8] 国家质量监督检验检疫总局．GB/T 14685—2011《建筑用卵石、碎石》．北京：中国标准出版社，2011.

[9] 孙凌．道路建筑材料．北京：机械工业出版社，2002.

[10] 王世芳．建筑材料．武汉：武汉大学出版社，2000.

[11] 马眷荣．建筑材料辞典．北京：化学工业出版社，2003.

[12] 魏鸿汉．建筑材料．北京：中国建筑工业出版社，2007.

[13] 韩素芳、王安岭．混凝土质量控制手册．北京：化学工业出版社，2011.

[14] 赵宇晗、孙武斌．建筑材料．上海：上海交通大学出版社，2014.